职业教育应用电子技术专业项目教学系列教材

新编家用电器维修项目教程

（第2版）

丛书主编　周德仁

主　编　孔晓华　濮方文　丁金水　翟定发

電子工業出版社

Publishing House of Electronics Industry

北京 · BEIJING

内容简介

本书采用了最新的项目教材编写体例：维修任务单—技师引领—媒体播放—技能训练—知识链接—知识拓展—技能拓展—项目工作练习。其特点是学生易学、教师易教，充分体现了技能培养与生产实际相结合、技能培养与理论学习相结合的新理念，展现了在实践过程中学知识、使技能不断提高，创设出促进心智技能成长的教学情境。

本书的主要内容有家用照明电器维修、家用电热电炊器具维修、洗衣机维修、电风扇维修、电冰箱维修、家用空调维修、太阳能风能家用电源七个项目。有基础理论与技能的学习，也有理论与技能的拓展。

本书是职业院校应用电子专业的核心技能课程用书，可兼作其他电类及机电类专业的选修课程用书，也可作五年制高职的教学用书。

图书在版编目（CIP）数据

新编家用电器维修项目教程/孔晓华等主编. —2 版. —北京：电子工业出版社，2016.7

ISBN 978-7-121-28083-2

Ⅰ. ①新… Ⅱ. ①孔… Ⅲ. ①日用电气器具－维修－中等专业学校－教材 Ⅳ. ①TM925.07

中国版本图书馆 CIP 数据核字（2016）第 012045 号

策划编辑：白 楠
责任编辑：张 帆
印 刷：北京盛通商印快线网络科技有限公司
装 订：北京盛通商印快线网络科技有限公司
出版发行：电子工业出版社
北京市海淀区万寿路 173 信箱 邮编 100036
开 本：787×1 092 1/16 印张：14.25 字数：364.8 千字
版 次：2007 年 8 月第 1 版
2016 年 7 月第 2 版
印 次：2023 年 6 月第 11 次印刷
定 价：29.80 元

凡所购买电子工业出版社图书有缺损问题，请向购买书店调换。若书店售缺，请与本社发行部联系，联系及邮购电话：（010）88254888，88258888。

质量投诉请发邮件至 zlts@phei.com.cn，盗版侵权举报请发邮件至 dbqq@phei.com.cn。

本书咨询联系方式：（010）88254592，bain@phei.com.cn。

根据国务院关于大力发展职业教育的几点意见，根据教育部职教司关于加强职业教育课程改革的有关文件，根据以服务为宗旨、就业为导向、通过项目教学深入开展课改的指导思想，电子工业出版社多次组织职业教育事业的理论工作者与教学一线的著名教师深入开展了项目教学的课改与项目教材的开发研究。2006 年 7 月决定编写应用电子与电工专业项目教材。《新编家用电器维修项目教程》是应用电子专业系列项目教材之一。

作为工程项目，主要有研究论证、按任务分工合作、工作过程不断完善提高、质量检验反馈验收等过程。项目教学借用的是工程项目或科研项目的概念，引领学生学习的一种崭新的教学模式。教师要用工程项目、科研项目的实施方法去引导学生进行技能、知识的学习，让学生由不会到会，这一教学过程就是项目教学。

项目教学主要由以下几个主要部分组成。

任务源：让学生知道自己的技能学习任务，通过强烈的感性知识培养引发学生的探究、学习兴趣。

项目分解与学习：通过技能学习与知识学习的相互促进、交融互补，达到掌握各相关的技能与知识点。

反馈提高，完成项目工作：在学习掌握了相关的生产维修技能与知识点后，进行总结提高，然后完成项目工作。

据对项目教学因素的理解，《新编家用电器维修项目教程》采用了"维修任务单—技师引领—媒体播放—技能训练—知识链接—知识拓展—技能拓展—项目工作练习"这一全新的项目教材编写体例。

维修任务单、技师引领、媒体播放的作用是让学生明确工作任务，给予强烈的感性知识刺激，引发学生的学习兴趣。

知识链接的作用是让学生自主学习技能、知识，这一学习过程是教师与学生、学生与学生互动的过程。

知识拓展、技能拓展、项目工作练习的作用是让学生在自主性学习的基础上，完成项目工作任务，对能力强的学生提供进一步发展的空间。

项目教材是项目教学的主要依据。教师要根据项目教材去教，学生要根据项目教材去学。在教学的过程中，必须要充分考虑到任务驱动、理论与实际结合、自主性学习、研究性学习等教学方法。

完成本项目教学任务的老师必须是双师型教师，必须积极参加生产实践，不懂生产的老师是完不成项目教学任务的。

完成本项目教学任务的实习设备的总价最低 4 万元，上不封顶。若有 20～30 万元的经费，理论与实践一体化教室就可建得很好了，具体设备清单见表 1。

表 1　设备清单

序　　号	设备名称	数　　量	经　　费
1	常用电工工具，电工、电子仪表	24 套	总价约 4～8 万元
2	电子式日光灯、调光灯	24 套	
3	电饭锅、电热取暖器、微波炉、电磁炉、电热水器	各 12～24 台	
4	洗衣机、电风扇	各 12～24 台	
5	双门直冷式冰箱	8～24 台	
6	分体空调	8～24 台	
7	变频冰箱、间冷式冰箱、变频空调	各 2～8 台	
8	滚筒洗衣机	2 台	

项目教学要学以致用，重视学生的学习能力、实验技能、生产技能的培养，要保证足够的技能训练课时，参考课时见表 2。

表 2　学时分配（总学时 156）

序　　号	项　　目	理实一体教学课时	技能训练课时
1	项目 1　家用照明电器维修	4	6
2	项目 2　家用电热、电炊器具维修	12	14
3	项目 3　洗衣机维修	10	14
4	项目 4　电风扇维修	4	4
5	项目 5　电冰箱维修	16	16
6	项目 6　家用空调维修	16	16
7	项目 7　太阳能风能电源维修	8	8
8	机动、考试	8	

周德仁老师担任丛书主编，孔晓华、濮方文、丁金水、翟定发老师担任本教材第 2 版主编，修改过程中听取了南京市职教教研室、江苏省高淳中等专业学校、南京市莫愁中等专业学校等相关老师的建议，在此，对于使用本教材的老师与提出宝贵建议的老师一并感谢。由于作者水平所限，同时项目教学还处于课改试验与信息化辅助教学的研究中，所以书中错误在所难免，敬请广大读者多提宝贵意见，不胜感激。

编　者

目录

项目 1 家用照明电器维修

家用照明电器经历了白炽灯、日光灯（电感镇流器）、荧光灯、电子荧光灯、冷光灯的发展过程。

白炽灯起源于18世纪，由著名的发明家爱迪生制造了第一只白炽灯。白炽灯的发光效率不足30%。普通日光灯的发光效率在50%左右，电子日光灯的发光效率在70%左右。冷光灯是半导体材料制作的光源，发光效率达到了90%以上，现已得到广泛应用。

由于电子荧光灯的寿命长、发光效率高，电子镇流器易生产，所以近年来，我国已逐步停止生产白炽灯，并大力推广节能型的荧光灯与LED照明灯。

任务 1 电子调光灯

维修任务单

序　号	品 牌 型 号	故 障 现 象
1	慧明	调光灯接通电源不发光
2	慧明	灯开就亮，不能调亮度

技师引领 1 调光灯不亮

1. 李技师分析

调光灯不亮的原因主要有以下几种情况：

（1）电源故障；

（2）灯泡损坏；

（3）晶闸管损坏；

（4）触发二极管开路。

2. 李技师维修

电子调光台灯控制电路如图 1-1 所示。接通电源，开关 S 闭合后用万用表测量电路中的电压，C_1两端电压、RP_2与R_1两端电压均正常，灯光也是好的。怀疑 VD 或 VT 开路，拆下 VD，测其电阻为无穷大，更换 VD 后调光灯工作正常。

技师引领 2 灯开就亮，不能调亮度

1. 李技师分析

控制电路如图 1-1 所示，调光灯开灯就亮的原因是电容C_2开路，接通电源后，双向晶闸管就触发导通，而不能通过C_2、R_1、RP_2等输出可调脉冲，控制晶闸管的导通角。

2. 李技师维修

控制电路如图 1-1 所示，拆下C_2，测其电阻为无穷大，更换C_2，调光灯调光恢复正常。

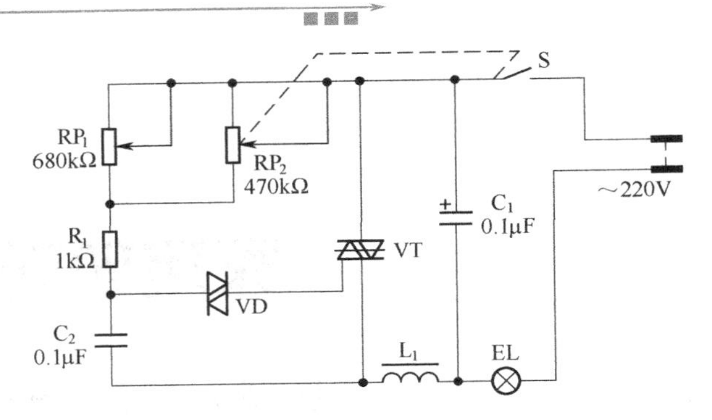

图 1-1　电子调光台灯控制电路

媒体播放

（1）展示调光台灯的调光过程，或者播放调光台灯的模拟触发工作过程。

（2）播放李技师维修过程。

技能训练　安装触摸式照明灯

1. 器材

电子焊接工具、材料一套，万用表一个，如图 1-2 所示电路的元件一套。

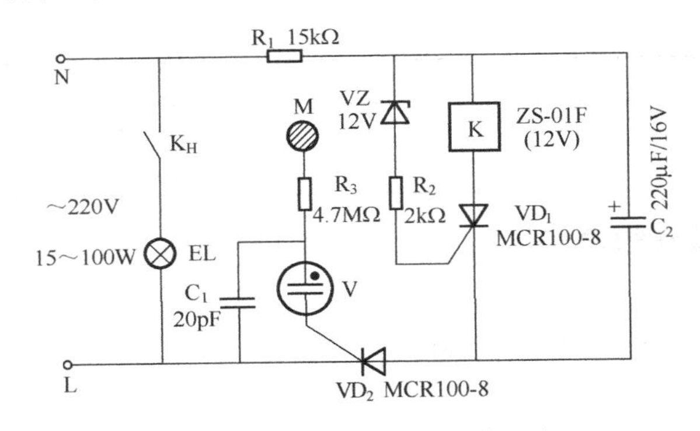

图 1-2　触摸式开关电路原理图

2. 目的

（1）能够在“万能板”上设计、安装电路（有条件的话可用电子 CAD 设计、制作印制电路板），要求电路设计合理，元件分布美观。

（2）学习触摸式开关的安装与调试。

3. 操作步骤

（1）画出触摸式开关的安装图。

（2）检测元件：R_1 用 15kΩ的碳膜电阻，氖管的启辉电压为 60V，C_1 用瓷片电容，触摸压片 M 用直径 25mm 的压电片敲去陶瓷即可。其余元件按图示逐一检测。

（3）焊接电路，在焊好的电路上焊有 220V 的输入接线。

（4）调试电路。

① 没有触摸 M 时，220V 的电压经 R_1 加到 VD_1、VD_2 上，因没有触发信号，VD_1、VD_2 不导通，灯不亮。

② 用手触摸 M，有一微小电流信号通过人体、C_1、R_3，C_1 充电至 60V 时，氖管 V 点燃，触发 VD_1 导通。C_2 的电压充至 12V 时，稳压管导通，触发 VD_2 导通，继电器线圈通电，其常开触头闭合，灯 EL 点亮。若不亮，适当调节 R_3，若还不亮，检查电路是否虚焊。

③ 手离开 M，交流电过零时，VD_2 截止，C_2 经继电器放电，电压很快降为零，VD_1 也截止，继电器 K 失电，常开触头分断，灯 EL 熄灭。

（5）该电路可做以下尝试研究。

① VD_1 串接一个适当的电阻，灯 EL 可以延时熄灭。

② 把该触摸开关装在儿童玩具上，可制触摸式玩具。

知识链接　电子调光灯的工作原理

如图 1-1 所示，RP_1、RP_2、R_1、C_2 及双向二极管 VD 组成晶闸管的触发电路；双向二极管 VD 与双向晶闸管配合，使交流电的正、负半周都能导通，即实现“全控”；C_1、L_1 组成的是高频滤波电路，防止高频信号对电视等其他家用电器产生干扰。

电子调光灯的工作原理如下：合上开关 S，灯 EL 处于最暗的状态，此时 RP_2 最大，C_2 的充放电时间最长，VD 达到导通时间也最长，使得 VT 的控制角最大（导通角最小）。逐渐调小 RP_2，C_2 充放电时间常数 τ 逐渐变小，使得 VT 的导通角逐渐变大，灯逐渐变亮。RP_2 调至最小时，灯 EL 最亮。RP_1 的作用是辅助调节电阻，出厂时即调好，可用定值电阻代替。

任务 2　电子镇流器荧光灯

维修任务单

序　号	品 牌 型 号	故 障 现 象
1	赛普	电子镇流器荧光灯不亮

技师引领　荧光灯不亮

1. 李技师分析

电子荧光灯不亮的原因很多，灯管损坏、电源断路、脉冲振荡电路不起振、串联谐振电路不起振等，都会造成荧光灯不亮。

2. 李技师维修

经检测，电源与灯管均无断路故障。确定故障部位在脉冲振荡电路与串联谐振电路。如图 1-3 所示，重点检测 VD_8、VD_9、VT_1、C_6、VT_2、C_9、C_{10}、PTC 等元件，测得 C_6 的电压接近 20V，拆下 VD_9，测其电阻为无穷大，判断其已开路，更换 VD_9 后，电子荧光灯工作恢复正常。

检修时，C_6 的电压若低于 32V，则 VT_1、VT_2 很可能击穿。拆下灯管，可用万用表的高阻挡测 C_9 是否断路或短路。

媒体播放

（1）播放电子镇流器的台灯、镜前灯、圆形吸顶灯及装饰吸顶灯。

（2）播放电子镇流器荧光灯的安装。

（3）播放电子镇流器荧光灯的维修实例。

知识链接 1　电子镇流器荧光灯的工作原理

1. 电源

电子镇流器荧光灯电路如图 1-3 所示，C_1、C_2、L_1 是一高频滤波电路，防止杂波对电网中其他电器产生干扰。

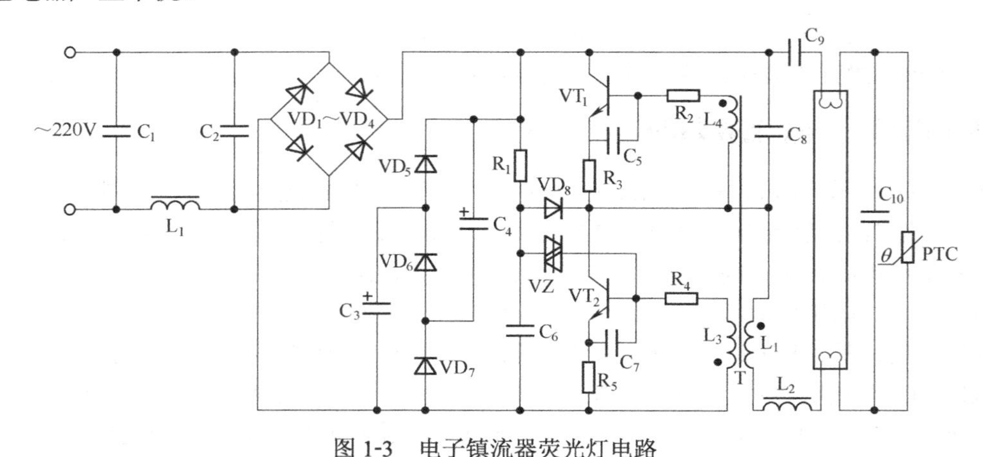

图 1-3　电子镇流器荧光灯电路

VD_1～VD_4 及 C_3、C_4、VD_5～VD_7 组成的是整流滤波电路，输出的是 220V 的直流电压，而加到灯管上的电压约为 110V。

2. 起振电路

R_1、C_6、VD_9 组成一振荡触发电路。C_6 经 VD_8 充电达 32V 左右时，VD_9 导通，使 VT_2 导通。

3. 脉冲振荡电路

VT_2 导通时，电流经灯丝、PTC 元件、L_2、L_1、VT_2 和 R_5，对 C_9 充电。

VT_2 导通时，磁环变压器（脉冲变压器）L_1 的正极性端电位被提高。通过互感耦合使 L_4 的正极性端电位提高，L_3 的负极性端电位降低，即 VT_1 导通，VT_2 截止。

VT_1 导通时，C_9 经灯丝、PTC 等元件放电，又使 L_4 的正极性端电位降低，进而使 VT_1 截止，VT_2 导通。这样 VT_1、VT_2 及脉冲变压器等元件就形成了频率为 25kHz 的自激振荡电路。

4. 串联谐振电路

高频脉冲振荡电流的作用有：

（1）加热灯丝；

（2）使 PTC 元件发热，达到居里点，其电阻升至 10MΩ左右，相当于开路；

（3）激发串联谐振，点燃灯管。

灯管点燃的过程如下：25kHz 的脉冲信号加至 C_9、C_{10}、灯丝及 L_2 等，使该电路产生串联谐振，C_{10} 的容抗远大于 C_9 的容抗，高压加至灯管两端，使管内气体电离导电，激发荧光物质发光。

灯管点燃的同时 C_6 经 VD_8 和 VT_2 不停地放电使 VD_9 截止，不再产生触发信号，串联谐振电路也停振（灯管的电阻发生了变化），灯管电压降到 100V 左右，正常工作。C_8 的作用是防止高频感应电压击穿晶体管。

技能训练　电子荧光灯的维修

1. 器材

（1）六盏电子荧光灯。电路如图 1-3 所示，把 C_6、VD_9、C_9、C_{10}、VT_1、VT_2 用导线引焊到万能板上。设置 C_6、VD_9、C_9、C_{10} 开路故障，VT_1、VT_2 击穿故障（视所买的荧光灯自定故障点）。

（2）电子焊接工具一套，万用表一个，需更换的元件若干。

2. 目的

（1）学习电子荧光灯故障的分析方法。

（2）掌握电子荧光灯常见故障的维修方法。

3. 操作步骤

（1）分析故障原因。

（2）检测故障。测 C_6、VD_9 是否开路时，应带电测量，测 VT_1、VT_2 是否击穿及 C_9、C_{10} 是否开路时应断电测量。

（3）更换元件。

（4）通电检验维修结果。

知识链接 2　声光控制灯

1. 声光控制灯的作用

图 1-4 所示的是声光控制灯电路图。声光控制灯具有在黑暗中能根据声音自动开、关灯，而在明亮条件下自动关闭电路的功能，它广泛地使用于住宅、办公楼、路灯的自动控制。

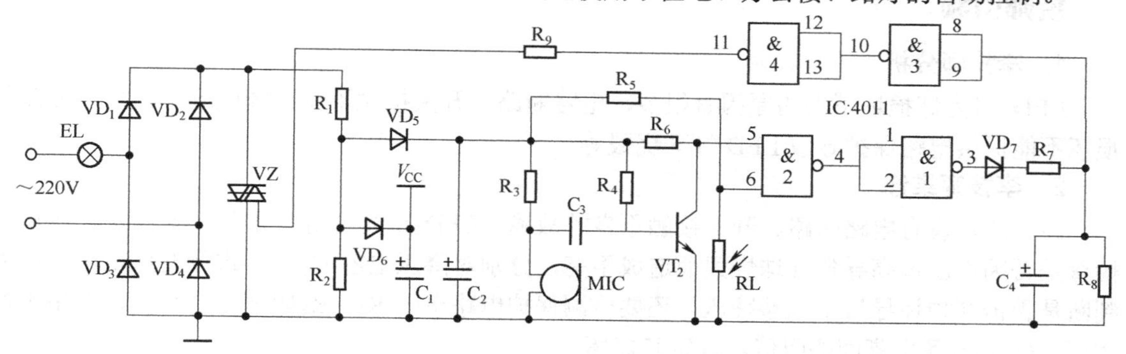

图 1-4　声光控制灯电路图

2. 声光控制灯的工作原理

光线充足时，光敏电阻 RL 为低阻态，使 IC555 集成块的 4 脚为低电位，IC 被强制复位。此时不管有无声音，电路不会产生触发脉冲使晶闸管 VT_1 导通，使 EL 点亮。

无光照时，RL 呈高阻态，IC 的 4 脚为高电平，复位消除。当有声音时，声电转换器 MIC 就会产生一个电信号，该信号经三极管 VT_2 放大后传至 IC 的 2 脚，并由 3 脚输出一脉冲触发信号使 VT_1 导通，点亮灯 EL。同时 C_4 被充电。

当声音信号消失时，整个电路处于暂稳态。C_4 充电至 IC 的 3 脚的阈值电压时，C_4 就通过 R_8 放电，经放电延时，使 IC 截止，灯 EL 熄灭整个电路又恢复到初始状态。

3. 元件选择与调试

声光控制灯电路元件的选用如表 1-1 所示。

表 1-1　声光控制灯电路元件

符　　号	名　　称	型　　号	备　　注
IC	555 集成电路	NE555	
VT_2	三极管	9014 或 3DG201	>150
RL	常用光敏二极管	2CU302D	
VZ	稳压管	2CU302B	0.5W
VD_1～VD_4	二极管	IN4007	
VT_1	双向晶闸管	LMAC94A4	或 LMAC97A6

该电路安装好后若灵敏度不够高，可适当减小 R_1，提高 MIC 的分压，若还不够灵敏，可更换 C_1，由 1 μF 换成 0.7 μF，灵敏度会提高很大。该电路的关灯延时时间为 2～5min。

任务 3　LED 日光灯

维修任务单

序　　号	品 牌 型 号	故 障 现 象
1	新飞	LED 日光灯不亮

技师引领

1. 李技师分析

LED 日光灯损坏不亮的原因有很多，电路断路、开关接触不良，降压电容损坏，可控硅损坏不能提供电路保护导致 LED 灯珠烧毁等。

2. 李技师维修

经检测，没有电路断路、开关接触不良等故障，LED 日光灯电路如图 1-5 所示，应重点检查是否因电压过高导致灯珠烧毁而造成不亮，分别对降压电容 C_1、C_2 进行充放电检查，以判断是否击穿损坏导致不能够降压，还要检测保护电路电阻 R_3、R_4 阻值是否正常，万用表检测可控硅 VD_2 各引脚间的阻值，确定其好坏。

通过检测发现两个降压电容阻值为零，已经被击穿不能够进行限流降压，更换全新同规格的电容器，通电后正常工作，排除故障。

媒体播放

（1）播放 LED 日光灯、台灯、带灯及装饰灯等。

（2）播放 LED 日光灯的维修方法。

知识链接　LED 日光灯工作原理

随着一种新型半导体材料——氮化镓被科学家发现，被称为第四代照明光源或绿色光源的 LED 灯以其具有节能、环保、寿命长、体积小等特点，正逐步取代电子荧光灯、白炽灯等成为新兴的照明设备。

目前小功率 LED 在使用时会对 LED 进行并联、串联，而使用过程中只要有一个 LED 短路或开路，都将导致小片或整条 LED 熄灭，影响照明效果，因此研究简单、廉价的驱动电路具有重要的意义。而目前广泛使用的驱动电路形式有：恒流驱动和稳压驱动。前者电路输出的电流是恒定的，输出电压随负载的变化而变化，且恒流驱动通常使用恒流 I_C，使用时对 I_C 承受的最大电压值要求较高，限制了 LED 使用的数量。后者输出电压是固定的，输出电流随负载（LED）数量的增减而变化。实验证实，由于 LED 封装中其正向压降离散值较大，且 LED 亮度输出与其电流成正比，LED 亮度一致性较差，但通过串加合适电阻也可以使每串 LED 亮度平均，下面分析采用电容降压稳压式驱动电路的工作原理。

1. 降压电路

电路如图 1-5 所示，电容 C_1、C_2 和 R_1 构成降压电路，根据电容“隔直通交”的特点，当有交流电通过电容时产生容抗，从而限制了电路的最大电流，在负载一定时，电容大小就决定了负载上的电压，从而起到降压（限流）的作用；R_1 为放电电阻，作用在于将降压电容上残存电荷释放掉。

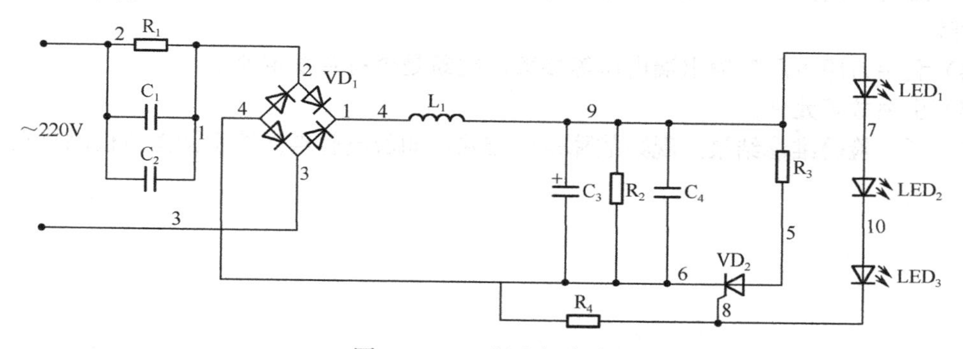

图 1-5 LED 日光灯电路

2. 整流滤波电路

4 个二极管组成的整流桥对输入交流电压进行整流；滤波电容 C_3 用于滤除整流输出电压中的交流成分，使电压更为平滑；L_1、C_4 用于滤除输出电压中的高频成分；电阻 R_2 为 C_3 提供放电回路。

3. 输出保护电路

LED 中使用的电流不能超过其规格稳定值，长期超过负荷不仅不会增大亮度（白光 LED 在大电流下会出现饱和现象，发光效率大幅度降低），而且还会缩短 LED 寿命，影响 LED 照明电路的可靠性。由于 LED 正向导通后，其正向电压的细小变动将会引起 LED 电流的大幅度变化，因此，需要在输出端设置输出保护电路。

该电路由 VD_2、R_3、R_4 组成，当流过 LED 的电流大于预定值时，可控硅 VD_2 导通一定的角度通过 R_3 进行分流，从而减小 LED 的电流，使之工作在恒流状态，避免其因瞬间高压而损坏，从而起到保护电路作用。

技能训练　LED 日光灯的维修

1. 器材

（1）LED 日光灯若干盏，如图 1-5 所示，设置电容 C_1、C_2 开路故障，设置电阻 R_3、R_4、VD_2 开路故障（亦可根据实际购买的 LED 灯自行设置故障）。

（2）电子装配工具一套，万用表一块及替换元器件若干套。

2. 目的

（1）知道 LED 日光灯的常见故障现象。

（2）学习 LED 日光灯的故障分析方法。

（3）掌握 LED 日光灯的常见故障现象维修的步骤和方法。

3. 操作步骤

（1）记录电路元件参数，观察故障现象。

（2）依据现象分析故障产生的原因。

（3）结合电路图查找造成故障的关键元件（C_1、C_2、R_3、R_4、VD_2 等），并进行参数检测排查故障。

（4）利用万用表测量输出端电压等参数，判断是否符合规定要求。

（5）更换故障元件。

（6）通电检验维修结果，观察故障是否排除，如若没有再次按步骤重新检测排查。

项目工作练习1 声光控制灯的安装与调试

班 级		姓 名		学 号		得 分	
器 材							
目 的							

工作步骤：

(1) 设计电子元器件安装图（元件参数见“华信网”电子教案）。

(2) 检测电子元器件并记录参数。

(3) 焊接电子元器件。

(4) 调试电路并记录参数。

(5) 说明主要器件的作用，简述电路的工作原理。

(6) 设计一个声光控制灯不亮的故障，和同学相互交换维修。做好维修记录，说明故障原因。

工 作 小 结	

项目工作练习2　触摸延时开关控制灯的安装与调试

班　级		姓　名		学　号		得　分	
器　材							
目　的							

工作步骤：

（1）如图1-6所示，设计电子元器件安装图（元件参数见本书配套电子教案）

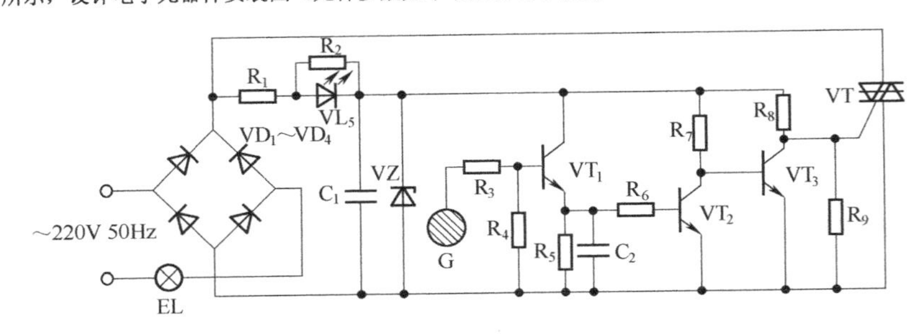

图1-6　触摸延时开关控制灯电路图

（2）检测电子元器件并记录参数。

（3）焊接电子元器件。

（4）调试电路并记录参数。

（5）说明主要器件的作用，简述电路的工作原理。

（6）设计一个触摸延时开关控制灯不亮的故障，和同学相互交换维修。做好维修记录，说明故障原因。

工　作 小　结	

项目工作练习3　安装太阳能电源供电的LED照明电路

班　级		姓　名		学　号		得　分	
器　材							
目　的	1．正确使用太阳能电源。 2．会布线、安装LED台灯与顶灯。 3．会检测LED控制电路元件的参数并会检修控制电路。						

工作步骤：

（1）设计电路元器件布局图及接线图。

（2）检测控制电路元件参数并记录。

（3）按接线图连接各器件。

（4）测试电路参数并排除简单故障。

（5）说明各主要器件的功能，并简述控制电路工作原理。

工　作 小　结	

项目 2

家用电热、电炊器具维修

任务 1　电热取暖器

维修任务单

序　　号	品 牌 名 称	报修故障情况
1	新嘉业	按下电源开关后，取暖器没有任何反应
2	美尔沁	接通电源后，红外取暖器摆头正常，就是不热

技师引领 1

1. 客户王先生

我家的红外取暖器最近坏了，按下电源开关后，取暖器没有任何反应。

2. 李技师分析

王先生，这个故障不是大问题，一般来说不发热、不摇头的故障大多是电路断路。

3. 李技师维修

（1）取暖器如图 2-1 所示，拆卸红外取暖器底座。

（2）取暖器底座如图 2-2 所示，用万用表 R×1 电阻挡测量电热取暖器的安全倾倒开关，通断正常，但是测量电源功率选择按钮开关时，通、断阻值都为无穷大，仔细观察发现按钮开关已经由于过热变形。

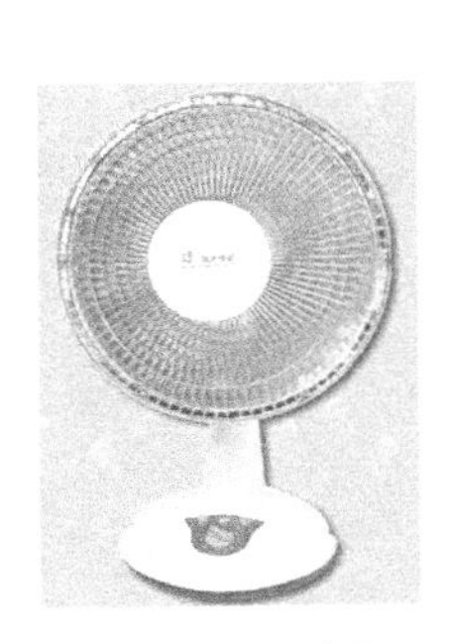

图 2-1　取暖器

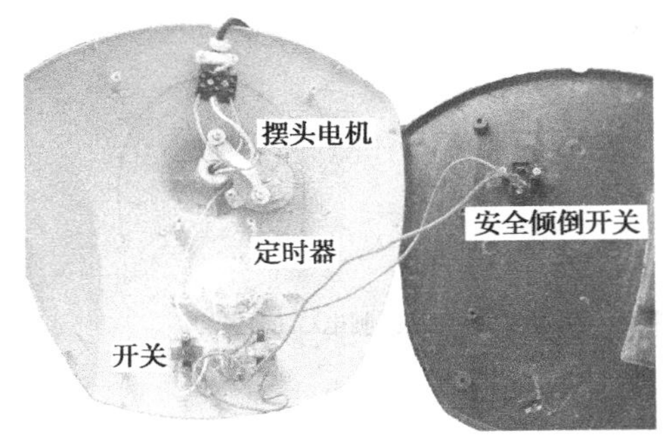

图 2-2　取暖器底座

（3）更换电源功率选择按钮开关后，重新安装好取暖器，功能恢复正常。

技师引领 2

1. 客户王先生

接通电源后，取暖器摆头功能正常，取暖器就是不热。

2. 李技师分析

根据你的描述，说明供电正常，故障可能是加热丝烧断了或者个别地方接触不良。

3. 李技师维修

（1）拆开取暖器后盖板，在通电状态下，用万用表的交流 220V 电压挡测量电热盘两端的接线柱，发现 220V 电压已经到达电热盘，不热的原因只能在电热盘了。

（2）断开电源，用万用表的电阻挡测量电热盘的电阻，为无穷大。更换电热盘重新装好取暖器，经过试用，一切正常。

媒体播放

（1）播放各种型号的电热取暖器。

（2）播放取暖器的生产步骤与装配过程。

（3）结合技师引领内容，播放电热取暖器的拆装与维修过程。

技能训练 1 电热取暖器的拆装

1. 器材

万用表一个，电工工具一套，电热取暖器一个。

2. 目的

学习电热取暖器的拆装，为学习电热取暖器的维修做准备。

3. 电热取暖器的拆卸

（1）拆卸底盘螺丝。

（2）测量电源开关和高低温开关的通断是否正常，接通时电阻应该为零。

（3）拆卸摆头机构，用万用表测量摆头机构的同步电动机的电阻。

（4）拆卸远红外发热元件，用万用表测量发热体的电阻。

4. 电热取暖器的组装

在拆卸电热取暖器时，要记好拆卸顺序与各器件、导线的连接位置，导线接头最好标上回路标号（同一个连接点的导线标上同一个数字号）。组装是拆卸的逆过程。拆、装电热取暖器可参考图 2-2 及媒体播放资料。

知识链接 1 电热取暖器的电气控制

1. 电热元件

电热取暖器突出优点是使用方便、升温迅速、清洁卫生、灵活性大、安全可靠、无污染、无噪声。琳琅满目的取暖器如图 2-3 所示，目前市场上销售的取暖器种类很多，从基本发热原理上可分为 6 类，即电热丝发热体、石英管发热体、卤素管发热体、PTC 陶瓷发热体、导热油发热体和碳素纤维发热体。

（1）电热丝发热体

以电热丝为发热材料的取暖器有市场上见得较多的红外取暖器和较传统的暖风机。这几年流行的新产品：酷似电扇外形（如图 2-4（c）所示），它由电热丝（如图 2-4（a）所示）缠绕在陶瓷绝缘座上或者穿在石英管里（如图 2-4（b）所示），利用反射面将热能扩散到房间。这种红外取暖器同电扇一样，可以自动旋转角度，向整个房间供暖，适合在 $8m^2$ 以下的小房间使用。新款产品还具有超声波加湿、释放携氧负离子、宽频谱等功能。缺点是停机后温度下降快，供热范围小，且消耗氧气，长期使用电热丝容易发生断裂。一般消耗功率在800～1000W之间。

图2-3　琳琅满目的取暖器

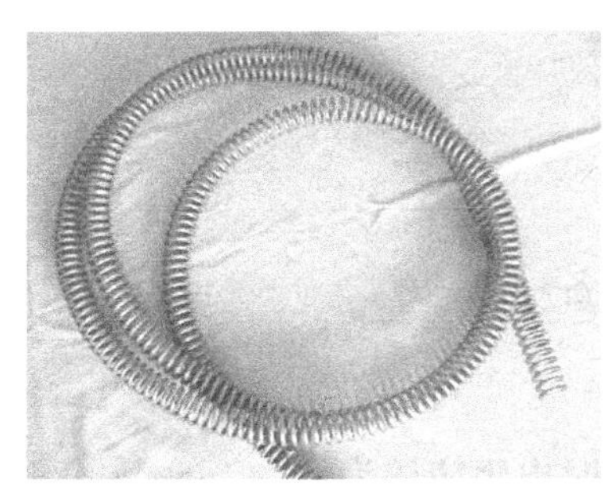

（a）电热丝

（b）电热丝发热体组件

（c）红外取暖器

图2-4　电热丝发热体

（2）石英管发热体

石英管发热体是以石英辐射管为电热元件，在石英管内装有螺旋合金的电热丝制成的（如图 2-5（a）所示），由于石英不导电，因此管内无须填充绝缘和导热材料。管两端密封，可以防止内部电热丝的氧化。该类取暖器装有2～4支石英管，利用功率开关使其部分或全部石英管投入工作。石英管取暖器（如图 2-5（b）所示）的特点是升温快，但供热范围小，虽然以往因价格较低销售不错，但已明显呈下降趋势。

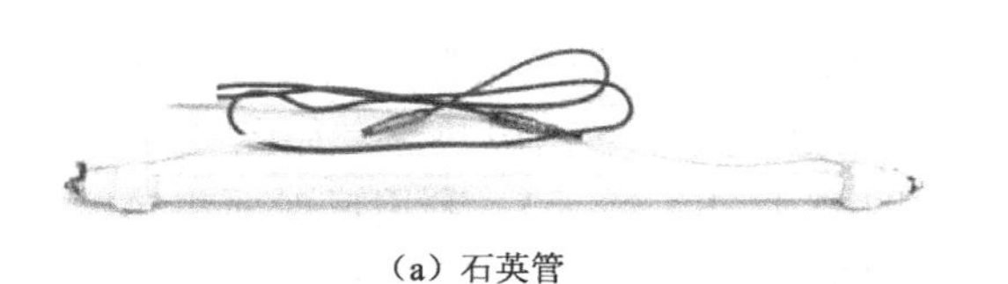

（a）石英管

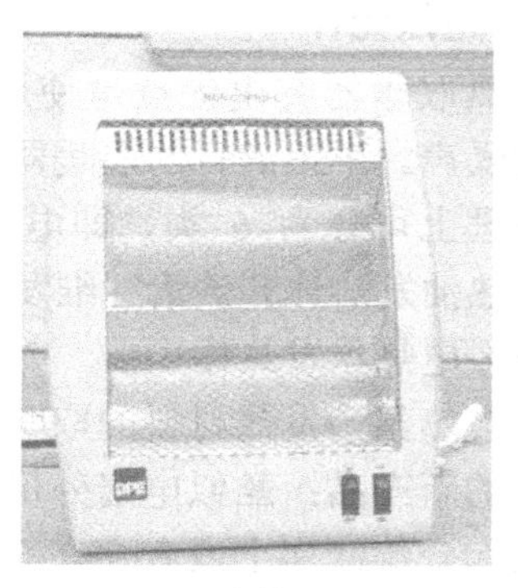

（b）石英管取暖器

图2-5　石英管发热体

（3）卤素管发热体

卤素管发热体如图 2-6（a）所示，卤素管是一种密封式的发光发热管，内充卤族元素惰性气体，中间有钨丝，分白、黑两种（由于白钨丝造价要比黑钨丝高得多，所以市场上没有普及）。卤素管具有热效率高、加热不氧化、使用寿命长等优点，而且有些机型还附加有定时、旋转、加湿等功能。如图 2-6（b）所示卤素管取暖器是靠发光散热的，一般采用 2～3 根卤素管为发热源，消耗功率在 900～1200W，适用于面积为 $12m^2$ 左右的房间。现在一些比较先进的产品具有跌倒自动断电、自动摇头等功能，设计简单实用。

（a）卤素管

（b）卤素管取暖器

图 2-6　卤素管发热体

（4）PTC 陶瓷发热体

PTC 元件是一种具有正温度系数的半导体发热元件。通常以钛酸钡为基料，掺入微量稀土元素，经陶瓷工艺制成烧结体，其结构形状如图 2-7（a）所示。当 PTC 元件结构确定以后，其散热系数和最高温度就确定了。当 PTC 元件的工作温度达到居里点（240℃左右）时，其阻值会急剧增加，使输出功率迅速下降，发热量就会减小；反之发热量就会增大。如图 2-7（b）所示是一款陶瓷电热暖风机，它就是采用 PTC 陶瓷发热元件，该元件效率高、无明火、升温快、安全可靠、美观实用。陶瓷电热暖风机采用强制对流方式传热，使房间温度均匀舒适，没有烘灼感和燥热感。功率一般在 1000W 或 2000W 左右。

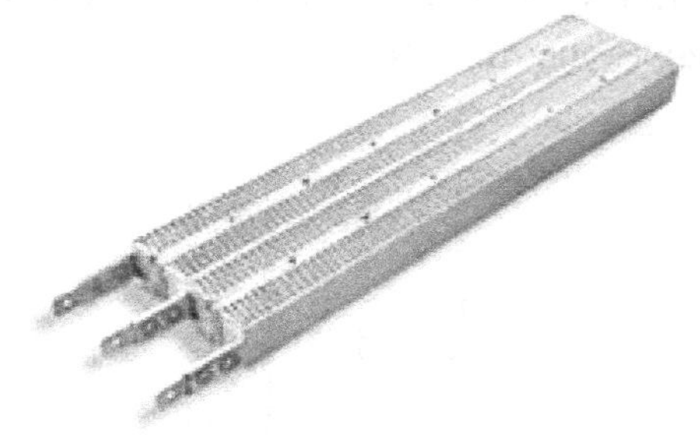

（a）PTC 陶瓷

（b）陶瓷电热暖风机

图 2-7　PTC 陶瓷发热体

（5）导热油发热体

此类产品就是市面最常见的油汀式取暖器（如图 2-8（b）所示）。油汀式取暖器又叫“充油取暖器”，是近年来流行的一种安全可靠的空间加热器，它主要由密封式电热元件、金属散热管或散热片、温控元件、指示灯等组成。如图 2-8（a）所示，它的结构是将电热管安装在带有许多散热片的腔体下面，在腔体内电热管周围注有 YD 系列导热油（或变压器油等）。当接通电源后，电热管周围的导热油被加热、升到腔体上部，沿散热管或散热片对流循环，通过腔体壁表面将热量辐射出去，从而加热空间环境，达到取暖的目的。然后，被空气冷却的导热油下降到电热管周围又被加热，开始新的循环。这种取暖器一般都装有双金属温控元件，当油温达到调定温度时，温控元件自行断开电源。油汀式取暖器的表面温度较低，一般不超过 85℃，即使人体触及油灯也不会造成灼伤。

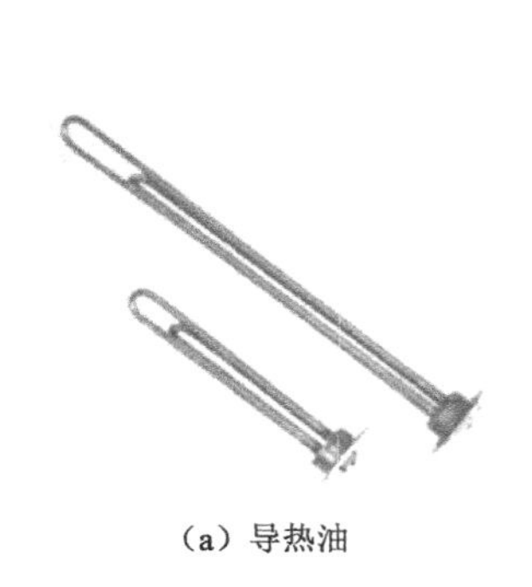

（a）导热油

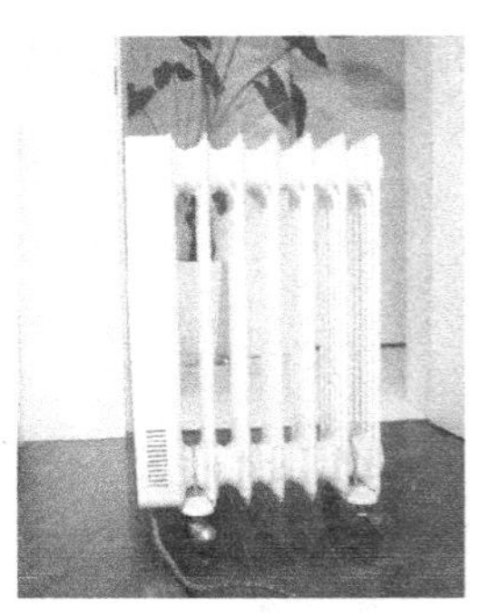

（b）油汀式取暖器

图 2-8　导热油发热体

现在市场上主流产品的散热片有 7 片、9 片、11 片、13 片等，使用功率在 1200～2000W 之间。具有安全、卫生、无烟、无尘、无味的特点，适用于人易触及取暖器的场所，如客厅、卧室、过道等处，更适合有老人和孩子的家庭使用。产品密封性和绝缘性均较好，也不易损坏，使用寿命在 5 年以上。缺点是热惯性大、升温缓慢、焊点过多，长期使用有可能出现焊点漏油的质量问题。

（6）碳素纤维发热体

此类产品是采用碳素纤维为发热基本材料制成的管状发热体，其外形如图 2-9（a）所示。如图 2-9（b）所示是立式直桶形和长方形落地式碳素纤维取暖器。直桶形一般采用单管发热，机身可自动旋转，为整个房间供暖。打开电源后升温速度较快，在 1～2s 内已经感到烫手，5s 表面温度可达 300～700℃，功率在 600～1200W 之间调节。长方形落地式采用双管发热，可以落地或挂壁使用，功率相对较大，在 1800～2000W 之间。

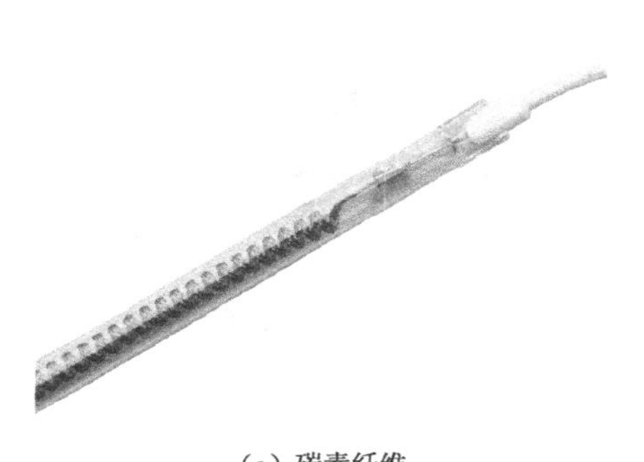

（a）碳素纤维

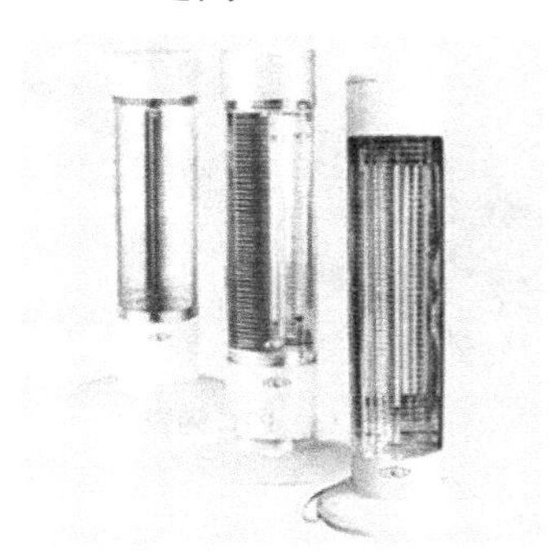

（b）立式直桶形和长方形落地式碳素纤维取暖器

图 2-9　碳素纤维发热体

2. 电热取暖器的电气控制原理

红外取暖器电路原理如图 2-10 所示，接通电源，220V 交流电压经安全倾倒开关 S_4 到达定时器，如果将定时器设定一定时间或者选择开“ON”的位置，电压就到达到后面电路。开关 S_1、S_2 是用来控制发热功率的开关，单独按下一个为半热，即功率约为一半。S_1、S_2 都按下时为满功率状态。当按下 S_1（或 S_2、或者 S_1 和 S_2 同时按下）时，电压就到达了发热体，发热体得电开始发热。

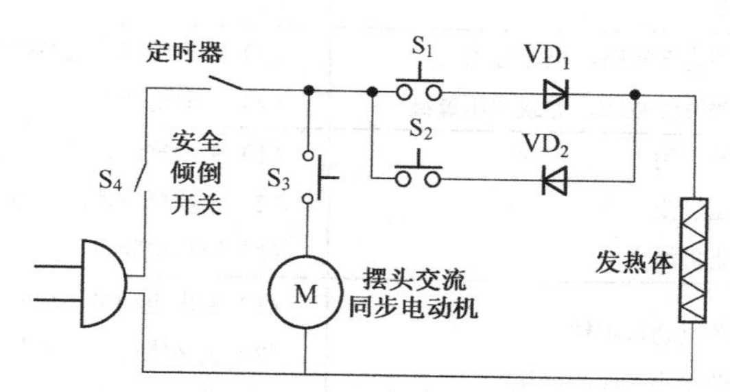

图 2-10　红外取暖器电路原理图

S_3 开关是用来控制取暖器摆头的。当按下 S_3 后，220V 电压加到摆头交流同步电动机上，电动机开始慢慢旋转，带动取暖器在一定角度内旋转，达到空间均匀加热的目的。

安全倾倒开关 S_4 起到保护作用，当取暖器直立的时候，开关按钮顶在地上，处于接通的状态。当取暖器被不小心碰倒后，倾倒开关的按钮就自动弹出，切断 220V 电源，起到安全保护的作用。

功率调节原理如下：当只按下功率开关 S_1（或者 S_2）时，220V 交流电压只经过一个二极管到达发热体。这实际上是一个半波整流电路，即将 220V 交流电变成了 100V 左右的直流电，在 220V 交流电的一个周期内，发热体只得到半个周期的电。当两个功率开关全部按下时，交流电的正、负半周都可以到达发热体，此时为全功率状态。

技能训练 2　电热取暖器的维修

1. 器材

万用表一个，电工工具一套，同步电动机、摆头机构一个，发热体一个，倾倒开关一个，电源开关一个。

2. 目的

学习电热取暖器的故障检测与维修技能。

3. 情境设计

以 4 个电热取暖器为一组，全班视人数分为若干组。4 个电热取暖器的可能故障是：

（1）电热元件不热。

（2）摆头机构失灵。

（3）外壳过热。

（4）外壳带电。

根据以上故障的现象研究讨论故障和检测方法，其参考答案见表 2-1。

由讨论出的故障原因与检测方法，检修并更换损坏的器件，修理完毕后，进行试用。检测自己的维修结果。完成任务后恢复故障，同组内的同学交换故障电热取暖器再次进行维修。

表 2-1　电热取暖常见故障及检测方法

故障现象	可能原因	检测方法
电热元件不热	（1）电阻丝烧断 （2）开关或者插座接触不良 （3）电阻丝引出线接触不良 （4）电路断路	（1）换辐射元件 （2）修复接触点或换插座与开关 （3）修复引出线接头，重新紧固 （4）检查修复
电热元件通电即发红烧坏	（1）电热元件内部短路，电流过大 （2）外界电路发生故障，导致电压过高	（1）更换同型号规格的电热元件 （2）立即切断电源，查明故障原因，待电压正常时使用
辐射效率减退	（1）反射罩粘污物 （2）电源电压过低 （3）电阻丝阻值增大	（1）用柔软织物浸中性水擦洗，待晒干后再使用 （2）不需要修理，待电压正常时使用或加稳压装置 （3）更换电阻丝
摆头机构失灵	（1）驱动摆动电动机不转 （2）连杆传动机构工作不可靠 （3）摆动空间太小或受阻	（1）查出电动机不转的原因并加以排除 （2）损坏零件，紧固各螺钉等连接件 （3）放置电热取暖器于合适位置，留出充分搬动空间，并排除障碍物
外壳过热	（1）功率调节旋钮失灵 （2）电源电压过高，导致发热元件温度过高 （3）电热取暖器散热性能差 （4）隔热材料失效 （5）反射罩反射效果差	（1）修理，必要时更换 （2）调整合适的工作电压，必要时加稳压器 （3）找出影响散热性能的原因并排除 （4）更换隔热材料 （5）更换反射罩，增加反射性
外壳带电	（1）电热取暖器受潮 （2）排线过近，绝缘强度降低	（1）改放在干燥位置 （2）调整导线位置，加强绝缘

项目工作练习1 摆头机构失灵的维修

班 级		姓 名		学 号		得 分	
实训器材							
实训目的							
工作步骤： （1）开启取暖器电源，观察故障现象。 （2）故障分析，说明哪些原因会造成摆头机构失灵。 （3）制定维修方案，说明检测方法。 （4）记录检测过程，找到故障器件、部位。 （5）确定维修方法，说明维修或更换器件的原因。							
工作小结							

项目工作练习2 取暖器不发热的维修

<table>
<tr><td>班 级</td><td></td><td>姓 名</td><td></td><td>学 号</td><td></td><td>得 分</td><td></td></tr>
<tr><td>实 训
器 材</td><td colspan="7"></td></tr>
<tr><td>实 训
目 的</td><td colspan="7"></td></tr>
<tr><td colspan="8">工作步骤：
（1）开启取暖器电源，观察故障现象。

（2）故障分析，说明哪些原因会造成取暖器不发热。

（3）制定维修方案，说明检测方法。

（4）记录检测过程，找到故障器件、部位。

（5）确定维修方法，说明维修或更换器件的原因。</td></tr>
<tr><td>工 作
小 结</td><td colspan="7"></td></tr>
</table>

任务2 电热水器

维修任务单

序　号	品 牌 名 称	报修故障情况
1	华星	电热水器出水温度过高
2	小鸭	电热水器漏电

技师引领 1

1. 客户王先生

我家的电热水器最近总是出水温度过高，不受控制。

2. 李技师分析

王先生，这种情况跟温度控制电路有关系。

3. 李技师维修

（1）电热水器如图 2-11 所示，拆卸电热水器。

（2）结构如图 2-12 所示，拆开外壳，检查上、下恒温器触点，发现下触点黏连（不要松动温度调节螺钉）。

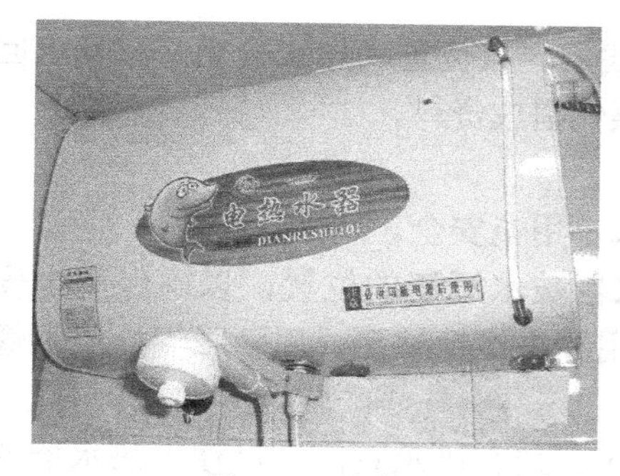

图 2-11　电热水器

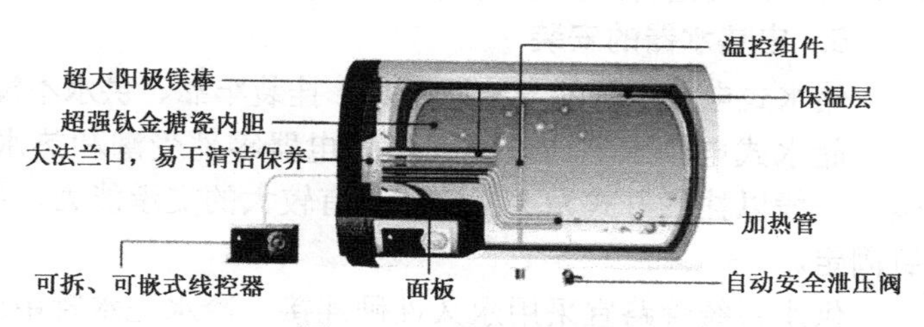

图 2-12　电热水器结构

（3）将触点分离，用砂纸将触点打磨光亮，按原位置重新装上恒温器，并装上外壳，通水接通电源试机，功能恢复正常。

技师引领 2

1. 客户王先生

我家的电热水器漏电，吓得我们都不敢使用。

2. 李技师分析

王先生，一般来说，漏电有两种可能：一种是电源有短路或碰壳现象；另一种是绝缘老化或损坏。请您别急，我来检查一下。

3. 李技师维修

（1）从电源进线向热水器箱体逐级查找短路点或碰壳处，目测结果没有发现问题。

（2）拆卸电热水器，用万用表电阻挡测量电热元件和外壳，发现有一定的电阻，正常情况应该为无穷大。说明此部分绝缘有问题。

（3）更换绝缘件，重新装好电热水器，经过试用，一切正常。

媒体播放

（1）播放各种型号的电热水器。
（2）播放电热水器生产步骤与装配过程。
（3）结合技师引领内容，播放电热水器的拆装与维修过程。
（4）播放电热水器仿真课件。

技能训练 1　电热水器的拆装

1. 器材

万用表一个，电工工具一套，电热水器一个。

2. 目的

学习电热水器的拆卸与安装。

3. 电热水器的拆卸

（1）拆卸电脑控制板。
（2）拆卸温控组件。
（3）拆卸加热管。

4. 电热水器的组装

在拆卸电热水器时，要记好拆卸顺序与各器件、导线的连接位置，导线接头最好标上回路标号。组装是拆卸的逆过程。拆、装电热水器可参考媒体播放资料。

5. 电热水器的安装

储水式电热水器的安装原则是：挂装牢靠、供水不漏、用电安全。

储水式电热水器应安装在不使电器零件受潮和热水器被水浸渍的位置，以确保用电安全。一般以挂吊方式为主，墙应具有较大的支承能力。用冲击电钻钻孔，用膨胀螺栓或木螺钉固定。

供水系统管路宜采用永久性硬连接，冷水进水管中应安装有进水总阀，以便电热水器的拆卸维修。进出口水管的位置及具体安装应根据型号而定。

电路接线应采用专线，并且要有安全的可靠接地措施。

知识链接 1　电热水器的电气控制原理

电热水器根据水流方式的不同，分为储水式和即热式（快速式）两种类型。

储水式电热水器的优点是不必分室安装、不会产生有害气体、调温方便。但是储水式热水器在使用前需要预热，一次使用的量有限。同时，储水式热水器的体积较大、占用空间较多，不太适合卫生间面积小的家庭使用。

即热式电热水器就是利用电热管、电热棒、玻璃管或塑料管加热，即开即热，无须预热和保温。从安全性方面看，即热式电热水器采用非金属加热体、水电隔离技术、漏电保护装置、接地保护等基本措施，使用安全系数比较高。而在体积上由于没了水箱部分，外形可以设计得小巧精致，比较适合在小空间使用。但是即热式电热水器的额定功率较高，一般需要5000W 以上才能保证使用。

而按照水路控制方式的不同，电热水器还可以分为前制式和后制式。前制式电热水器水温和水量的控制方式是靠装在冷水进口端（即前端）的冷水阀门进行控制的，在热水出口端不设置阀门。而后制式电热水器则是靠装在热水出口端的热水阀门来进行控制的，后制式电热水器具有安装和使用方便等优点，是电热水器的发展方向。

1．电热水器的控制原件

电热水器是为人们提供淋浴、盥洗、洗衣刷碗等所需热水的电热类电器产品，常用的是储水式电热水器。它最大的特点是可储存一定量的热水，使用者可以随时使用。储水式电热水器可分为密封式、出口敞开式、开口式等。密封式的整体结构如图 2-12 所示，它主要由外壳、储水箱（内胆）、加热器、温度控制器、漏电保护器、限压阀（泄压阀）、混水阀等部分组成。

（1）外壳

电热水器外壳如图 2-11 所示，外壳是由冷轧薄钢板制成的，外壳表面喷涂彩氨基烘漆。在储水箱与外壳之间填充纤维之类的绝缘材料，以防止热的散失。新工艺中的保温层多采用高密度聚氨脂整体发泡而成，其保温、绝缘性能更佳。

（2）储水箱（内胆）

储水箱如图 2-13 所示，储水箱主要用铜、钢、不锈钢等板材冲制而成。近年生产的电热水器储水箱多采用不锈钢板制成。

另外，在电热水器内部要装有镁棒（镁合金阳极）。镁棒的作用是保护内胆和加热管，延长内胆和加热管的使用寿命，在电热水器的长期使用过程中，镁棒会不断消耗，其消耗程度取决于水质的好坏，一般在 1～2 年内必须更换，避免镁棒过分腐蚀伤及桶体金属内壁。如图 2-14 所示是镁棒的外形。

（3）加热器

电热水器一般采用电热管浸水加热方式，电热管的外形如图 2-15 所示。电热管可以为一组，也可以为多组。不论电热水器的形状如何，其加热的工作原理都是相同的。正常使用时，加热器完全浸在水里，因此热效率极高。目前市场上的有些名牌产品采用高压耐热的陶瓷加热器，间接加热箱内的水，使水电彻底分离，更加安全可靠。

图 2-13　储水箱

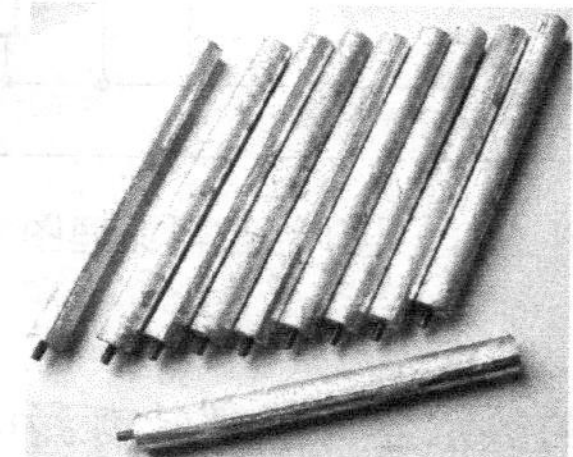

图 2-14　镁棒

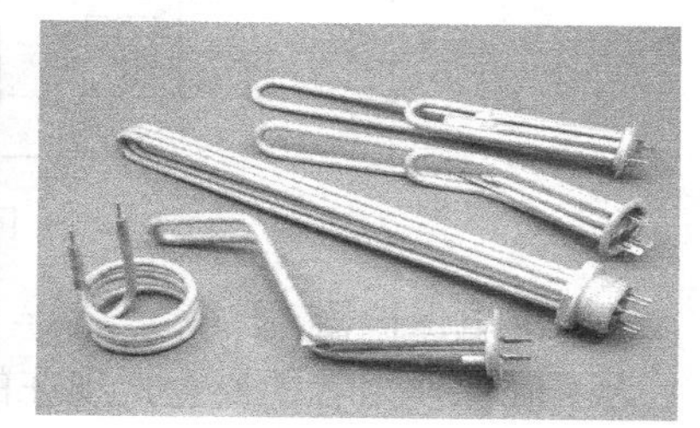

图 2-15　电热管

（4）温度控制器

温度控制器分为双金属片温控器、蒸气压力式温控器和电子温控器等。

① 双金属片温控器是根据箱内水温来控制加热器工作的，其外形结构如图 2-16 所示。电热水器一般采用双加热器双掷功能的双金属片温控器。当箱内顶部水温低于温控器所设定的温度时，温控器动作，使上加热器接通电源开始加热。当箱内水温到达温控器所设定的温度时，温控器动作到相反方向，上加热器停止加热，下加热器开始加热。双金属片一般不用调整，出厂时厂家已经设定好温度。

② 蒸气压力式温控器（又称毛细管式），如图 2-17 所示，主要由感温元件、机械机构、触点等组成。感温元件由感温头、波纹管式感温腔等组成密封系统，内充感温剂（酒精、煤油）。在加热过程中，水温升高，感温剂压强增大，感温腔膨胀。在膨胀过程中感温腔有力作用在杠杆上，当温度升高到某一值时，感温腔的压力使杠杆转动，带动触点断开，切断电源，停止加热。水温下降，感温腔回缩，杠杆带动触点闭合，接通电源，继续加热。如此循环，能使水温保持在设定的范围内。

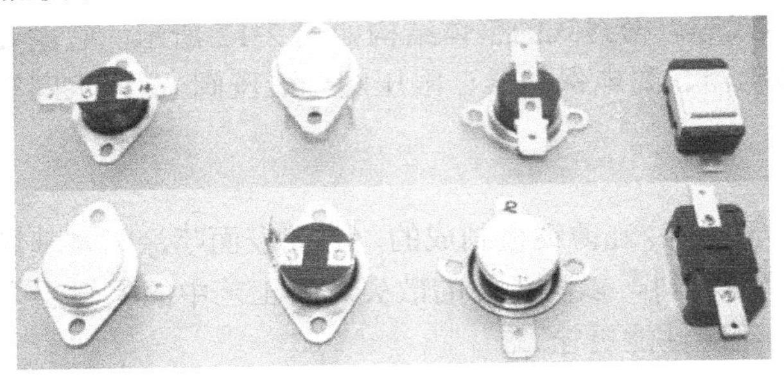

图 2-16　双金属片温控器

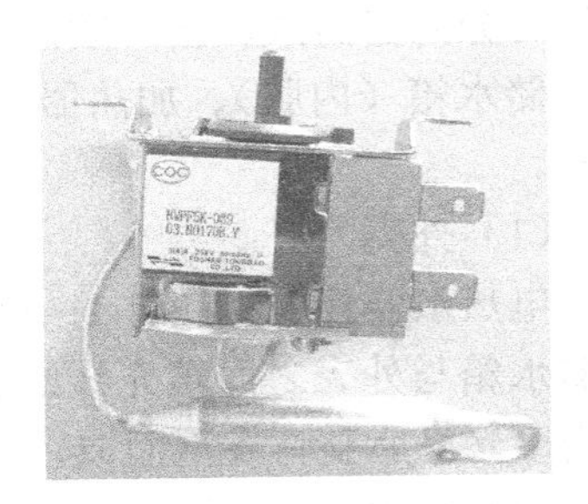

图 2-17　蒸气压力式温控器

③ 电子温控器原理图如图 2-18 所示，电子温控器是通过温度传感元件（感温二极管、热敏电阻等）获取温度变化信号，再经电路放大处理后，输出控制信号推动执行系统去控制加热器电路的通断或调节输入功率的大小，从而达到控制水温的目的。

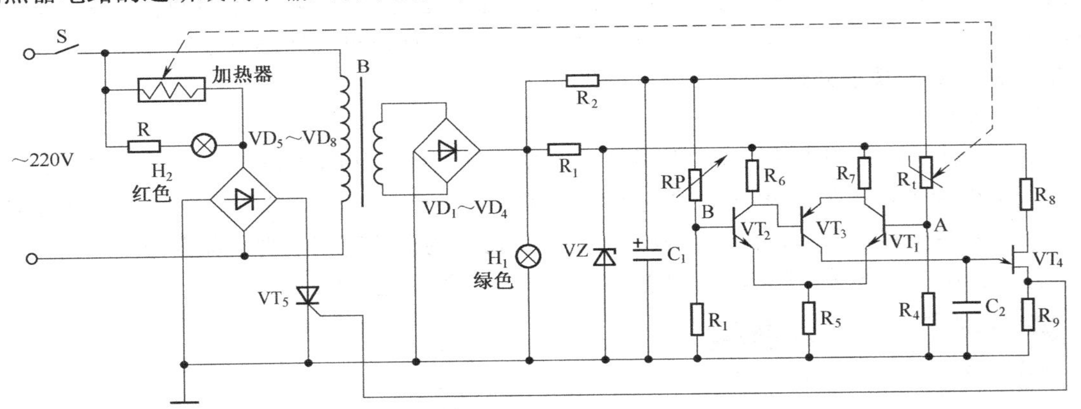

图 2-18　电子温控器原理图

（5）漏电保护器

为了确保使用者的安全，现在的热水器一般都装有漏电保护装置，当漏电流经人体流入大地时，漏电保护器会及时断电，以防止漏电发生意外。漏电保护器的动作电流标准规定为 30mA。

（6）限压阀（泄压阀）

封闭式电热水器内胆和外界处于一个相对封闭的状况，加热过程中，内胆处于受内压的状态，一旦超过承受极限，会造成内胆开裂。因此，在压力过高时，应泄压以降低内胆压力。一般限压阀的动作压力为 0.6～0.7MPa。限压阀的结构如图 2-19 所示。

（7）混水阀

如图 2-20 所示的混水阀是将电热水器中热水和自来水管中的凉水混合在一起，达到使用者满意的温度，同时混水阀也是一个关闭阀，用于关闭出水。

图 2-19　限压阀

图 2-20　混水阀

2. 电热水器的控制电路

电热水器控制部分电路图如图 2-21 所示，T、VD_1～VD_4、C_1、IC_1、C_2 等构成 12V 稳压电源；IC_2 及外围电路组成控制电路；IC_3 组成水位指示电路；HP_1 为音乐片 IC；HP_2 为报警器 IC；HA 为蜂鸣器；EH 为发热器；RP_3 为水温调节电位器，RP_1、RP_2 为微调；P_8、P_{10}、P_{11}、P_{13} 均为控制探头；A、B、C、D 分别为 4 支水位探头；LED_2 为加热指示灯；LED_1 为水温达到预定值指示灯；LED_3 为缺水指示灯；LED_4 为漏电指示灯。

预调 RP_3 设定温度，通电后 IC_{2A} 的 1 脚为高电平，VT_1 正偏导通，K_1 吸合，EH 开始发热加温，LED_2 亮指示为加热状态。由于探头 P_8 和 P_{13} 顶端连有二极管 IN4148 作半导体感温元件，直接控制 IC_{2A} 的 3 脚电位。当达到预定温度时，IC_{2A} 的 1 脚变为低电平，VT_1 截止，K_{1-1} 断开，EH 停止加热。此时，LED_2 熄灭而 LED_1 点亮指示水温达到预定值。VT_1 截止时+12V 经 K_1 加至 IC_{2D} 的 14 脚，出现高电平，触发音乐片 HP_1 发声，提示用户预定水温已达到。

当热水器内水位低时，缺水检测探头 P_{10} 使 IC_{2C} 的 8 脚出现高电平，LED_3 亮指示为缺水状态。此高电平通过隔离二极管 VD_9 使 IC_{2A} 的 2 脚也为高电平，使 1 脚为低电平，VT_1 截止，K_1 失电，K_{1-1} 断开，避免热水器因缺水烧坏。

当漏电检测探头 P_{11} 检测到热水器漏电时，IC_{2B} 的 7 脚出现高电平，LED_4 亮指示为漏电状态。此高电平一路经 R_{27} 使 VT_2 导通，音乐片 HP_1 的 3 脚电压为 0V 不工作；另一路经 R_{22} 和 VD_{11} 给报警器 HP_2 提供+3V 工作电压，发出报警声；还有一路通过隔离二极管 VD_{10} 加在 IC_{2A} 的 2 脚使 1 脚呈低电平，VT_1 截止，EH 停止加热，提醒用户该机漏电。

IC_3 内 4 个运放及 A、B、C、D 4 个探头组成 4 个水位检测电路，由发光管指示不同水位。

知识链接 2　微电脑型电热水器的控制原理

1. 模糊控制与方框图

模糊控制电热水器，是利用先进的单片机作为控制器的核心，结合模糊控制技术设计的一种多功能电热水器控制器，一般具有全功能液晶显示；时钟设定、显示；温度设定、测量、显示；漏电自检与保护；模糊控制防干烧等功能。具有较高的控制性能，温度控制精度可以达到±1℃。电路板如图 2-22 所示，方框原理图如图 2-23 所示。

2. 微电脑型电热水器控制电路分析

微电脑型电热水器控制电路分析，如图 2-24 和图 2-25 所示。

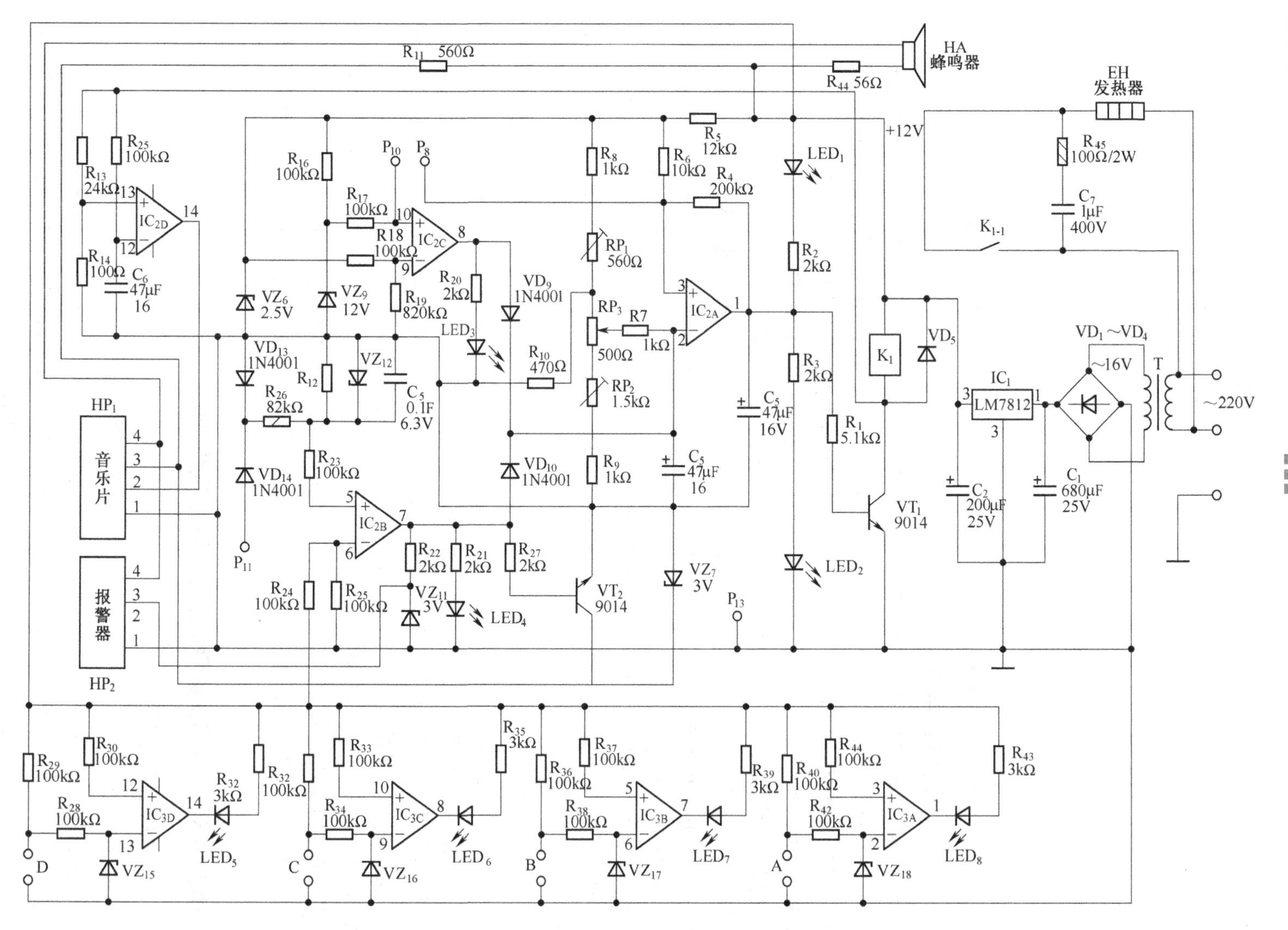

图2-21 电热水器控制部分电路图

图 2-22 模糊控制电路板

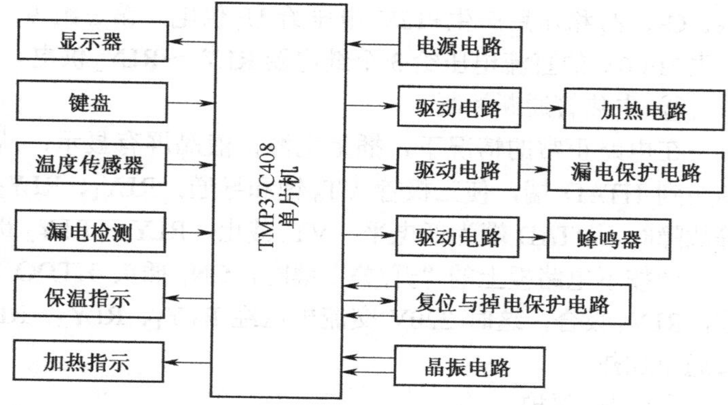

图 2-23 模糊控制方框原理图

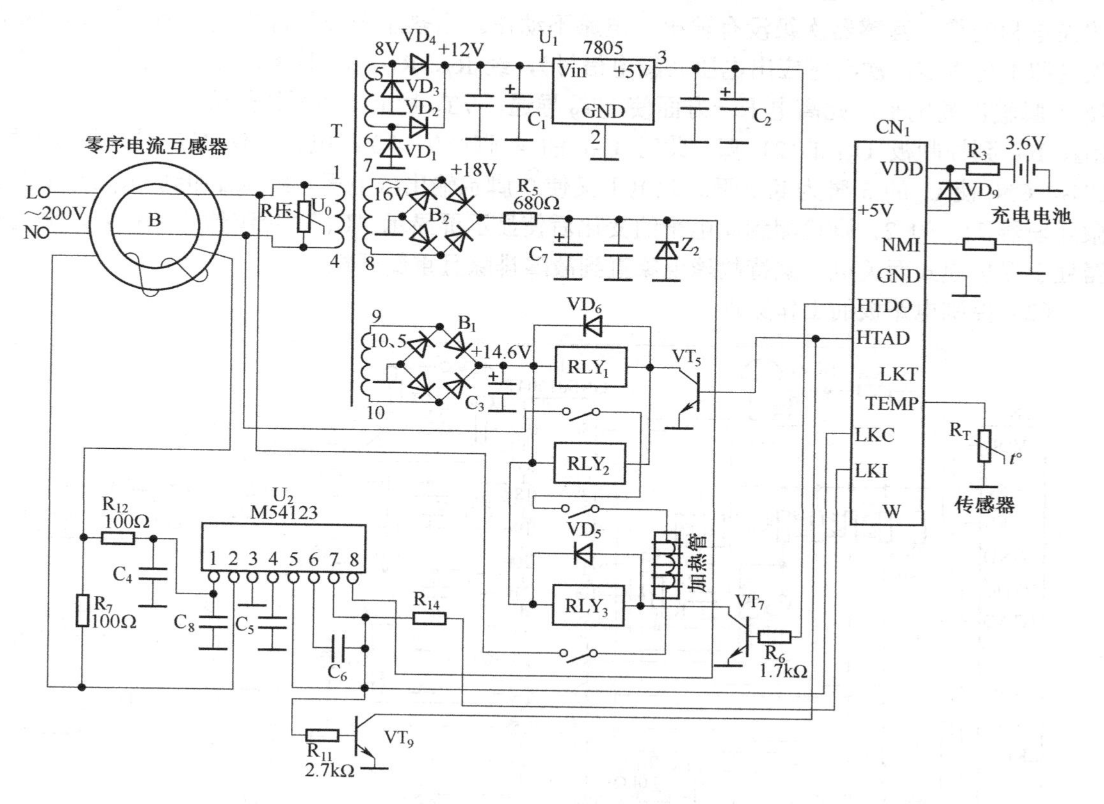

图 2-24 主电路板原理图

（1）主电路板工作原理

电路中的主要元件的作用与工作原理如下。

① 供电系统

220V 交流电压经变压器 T 降压，在次级产生三组交流电压。第一组 5、6 绕组产生的交流电压经 VD_1～VD_4 桥式整流和 C_1 电容滤波后得到 12V 左右的直流电压，此电压再经 U_1 7805 三端稳压器输出 5V 稳定直流电。+5V 电压一方面给充电电池充电，另一方面通过 CN_1、CN_2 插头给控制电路及有关电路供电。第二组 7、8 绕组也是通过 B_2 桥式整流，再经

R_5、C_7、Z_2稳压后产生+12V 电压给 U_2供电。第三组 9、10 绕组经 B_1桥式整流，C_3滤波后产生+14.6V 的直流电压给 3 个继电器 RLY_1～RLY_3供电。

② 电热管通断控制

在电路正常的情况下，插上电源，液晶屏有显示，从控制板输出的高电平经 CN_2、CN_1插头到 HTAD 端，使三极管 VT_5饱和导通，RLY_1、RLY_2得电吸合。如果出现了超温、干烧等故障时，HTAD 端为低电平，VT_5截止，RLY_1、RLY_2断电。

当按下电路板上的“开/关”键时，CN_1插头 HTDO 端有高电平出现，使三极管 VT_7导通，RLY_3吸合，这时 220V 交流电压经 RLY_1、RLY_2、RLY_3主触点加至电热管两端，使电热管通电加热。

③ 漏电保护

图 2-24 中 220V 进线端有一个零序电流互感器 B。当电路正常工作时，零线和火线电流的矢量和为零，互感器次级没有输出，电路不动作。当热水器发生漏电情况时，互感器初级矢量和不再为零，次级感应出电压（漏电信号），经 R_7、R_{12}、C_4整形后加到 U_2的 1、2 脚，使 7 脚输出高电平。此高电平一方面使 VT_9导通，VT_5截止，切断加热管电压；另一方面经 R_{14}、R_{73}到控制板 U_{51}的 21 脚，此时 U_{51}的 4 脚产生 4.3V 电压，使 VT_{52}导通，经插头 CN_2、CN_1使 U_2的 5 脚为低电平。此电平又使 7 脚也输出低电平，经 R_{14}加到 U_{51}的 21 脚，微处理器 U_{51}的 21 脚检测到此电平的变化后使显示屏显示“E_3”，蜂鸣器鸣叫报警。微处理器处于保护模式而关机，维持故障现象直到故障排除且重新开机。

（2）控制电路板的工作原理

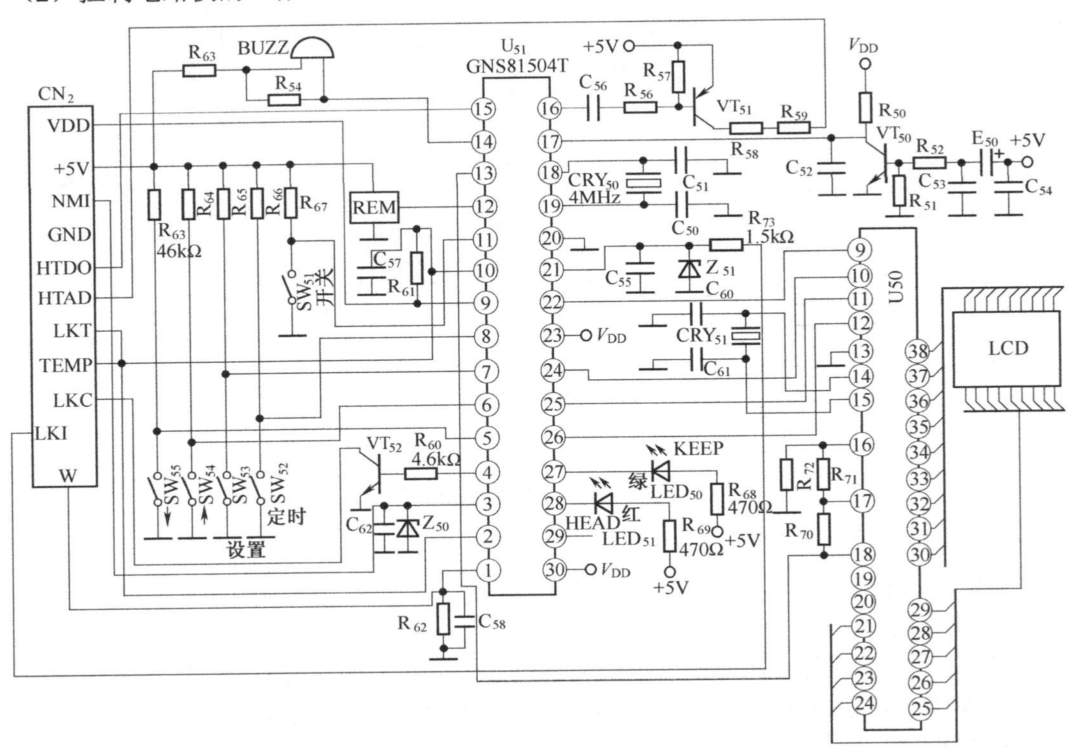

图 2-25 控制电路板原理图

控制电路板的核心部件是单片机 U_{51}（GMS81504T），完成各功能电脑全自动控制。

从主电路板出来的+5V 电压经 VD_9 给单片机 U_{51} 的 23 脚供电。刚开机时，由 VT_{50} 和外围电路到 U_{51} 的 17 脚完成复位。18、19 脚外接 CRY_{50}、C_{51}、C_{50} 提供 4MHz 的时钟振荡信号。5～8 脚和 11 脚是参数输入端，对应 5 个轻触按键，用于完成定时及温度设定等，其中 11 脚是用于强制进入或退出开机状态的。12 脚是遥控接收端，用于接收各种遥控的控制指令。温度传感器 R_T 经 CN_1、CN_2 插头到单片机的 9、10 脚，传感器随着感受的温度的变化，转换成变化的电压传给单片机进行自动温度控制。27、28 脚分别接有绿、红色发光管，当红色亮时表示为加热状态，当绿色亮时表示为保温状态。15 脚用于输出开、关机指令，16 脚用于漏电、干烧、超温等自动保护。22、24、25、26、13 脚用于驱动显示电路，实现各操作的液晶显示。

技能训练2　家用电热水器的维修

1. 器材

万用表一个，电工工具一套，电热水器内胆一个，温控器一个，控制板一块，加热器一个。

2. 目的

学习电热水器的故障检测与维修技能。

3. 情境设计

以 4 个电热水器为一组，全班视人数分为若干组。4 个电热水器的可能故障是：

（1）漏水。

（2）电源断路。

（3）漏电。

（4）只出冷水。

根据以上故障现象研究讨论故障的检测方法，其参考答案见表 2-2。

由讨论出的故障原因与检测方法，检修并更换损坏的器件，修理完毕后，进行试用。检测自己的维修结果。完成任务后恢复故障，同组内的同学交换故障电热水器再次进行维修。

表 2-2　电热水器常见故障及检测方法

故障现象	可能原因	检测方法
只出冷水	（1）保险丝熔断 （2）电热元件损坏 （3）调温器动作失灵，触点不能闭合 （4）插头、插座、开关接触不良或损坏及电源芯线折断等	（1）更换同规格保险丝 （2）更换电热元件 （3）重新调整或更换 （4）检查并修理故障部位或更换损坏的部分
出水温度过低	（1）部分电热元件损坏 （2）调温器调整不当 （3）调温器控制热性能变差 （4）电压太低	（1）更换已损坏的部分 （2）重新调整 （3）更换调温器 （4）等待电压升高或加装稳压器
出水温度过高	恒温器失灵	更换恒温器
漏电	（1）有短路或碰壳，或绝缘件绝缘损坏 （2）加热器绝缘损坏 （3）恒温器绝缘损坏	（1）由外向里逐渐查出短路处或碰壳处，然后排除 （2）更换 （3）检查并修复
漏水	（1）水路系统密封件老化 （2）水路系统的结构件损坏 （3）受腐蚀穿孔或破裂	（1）更换密封件 （2）修补或更换 （3）修补或更换储水箱

项目工作练习 3　电热水器只出冷水的维修

班　级		姓 名		学 号		得　分	
实　训 器　材							
实　训 目　的							

工作步骤：

（1）开启电热水器电源，通电一段时间后观察故障现象。

（2）故障分析，说明哪些原因会造成电热水器只出冷水。

（3）制定维修方案，说明检测方法。

（4）记录检测过程，找到故障器件、部位。

（5）确定维修方法，说明维修或更换器件的原因。

工　作 小　结	

项目工作练习4 电热水器漏水的维修

班 级		姓 名		学 号		得 分	
实训器材							
实训目的							

工作步骤：

（1）开启电热水器进水阀门，一段时间后观察故障现象。

（2）故障分析，说明哪些原因会造成电热水器漏水。

（3）制定维修方案，说明检测方法。

（4）记录检测过程，找到故障器件、部位。

（5）确定维修方法，说明维修或更换器件的原因。

工作小结	

任务3　太阳能热水器

维修任务单

序　　号	品 牌 名 称	报修故障情况
1	皇明	不能自动上水
2	皇明	电加热不起作用
3	皇明	水位显示不正常

技师引领 1

1. 客户王先生

我家的太阳能热水器买了好几年了，一直使用正常，现在不能自动上水了。

2. 李技师分析

一般太阳能热水器有两种上水方式：

第一种是通过控制仪控制的电磁阀来自动上水，也是我们用的最多的一种上水方式，在这种情况下如果不能上水的话分三种情况来定。

第一，要看上水管有没有开关，能否打开。

第二，上水管如果正常开着的，那就要看电磁阀的线是不是接好了，检查电磁阀是不是坏了。

第三，看控制仪上的水位和水温是否显示正常，如果不正常那肯定是探头坏了，不能正常检测水位的情况下，就无法开启电磁阀上水。

第二种是手动上水，手动上水一般是在上水管上直接接着一个阀门，只要把阀门打开，就可以通过自来水的自然水压上水。手动上水的阀门通常不会出现问题，除非阀门坏了，这时候即使坏了，无非就是换个阀门。

3. 李技师维修

（1）首先检测上水管开关是否打开。

（2）直接接电磁阀 5V 控制信号，发现电磁阀工作正常。

（3）将新液位传感器接入系统后，工作正常，说明原有的液位传感器损坏。

技师引领 2

1. 客户王先生

我家的太阳能热水器买了好几年了，一直使用正常，水温偏低，不能自动加热了。

2. 李技师分析

一般来说太阳能热水器不能加热有四种原因：

一是由于电压不稳定，解决方法是必须接额定电压 220V；

二是电热带存在质量问题，解决方法是更换电热带；

三是电热带接线存在问题，解决方法是重新接线；

四是保温管进水，电热带在潮湿环境工作，衰退增快，解决方法是重新加装保温管。

3. 李技师维修

（1）切断电源，使用万用表检测电加热带的电阻阻值，如果电阻值过小（通常为几十至几百欧姆），则说明出现短路；若阻值过大，则说明出现断路情况。

经检测电热带接线脱落，重新接线后工作正常。

技师引领 3

1. 客户王先生

我家的太阳能热水器买了好几年了，一直使用正常，现在加水无法自动停止，需要手动关闭。

2. 李技师分析

一般来说是因为传感器损坏或接线有错，重新接线或更换传感器。

通常由于水位低时，水温低于冰点，将传感器冻住，传感器始终显示满水位，用电加热带解冻后智能控制器显示就可恢复正常。

3. 李技师维修

（1）到楼顶，从热水器上拆下上液位传感器。

（2）通过肉眼可见，水垢将水位传感器探头包裹使之失灵，清除水垢或更换水位传感器。

媒体播放

播放太阳能热水器工作原理动画。

知识链接 1 太阳能热水器

太阳能热水器是将太阳光能转化为热能的装置，将水从低温度加热到高温度，以满足人们在生活、生产中的热水使用。太阳能热水器按结构形式分为真空管式太阳能热水器和平板式太阳能热水器，市场上以真空管式太阳能热水器为主，占据国内95%的市场份额。

1. 太阳能热水器的工作原理

真空管式家用太阳能热水器是由集热管、储水箱及支架等相关附件组成，把太阳能转换成热能主要依靠集热管，集热管利用热水上浮冷水下沉的原理，使水产生微循环而达到所需热水。

阳光穿过吸热管的第一层玻璃照到第二层玻璃的黑色吸热层上，将太阳光能的热量吸收，由于两层玻璃之间是真空隔热的，传热将大大减小（辐射传热仍然存在，但没有了热传导和热对流），绝大部分热量只能传给玻璃管里面的水，使玻璃管内的水加热，加热的水便轻沿着玻璃管受热面往上进入保温储水桶，桶内温度相对较低的水沿着玻璃管背光面进入玻璃管补充，如此不断循环，使保温储水桶内的水不断加热，从而达到热水的目的。

2. 分类

（1）从集热部分来分

① 玻璃真空管太阳能热水器；

② 平板型太阳能热水器；

③ 陶瓷中空平板型太阳能热水器。

（2）从结构来分类

① 紧凑式太阳能热水器：就是将真空玻璃管直接插入水箱中，利用加热水的循环，使得水箱中的水温升高，这是市场最常规的太阳能热水器。

② 分体式热水器：分体式热水器是将集热器与水箱分开，可大大增加太阳能热水器容量，不采用落水式工作方式，扩大了使用范围。

3. 太阳能热水器电路部分

太阳能热水器的结构如图 2-26 所示，太阳能热水器的电路部分由控制器主机、温度水位传感器、上水电磁阀、增压水泵、电热带、电加热管构成。

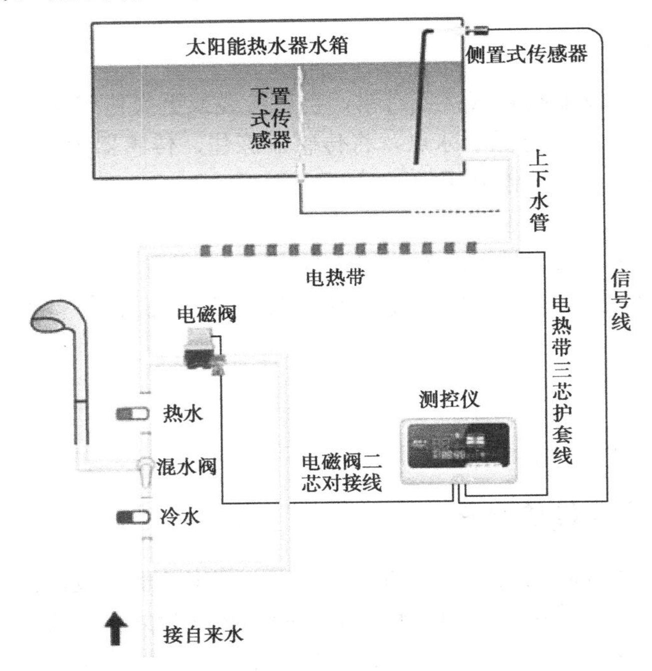

图 2-26 太阳能热水器的结构

（1）太阳能热水器中的传感器

在太阳能热水器中，温度传感器用于检测水箱内的水温，常见的类型有热敏电阻、铂电阻、AD590 感温集成电路等。水位传感器用于检测水箱的液位，如图 2-27 所示，常见的类型有电极式、压力式、浮球式、电容式。

（2）太阳能热水器中的电磁阀

电磁阀是用电磁控制的工业设备，是用来控制流体的自动化基础元件，属于执行器，并不限于液压、气动。用在工业控制系统中调整介质的方向、流量、速度和其他的参数。电磁阀的外形与工作原理如图 2-28 所示，当电磁阀开关得电时，阀门打开，给太阳能加热器上水。

（3）太阳能热水器电路工作原理

如图 2-29 所示为太阳能热水器控制器用数字方式显示水温、水位。

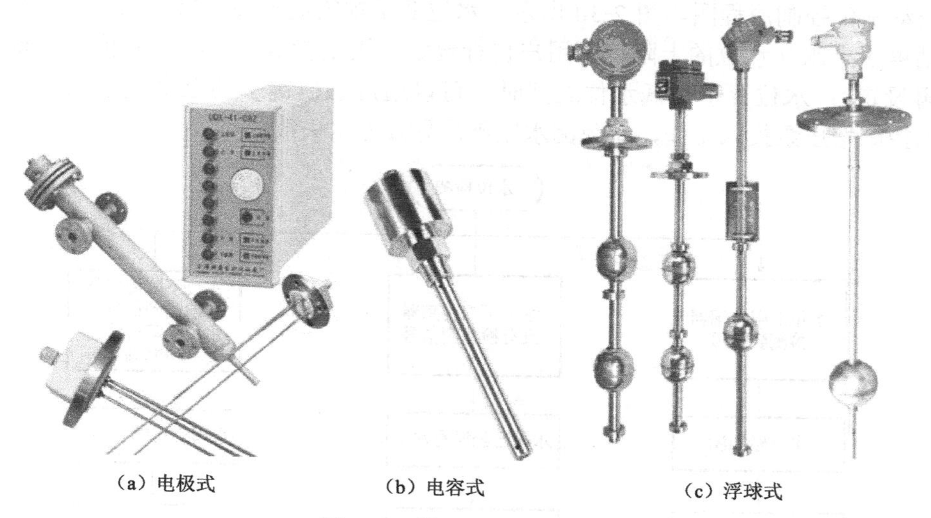

（a）电极式　　（b）电容式　　（c）浮球式

图 2-27　常见的水位传感器

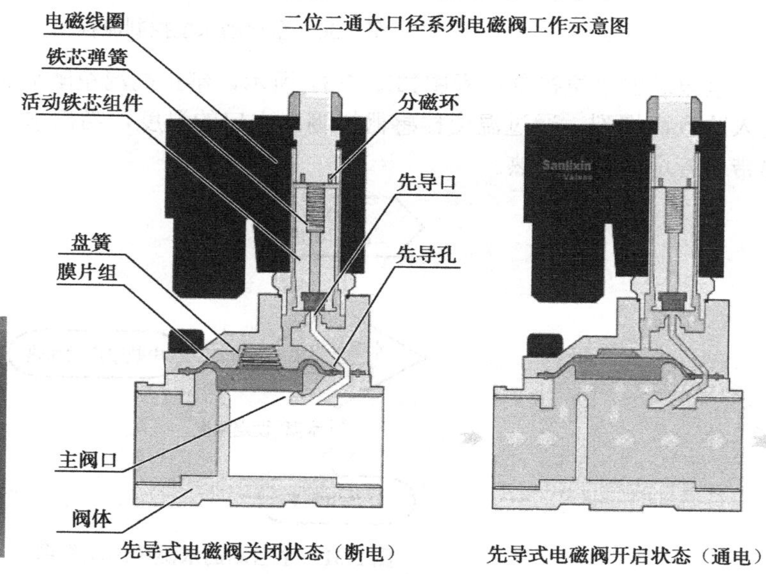

（a）电磁阀外形　　（b）电磁阀的工作原理图

图 2-28　电磁阀与工作原理

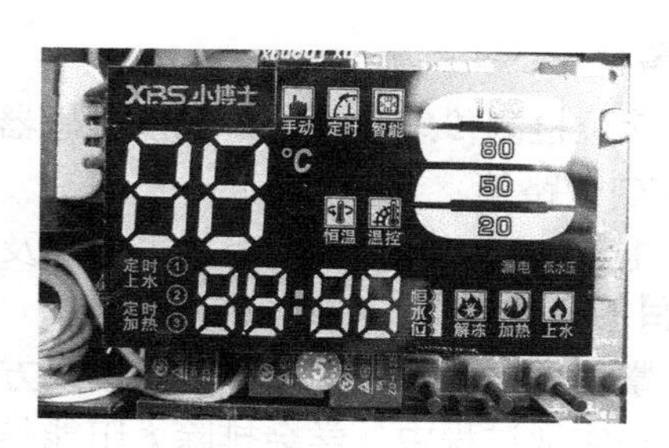

图 2-29　太阳能热水器水温、水位显示

全自动水位控制流程图如图 2-30 所示，水位低于规定值报警并自动上水，上水到规定水位时自动停止上水（水位的上限可由用户自行设定。设定参数具有断电保护，重新上电不需要用户再设定）；水位界于高低水位之间时，可以通过触摸键手动上水、停水；当水压不足时，自动控制增压泵投入工作，避免因水压不足导致上水失败。

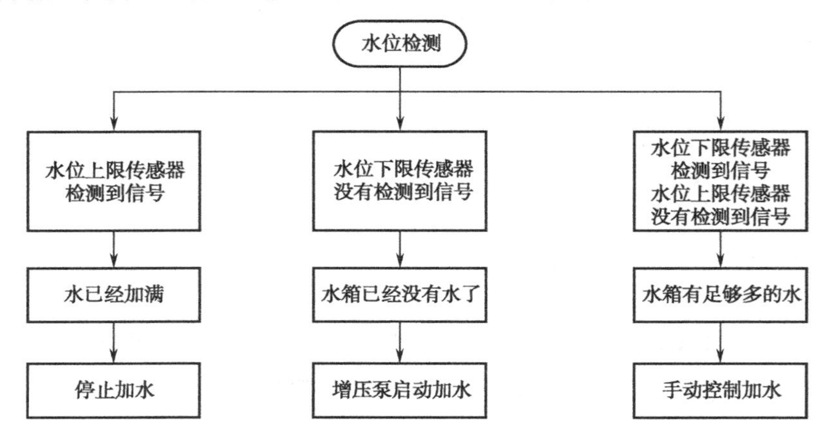

图 2-30　全自动水位控制流程图

全自动的水温控制流程图如图 2-31 所示，禁止高温空晒后进水，可以防止真空管因突然注入冷水而爆裂。通过温度传感器检测出水口的温度，当出水口温度低于设定值时，由电加热带对管道内的水加热。

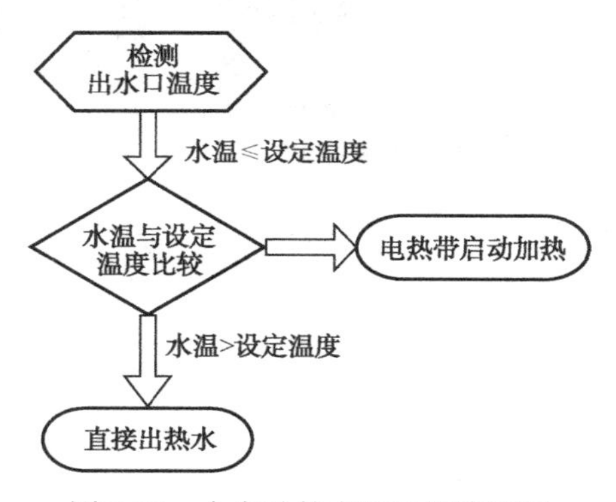

图 2-31　全自动的水温控制流程图

技能训练　太阳能热水器控制器的安装

1. 器材

（1）液位检测传感器 2 个、温度传感器 1 个、加热带 1 个、电磁阀 1 个、控制器 1 个、水箱、PVC 管路等。

（2）电子装配工具 1 套，万用表 1 块及替换元器件若干套。

2. 目的

（1）掌握太阳能热水的控制器的接线方法。

（2）在实训过程中，学会排除太阳能热水器的简单故障。

3. 操作步骤

（1）检测各元件状态；

（2）将传感器、电加热器接入控制器；

（3）将电磁阀接入控制器；

（4）如图2-32所示，将电磁阀接入水路；

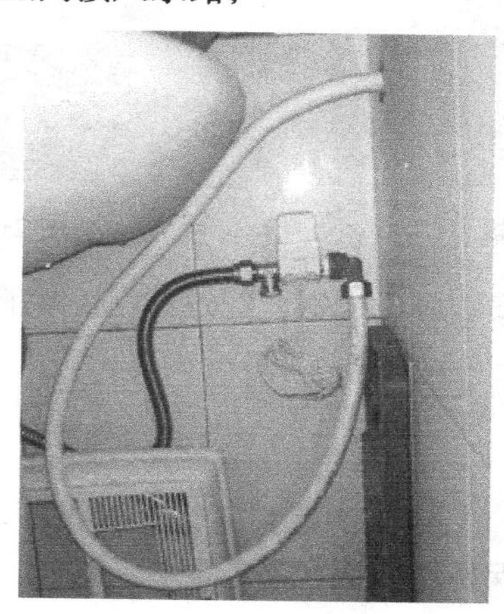

图2-32 电磁阀位置

（5）将传感器放在水箱中；

（6）通电检验是否能够正常控制电磁阀的进水，电加热器是否工作正常。

任务4 电饭锅

维修任务单

序　号	品牌名称	报修故障情况
1	美的	接通电源后，指示灯亮，但不能煮饭
2	三角	最近每次饭都煮焦了

技师引领1

1. 客户王先生

我家电饭锅买了一年多了，一直都很好，昨天突然坏了，插上电源插头后，指示灯亮，但不能煮饭。

2. 李技师分析

王先生，这个故障不是大问题，很快就能修好。指示灯亮，说明电源没问题，很可能是电热器损坏或出现断路故障。

3. 李技师维修

（1）拆卸电饭锅底壳，如图2-33所示。

（2）用万用表测试电热器的电阻，如图2-34所示，发现电阻为无穷大，由此可以判断电热器出现了断路。

图 2-33 拆卸电饭锅

图 2-34 万用表测试电热器

（3）更换电热器后，重新安装好电饭锅。经过试用，功能恢复正常。

技师引领 2

1. 李技师提问

您好！王先生。你煮饭时，接通电源后，煮饭开关按下，饭烧开了后是否很长时间开关才跳到保温状态？或者是一直保持在煮饭状态？

2. 客户王先生

煮饭时好像正常，饭开了一会儿后，能自动跳到保温状态，就是时间一长，饭会烧焦。

3. 李技师分析

根据你的叙述，说明煮饭过程正常，可能是保温装置坏了，换一个就行了。

4. 李技师维修

（1）在电饭锅内放少量的水并加热，在水温达到 60℃、70℃、80℃、90℃时，分别拔下电源插头，断开煮饭开关，测量电源输入两端的电阻，发现温度达到 90℃时，电阻仍保持在1000Ω左右。由此可说明在高温状态下，保温常闭触头没能断开。

（2）拆卸电饭锅，如图 2-33 所示，更换双金属片温控器。

（3）重新装好电饭锅，经过试用，一切正常。

媒体播放

（1）播放各种型号的电饭锅。

（2）播放电饭锅生产步骤与装配过程。

（3）结合技师引领内容，播放电饭锅的拆装与维修过程。

（4）播放电饭锅仿真课件。

技能训练 1 学习电饭锅的拆装

1. 器材

万用电表 1 个，电工工具 1 套，电饭锅 1 个。

2. 目的

学习电饭锅的拆装，为学习电饭锅的维修做准备。

3. 电饭锅的拆卸

（1）拆卸锅底螺丝。

（2）拆卸磁钢温控器，用万用表测量开关在“煮饭”、“保温”位置时的电阻。

（3）拆卸双金属片温控器，用万用表测量双金属片在“接通”、“分断”时的电阻。

（4）拆卸电热元件，测量其电阻。

4. 电饭锅的组装

在拆卸电饭锅时，要记好拆卸顺序与各器件、导线的连接位置，导线接头最好标上回路标号（同一个连接点的导线标上同一个数字号）。组装是拆卸的逆过程。拆、装电饭锅可参考图 2-33 及媒体播放资料。

知识链接　电饭锅的结构与工作原理

现在的电饭锅通常有自动电饭锅（煲）、豪华电饭锅、自动保温式电饭锅、多功能自动电饭锅、微电脑电饭锅、模糊逻辑自动电饭锅、数码电饭锅、定时电饭锅、压力电饭锅、贵妃锅、西施锅等，众多的名称叫法，到底有哪些相同，又有哪些不同呢？我们可以很放心的一点是，凡是电饭锅不管其名称叫法有没有自动两个字，都能够做到饭煮好后，锅自动断电，而且大部分都能够自动保温。

电饭锅从结构上可分为单层电饭锅、双层电饭锅、三层电饭锅，三层是指中间带有保温材料及密封盖的电饭锅。从外壳材料上分，可分为全金属外壳、全塑料外壳和塑料件与金属件结合的外壳。在外形上有圆柱形和方形之分。从控制方式上分，可分为机械式控制、电脑控制、压力式控制 3 种。从功能上又可分为单煮功能和带有煲粥、煲汤等多功能，以及带有火锅、煎、炸等功能的电饭锅。

1. 电饭锅的结构

电饭锅的整体结构如图 2-35 所示，它主要由锅盖、外锅壳、指示灯、开关、插座、电热盘、电热管、温控元件及内锅等组成。

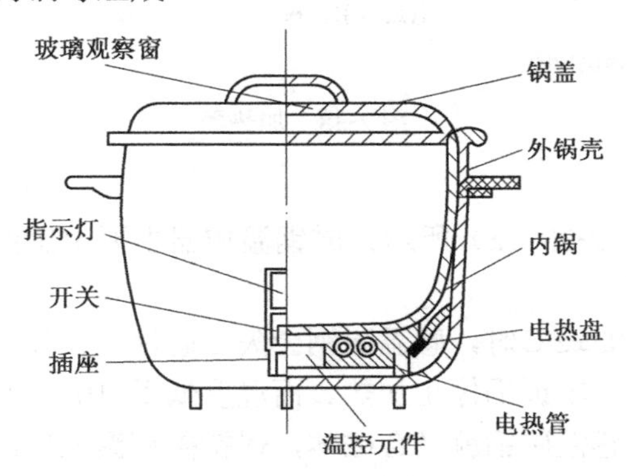

图 2-35　电饭锅的整体结构

（1）外锅壳

电饭锅的外锅壳也叫外锅，如图 2-36 所示。外锅通常用冷轧钢板冲压成型，常见的为带退拔的圆形外锅，也有带弧度的长方形外锅。其作用是支撑内锅，固定电饭锅的各器件。

（2）内锅

内锅如图 2-37 所示，电饭锅的内锅通常用铝板冲压一次成型，是煮饭的容器，它的底面做成一个圆曲面，与加热器相吻合，以确保传热面积。

图 2-36　电饭锅外锅壳

图 2-37　电饭锅内锅

（3）加热器

如图 2-38（a）所示，加热器用的是管状电热元件，用合金浇铸成型，它既有良好的导热、耐高温性能，又具有足够的机械强度。加热器的作用是加热与保温。外形如图 2-38（b）所示。

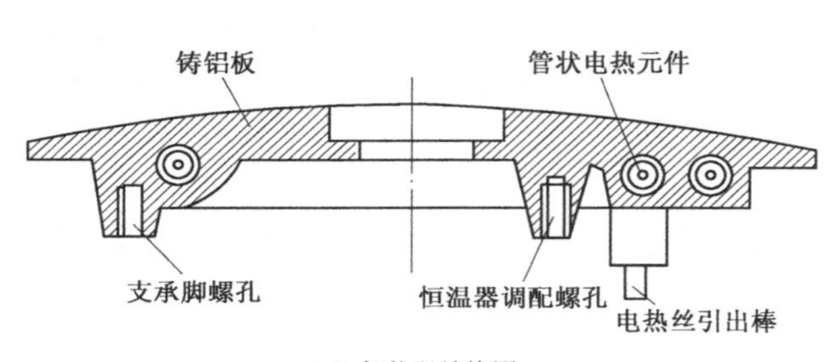

（a）加热器结构图

（b）加热器外形

图 2-38　加热器

（4）磁钢温控器

磁钢温控器结构如图 2-39（a）所示，磁钢温控器主要由感温磁钢、磁体、弹簧传动装置与通断触点等组成。

当锅底的温度达到 103±2℃时，感温磁钢会失去磁性，在弹簧力和磁体的重力作用下，磁钢温控器的触点就分断，电饭锅停止加热。而温度低于 100℃时，感温磁钢具有良好的磁性，只要按下煮饭按钮，感温磁钢就吸合磁体，保持磁钢温控器的触点闭合，使电饭锅保持煮饭。外形如图 2-39（b）所示，感温磁钢是用 PTC 材料制成的，失去磁性的温度叫居里温度点。

（5）双金属片温控器

双金属片温控器结构如图 2-40（a）所示，双金属片温控器主要由双金属片、动/静触点等组成。当锅内温度超过 80℃时，双金属片受热变形，使动、静触点分断，停止加热。当温度低于 60℃时，双金属片恢复原位，动/静触点闭合，电饭锅开始保温。保温温度在 60～80℃之间。外形如图 2-40（b）所示。

（a）磁钢温控器结构图

（b）磁钢温控器外形

图 2-39 磁钢温控器

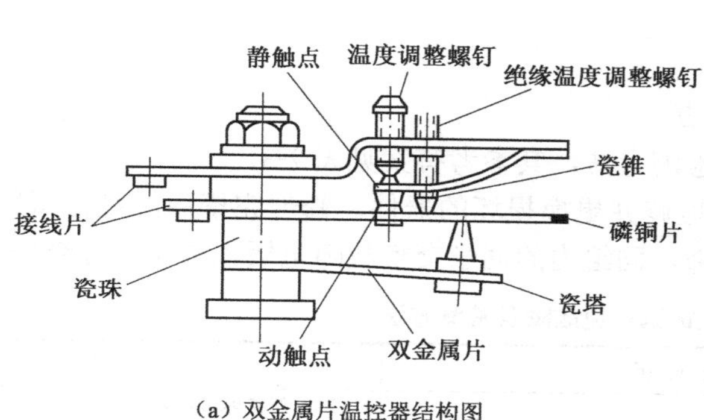

（a）双金属片温控器结构图

（b）双金属片温控器外形

图 2-40 双金属片温控器

2. 电饭锅的控制原理

电饭锅的控制原理如图 2-41 所示，接通电源，按下煮饭按钮（磁钢温控器），指示灯 HL 亮，EH 电热器开始加热煮饭。当温度上升到 80℃时，双金属片保温器分断，当温度上升到 100℃，锅底内侧上升到 103℃左右时，感温磁钢的磁性几乎消失，在磁体重力及弹簧的作用力下，触点分断（磁钢温控器开关），电饭锅停止加热，同时加热指示灯熄灭，保温指示灯亮起。当锅内温度降到 60℃左右时，双金属片开关重新闭合，电饭锅进入保温加热状态。保温的工作温度范围在 60～80℃之间。

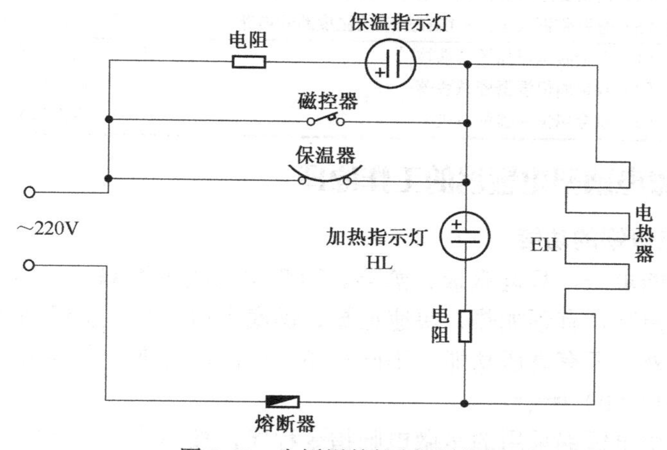

图 2-41 电饭锅的控制原理图

技能训练2　电饭锅常见故障的检修

1. 器材

万用表1个，电工工具1套，电热盘1个，磁钢温控器1个，保温双金属片1个，指示灯1个。

2. 目的

学习电饭锅的故障检测与维修技能。

3. 情境设计

以4个电饭锅为一组，全班视人数分为若干组。4个电饭锅的可能故障是：

① 电热盘断路；

② 指示灯不亮，电源断路；

③ 磁控开关不能分断或不能闭合；

④ 保温双金属片不能闭合或不能分断。

根据以上故障现象研究讨论故障的检测方法，其参考答案见表2-3。

由讨论出的故障原因与检测方法，检修并更换损坏的器件，修理完毕后，进行试用。检测自己的维修结果。完成任务后恢复故障，同组内的同学交换故障电饭锅再次进行维修。

表2-3　电饭锅常见故障及检测方法

故障现象	可能原因	检测方法
接通电源后，指示灯不亮	（1）电源引线断路 （2）熔断器断路 （3）指示灯损坏，降压电阻开路，但煮饭正常	（1）重新接线或换新线 （2）更换熔断器 （3）更换电阻
接上电源，熔体熔断	锅内部电器部件短路	找出短路处的地方予以排除
煮饭夹生	（1）内锅与电热器之间有异物 （2）双金属片恒温器启控温度偏低或双金属片不能闭合 （3）按键开关接触不良 （4）内锅底部严重变形	（1）清除异物 （2）调节恒温器上的调节螺柱 （3）压紧触点簧片，使其紧密接触 （4）校正锅底，必要时更换锅底
煮焦饭	（1）金属恒温器启控温度偏高 （2）按键开关联动机构不灵活 （3）双金属恒温器触点粘连 （4）内锅变形与感温磁钢接触不良或弹簧失效 （5）感温磁钢失灵，不能在规定的温度断开电路	（1）调节恒温器上的调节螺柱 （2）修正或更换开关 （3）更换新品 （4）修复或更换内锅，更换弹簧 （5）更换感温磁钢
保温不正常	（1）双金属恒温器调节螺柱松 （2）双金属恒温器瓷珠脱落 （3）双金属恒温器弹簧失效	（1）重新调整并拧紧或更换该温控器 （2）重新粘上瓷珠或更换该温控器 （3）更换弹簧片或更换该温控器

知识拓展　微电脑型电饭锅的工作原理

1. 微电脑型电饭锅的功能

普通电饭锅功能单一，只能煮饭、蒸菜。而微电脑型电饭锅（如图2-42（a）所示）在煮饭时可实现模糊控制，有预加热、快速加热、锅底锅边加热、保温功能，煮出来的饭更加松软可口。除此以外，还有高压功能，不同食品（炖汤、烧肉、煮稀饭等）烹调功能。控制电路方框图如图2-42（b）所示。

常用的微电脑型电饭锅采用的是微电脑指令程序，按键选择功能用电子控制方式进行操作，无须手工编程或修改烹调程序。

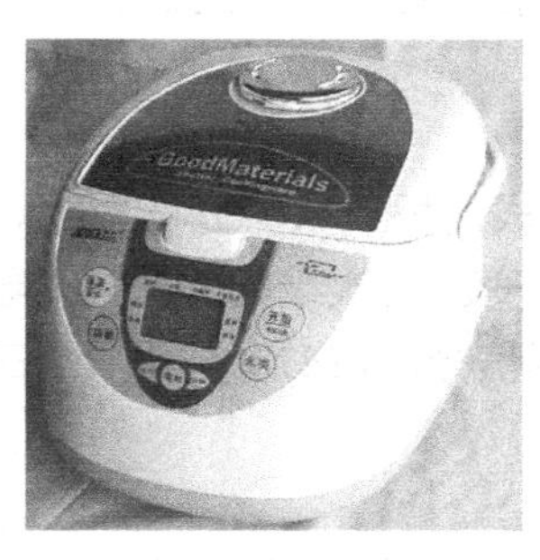
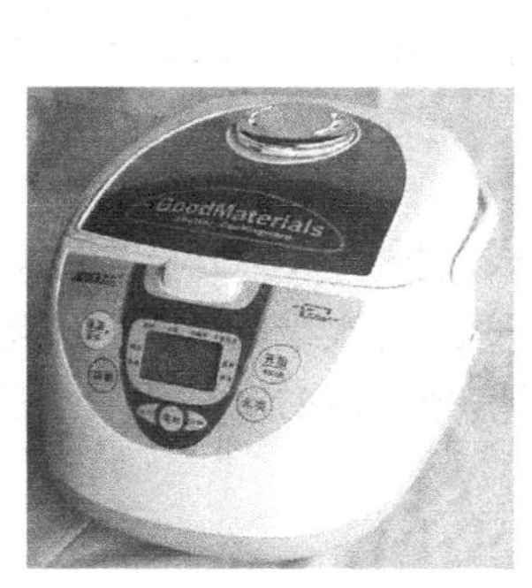

（a）微电脑型电饭锅外形　　（b）微电脑型电饭锅控制电路方框图

图 2-42　微电脑型电饭锅

2. 微电脑型电饭锅的控制电路

微电脑型电饭锅控制电路如图 2-43 所示，它主要由电源电路、加热电路、温度检测电路、保温电路、显示电路、蜂鸣报警电路等组成。

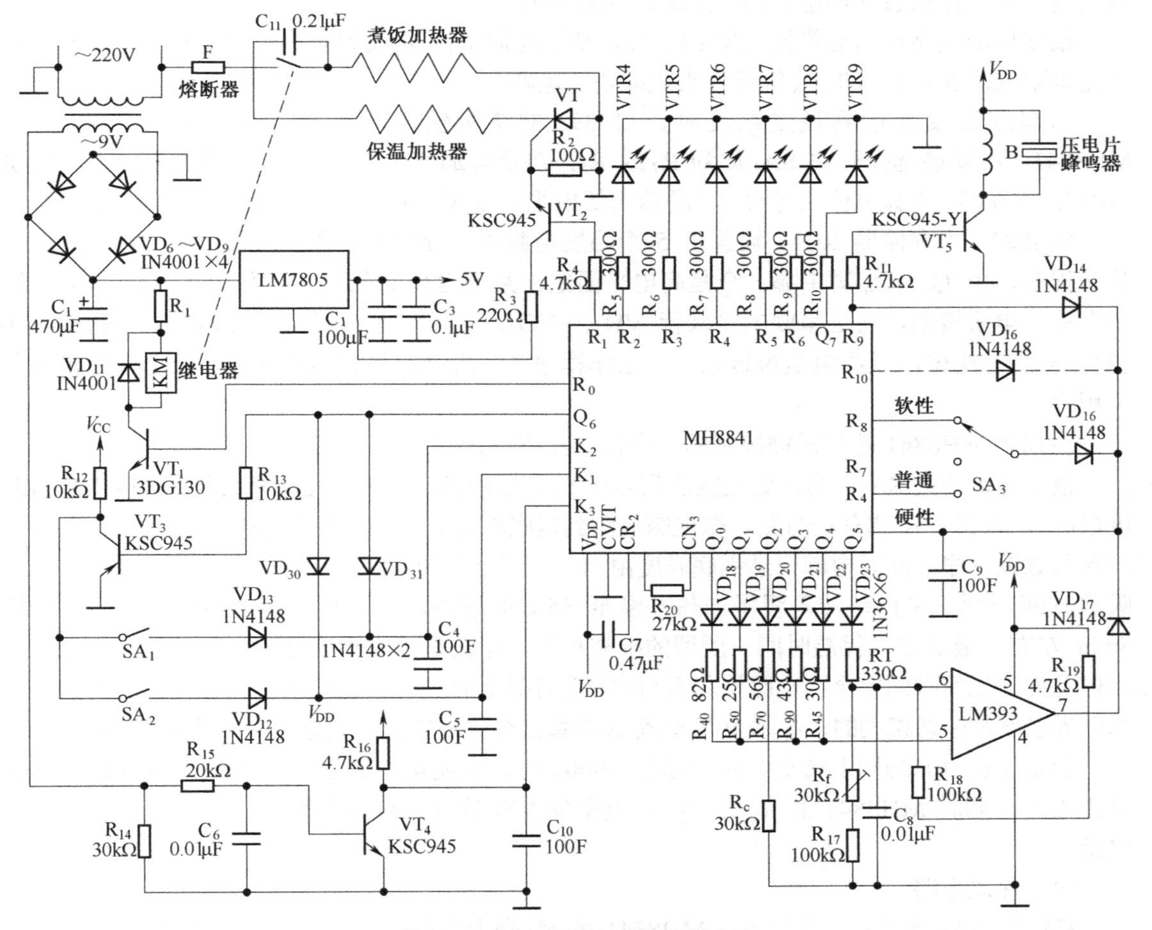

图 2-43　微电脑型电饭锅控制电路

3. 电路的工作原理与故障分析

全班按电路的组成分成 4 个组（可 6×*n* 组），每个组重点学习研究总电路中的一个单元电路，包括每个单元电路由哪些元件组成、这些元件在电路中的作用、用万用表测试主要元件的工作电压、研究主要元件损坏后对整个电路有什么影响。

（1）电源电路

电源电路是由变压器、整流二极管 VD_6～VD_9、滤波电容 C_1 组成的桥式整流滤波电路。输出的 12V 电压供给继电器与 VT_1；5V 电压作为电路的直流电源；变压器次级的 9V 交流电经 VT_4 等元件放大整形，为电脑芯片 MH8841 的 K_3 脚提供一个时基信号。LM7805 是一个三端稳压电源，提供的是 5V 直流电源。

（2）加热电路

按下煮饭开关 SA_1，MH8841 的 K_2 脚置高电平，此时调用电脑芯片中的煮饭程序，其 R_0 脚输出高电平，三极管 VT_1 导通，继电器 KM 得电，其常开触点闭合，煮饭加热器开始加热工作。

（3）温度检测电路

电饭锅进入煮饭程序后，热敏电阻 R_T 就把检测到的锅底温度不断地传给温度检测电路，以确定煮饭工作状态（加温、快速加温、保温等）。

温度检测电路是由运算放大器 LM393，热敏电阻 R_T，温度设定电阻 R_{40}～R_{45}，桥臂分压平衡电阻 R_c、R_f、R_{17} 和 R_{18} 等元件组成的桥式电路。

当锅底温度没达到设定温度时，LM393 的 7 脚输出高电平，经 VD_{17}、VD_{45} 加到 MH8841，经功能选择开关 SA_3 加到 R_7 或 R_8，决定再加热时间。当 R_T 随温度上升而变化使 LM393 的 6 脚、5 脚电位相等时，7 脚输出低电平，使 VT_1 截止，电路转入下一程序运行。

MH8841 内存储器 ROM 设置了 5 个温度检测点，分别表示各自的工作程序状态。运行什么程序，由 Q_0～Q_4 脚中哪一个是高电平而定，某脚为高电平时，对应电阻 R_{40}～R_{45} 中的一个就与电桥接通，与之串联的二极管 VD_{18}～VD_{22} 中的一个也就导通。LM393 不断检测 6 脚与 5 脚的电位，以决定是否转入下一工作程序（7 脚高电平时继续运行，低电平时转入下一程序）。

现列举 MH8841 芯片模糊控制的一个例子如下。

按下煮饭开关 SA_1，当锅底温度达到 40℃时，自动停止加热，此时惯性升温（因电热器温度很高），若在 60s 内任一时刻，微电脑检测到锅底温度低于 40℃，则表明电路正常，电路自动转入煮饭程序。此时电脑记录锅底温度由 40℃上升到 50℃所需的时间，以确定吸水时间，吸水时间一到，又自动转入缓慢加热升温至 65℃的程序，然后再快速加热至 100℃并保持 5min 左右，最后进入保温时间。所谓的模糊控制，指的是事先不确定时间与温度，而工作的启停温度与工作时间完全由电脑检测后与内存程序比较而定，而温度的变化和加温时间的长短与外界温度是密切相关的。冬季 40℃升到 50℃肯定会比夏季长，电脑在此只能模糊控制。

当温度由 40℃升到 50℃的时间超过 1000s 时，表明电饭锅出现了故障，电饭锅会自动停止工作，同时 MH8841 的 R_9 脚输出高电平使 VT_5 导通，蜂鸣器报警，通知人应立即分断电源。

（4）保温电路

煮饭时 SA_2 随 SA_1 一起闭合，MH8841 的 K_1 脚为高电平，但 R_1 脚为低电平。当锅内温度达到 65℃时，R_1 脚为高电平，VT_2 导通，晶闸管 VR 触发保温加热器与煮饭加热器同时工作，使锅内温度快速升至 100℃，经过 5min 左右的时间，R_0 脚与 R_1 脚均被置低电平，电饭锅进入保温状态，当温度下降到 65℃时，R_1 脚又被置高电平（R_0 脚仍为低电平），VT_2、VR 又导通，保温加热器又工作，当温度升高到 75℃时，R_1 脚又被置低电平。如此反复进行保温加热，使锅内温度可保持在 70℃左右。

（5）其他电路

在图 2-43 中的 VT_3、VD_{30} 和 VD_{31} 用于选择工作方式，发光二极管 VD_4～VD_9 用于显示工作状态，可显示电饭锅的吸水、加热、检测沸腾、保温等各程序。

项目工作练习5　电饭锅煮饭夹生的维修

<table>
<tr><td>班　级</td><td></td><td>姓 名</td><td></td><td>学 号</td><td></td><td>得　分</td><td></td></tr>
<tr><td>实　训
器　材</td><td colspan="7"></td></tr>
<tr><td>实　训
目　的</td><td colspan="7"></td></tr>
<tr><td colspan="8">工作步骤：
（1）放入适当的水和米，通电一段时间后观察故障现象。

（2）故障分析，说明哪些原因会造成电饭锅煮饭夹生。

（3）制定维修方案，说明检测方法。

（4）记录检测过程，找到故障器件、部位。

（5）确定维修方法，说明维修或更换器件的原因。</td></tr>
<tr><td>工　作
小　结</td><td colspan="7"></td></tr>
</table>

项目工作练习6　电饭锅保温不正常的维修

班　级		姓 名		学 号		得　分	
实　训 器　材							
实 训 目 的							

工作步骤：

（1）放入适量的水和米，待煮熟饭后观察故障现象。

（2）故障分析，说明哪些原因会造成保温不正常。

（3）制定维修方案，说明检测方法。

（4）记录检测过程，找到故障器件、部位。

（5）确定维修方法，说明维修或更换器件的原因。

工 作 小 结	

任务5　微波炉

维修任务单

序　　号	品 牌 名 称	报修故障情况
1	海尔	炉灯亮，但转盘不转，加热不均匀
2	格兰仕	开机后显示正常但是不能加热

技师引领 1

1. 客户王先生

我家微波炉炉灯亮，但转盘不转，加热也不均匀。

2. 李技师分析

王先生，这个故障原因可能有 3 种情况：转盘电动机损坏；固定玻璃盘子的三角支架放反；电路连线开路。

3. 李技师维修

（1）打开微波炉的底壳，如图 2-44 所示，在通电的情况下测量转盘电动机两个端子间的电压为 220V，正常。从而判断故障出现在转盘电动机。

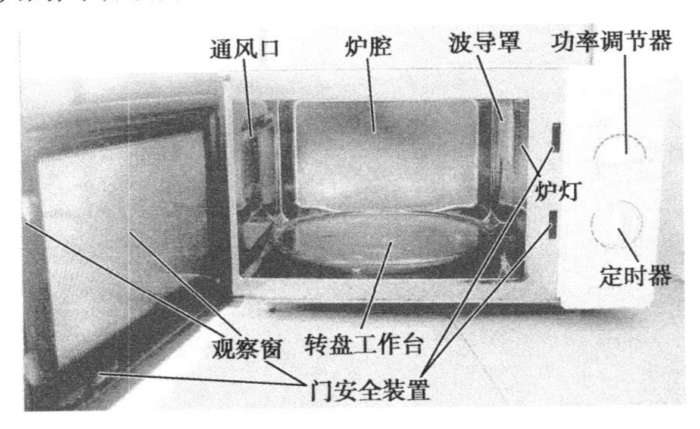

图 2-44　微波炉的基本结构

（2）断开电源，测转盘电动机引线间电阻为无穷大，说明其电动机线圈已开路，正常应该为 10kΩ左右。

（3）更换同型号转盘电动机，故障排除。

技师引领 2

1. 李技师

您好！王先生。开机后显示正常但不热，说明无微波输出。

2. 客户王先生

哦，好修吗？

3. 李技师分析

无微波输出可能是高压电路有故障，包括磁控管、高压变压器、高压电容、高压二极管等都有可能损坏，让我检查一下。

4. 李技师维修

（1）微波炉的内部结构如图 2-45 所示，拆开微波炉外壳，用万用表 R×10kΩ电阻挡测量高压二极管，反向电阻无穷大，正向电阻 100kΩ左右，说明正常。

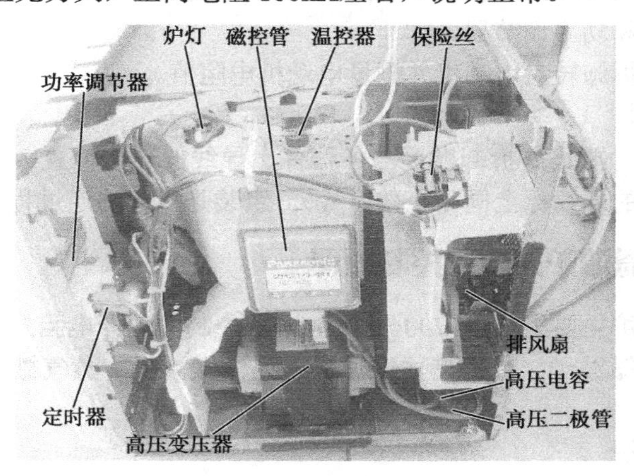

图 2-45　微波炉的内部结构

（2）检查高压电容是否出现开路和漏电，先对电容放电，电容器两端正常电阻为 9MΩ左右（电容器内部并联有 9MΩ的放电电阻），经检查正常。

（3）检查高压变压器，初级电阻 2Ω左右，次级高压端电阻 150Ω左右，说明正常。一般变压器不易坏。

（4）最后检查磁控管，磁控管是微波炉的关键元件，用万用表测量灯丝阻值为无穷大，正常应小于 1Ω，说明磁控管灯丝开路。

（5）更换磁控管，并将其固牢上紧，以免微波泄漏，重新装好微波炉，经过试用，一切正常。

媒体播放

（1）播放各种型号的微波炉图片。

（2）播放微波炉生产步骤与装配过程。

（3）结合技师引领内容，播放微波炉的拆装与维修过程。

（4）播放微波炉仿真课件。

技能训练 1　微波炉的拆装

1. 器材

万用表一个，电工工具一套，微波炉一台。

2. 目的

学习微波炉的拆装，为学习微波炉的维修做准备。

3. 微波炉的拆卸

微波炉的拆卸过程如下：

（1）拆卸外壳螺丝，卸掉外壳。

（2）拆卸温控器和炉腔灯并测量。

（3）拆卸磁控管，测量灯丝冷态电阻、灯丝与管壳间电阻。

（4）拆卸高压二极管、高压电容器、高压变压器并分别测量电阻值。

（5）拆卸冷却电动机和控制板，并测量电动机电阻值。

（6）拆卸定时器和功率调节器。

（7）打开底壳，拆卸转盘电动机并测量电动机电阻值。

4. 微波炉的组装

在拆卸微波炉时，要记好拆卸顺序与各器件、导线的连接位置，导线接头最好标上回路标号（同一个连接点的导线标上同一个数字号）。组装是拆卸的逆过程。

知识链接 1　微波炉的电气控制原理

目前市场上微波炉主要集中于 700～900W。从控制方面分电脑式和机械式两大类，从功能方面分不带烧烤式微波炉、带烧烤式微波炉、光波微波炉、蒸气微波炉、变频微波炉、智能微波炉等。

（1）烧烤式微波炉

烧烤式微波炉一般采用热风循环对流，保证炉腔内温度一致，食物四面受热均匀，烤出自然风味，完成理想火候的烧烤，如烤肉、做饼干、蛋糕等。

（2）光波微波炉

现在炒得最热的就是光波微波炉。光波瞬时高温、效率高，与普通微波炉相比，在蒸、煮、烧、烤、煎、炸等方面功能都明显突出，既不破坏食物的营养，也不破坏食物的鲜味。尤其在消毒功能上更是出类拔萃。

（3）蒸气微波炉

蒸气微波炉是使用经过特殊工艺处理的蒸气烹调器皿，其上部的不锈钢专用盖子可以隔断微波和食物的直接接触，锁住食物中的水分和维生素。下部的水槽中加水之后，通过微波的加热产生水蒸气，利用水蒸气的热度及对流来加热烹调食物。这种间接的加热方式能使食物均匀熟透，同时保持食物中的原汁原味，并且防止食物炭化。

（4）变频微波炉

它给微波炉市场带来了新的技术革新浪潮。与普通微波炉相比，变频微波炉具有高效节能、机身轻、空间大、噪声低等优点。通过改变电源频率来控制火力大小，连续给食物加热，使食物受热更加均匀、营养流失更少、味道更好。

（5）智能微波炉

“网络大厨”微波炉可以随意从网上下载各种菜单，选择数量多达几千种，即使消费者不清楚的菜肴也可以通过网络大厨微波炉烹饪出来。“早餐宝贝”微波炉产品主要体现了西方的消费文化，增加了烧烤箱的设计，消费者早上起床之后，可在微波炉的烧烤箱中放入两片面包，在炉腔内放入一杯牛奶，同时开启，几分钟后，方便而快捷的美味早餐就准备好了。

1. 微波炉的主要器件与作用

1947 年微波炉在美国雷达公司问世。目前，微波炉在我国城乡已成为重要的厨房炉具之一。微波是一种电磁波，这种电磁波的能量不仅比通常的无线电波大得多，而且还很有个性，微波一碰到金属就发生反射，金属根本没有办法吸收或传导它；微波可以穿过玻璃、陶瓷、塑料等绝缘材料，但不会消耗能量；而含有水分的食物，微波不但不能透过，其能量反而会被吸收。微波快速振动食物的蛋白质、脂肪、糖类、水等分子，使分子间相互碰撞、挤压、摩擦、排列组合，将微波能转换为热能来实现烹调的。微波炉最大的特点是高效节能（效率可达 80%，仅次于电磁炉）、清洁卫生、能迅速解冻食物、烹饪快捷和食物保持新鲜营养。

微波炉的内部结构如图 2-45 所示，它由磁控管、电源装置、炉腔、炉门、定时器、功率调节器、冷却装置和转盘工作台等组成。

（1）磁控管

磁控管是微波炉的心脏，微波就是由它产生并发射出来的。磁控管工作时需要很高的脉动直流阳极电压和约 3～4V 的灯丝电压（灯丝电流约 14A）。由高压变压器及高压电容器、高压二极管构成的倍压整流电路为磁控管提供了上述要求的工作电压。

它的结构如图 2-46（a）所示，磁控管由阳极、阴极、磁铁和微波能量输出器（天线）等组成。磁控管的外壳就是它的阳极，阴极是和灯丝合为一体的，因此磁控管上只能看到两个接线端子。永久磁铁在阳极与阴极之间形成恒定轴向的强磁场。当给磁控管灯丝加上 3.3V 电压，阳极对阴极加上+4kV 左右的电压（阳极接地，阴极接负高压）时，阴极便向外发射电子，电子在电场力和磁场力的作用下作圆周运动，在谐振腔（每个谐振腔相当于一个 LC 谐振回路）中振荡而产生微波并通过天线输出 2450MHz 的微波能。外形如图 2-46（b）所示。磁控管的输出功率一般在 700～900W。

灯丝引线端子正反向电阻相等且小于 1Ω，此值越小说明磁控管发射能力越好。大于 1Ω 说明严重衰老。灯丝引线端子对外壳电阻应无穷大。

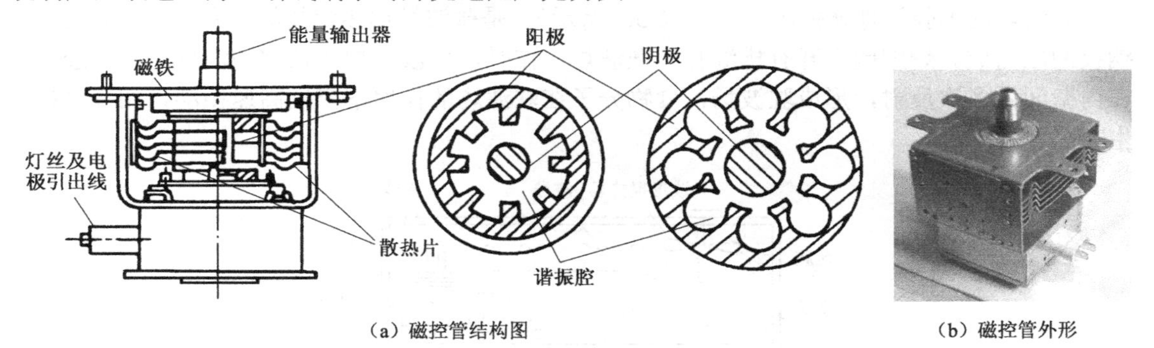

（a）磁控管结构图　　（b）磁控管外形

图 2-46　磁控管

（2）电源装置

微波炉的电源装置由高压变压器、高压电容器和高压二极管（硅堆）等组成。

高压变压器如图 2-47 所示，是一种专用的大功率的漏磁变压器。它具有功率容量大、稳压范围宽、短路特性好的特点，它有一个初级和两个次级。初级输入 220V 交流电，一个次级输出 2100V 高压，另一个次级输出 3.3V 作为磁控管的灯丝电压。这种变压器在初级和次级之间装有厚 5.5mm 的漏磁铁芯，变压器的初级工作在磁非饱和区，次级工作在磁饱和区。当初级电压增加或者下降时，不会对次级输出电压产生太大的影响，这样可以保证磁控管获得最佳的电压和电流。如图 2-48 所示的高压电容器和如图 2-49 所示的高压二极管组成倍压整流电路，将高压变压器的次级 2100V 电压进行 2 倍压整流，输出约 4kV 的高压，为磁控管提供高压直流电源。

图 2-47　高压变压器

图 2-48　高压电容器

图 2-49　高压二极管

用万用表 R×1Ω挡测量，初级绕组直流电阻约 2Ω，灯丝（3.3V）绕组电阻小于 1Ω，次级（高压绕组）约 150Ω，绕组对铁芯电阻应为无穷大（R×10kΩ挡测量）。

高压电容器为微波炉专用，耐压为 2100V 以上，容量在 0.8～1.2μF 之间，其内部并联有9MΩ的放电电阻。

高压二极管也为微波炉专用，耐压为 10kV 以上，额定电流为 1A，其正向电阻为 150～450kΩ，反向电阻为无穷大（用 R×10kΩ挡测量）。

有些机型还在高压电容器的两端并联一个双向二极管，用于保护磁控管和高压电容器。其外形和高压二极管一样，但它正向电阻和反向电阻均为无穷大。

（3）炉腔

微波炉的炉腔又称谐振腔（如图 2-50 所示），是微波炉加热食物的地方。炉腔采用不锈钢板冲压而成。炉腔侧面开有排湿孔。微波炉工作时，微波由炉腔顶部的波导送入炉腔，并在内壁间做多次反射，形成驻波场，食物分子在驻波场的作用下产生高速振动，相互摩擦产生高热。

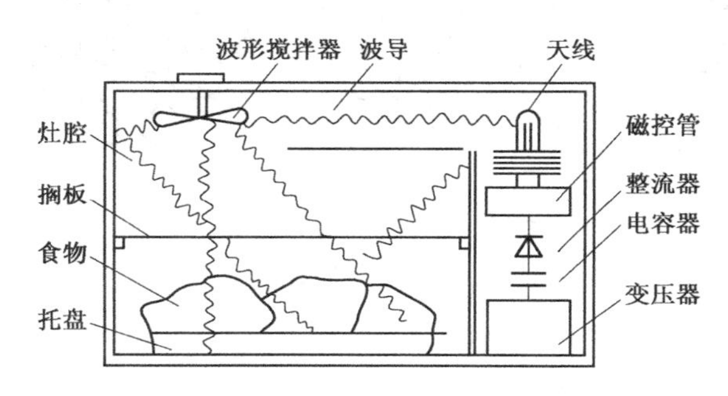

图 2-50　微波炉炉腔

（4）炉门

如图 2-51 所示炉门是微波炉的重要部分，相当于一个锅具的盖子，是防止微波泄漏的主要关卡。炉门主要由 ABS 塑料和玻璃观察窗组成。玻璃夹层中有金属网。可透过网孔观察食物的烹饪情况，又可防止微波泄漏，由于网孔大小（0.2cm 左右）是经过精密计算的，所以完全可以阻挡微波的穿透。炉门的四周装有防泄漏装置，保证炉门关上后，微波不会外泄。炉门上还有安全连锁开关（如图 2-52 所示），确保炉门打开时微波炉不能工作，炉门关上时微波炉才能工作。微波辐射对人体有一定的伤害，国际电工委员会规定，在离微波炉 5cm 处的空间，测得的微波辐射强度不得超过 5mW/cm^2。

图 2-51　微波炉炉门

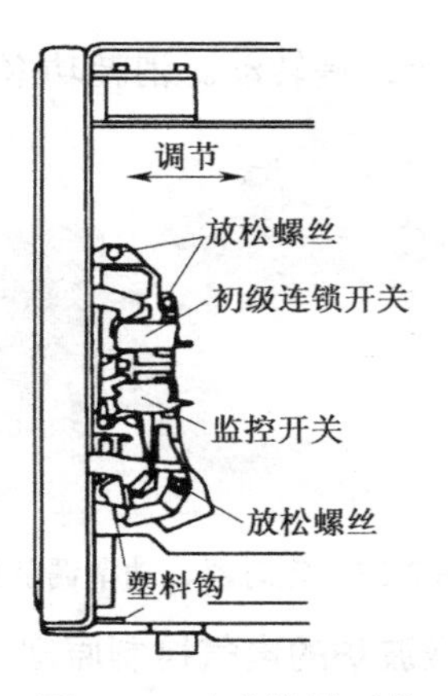

图 2-52　安全连锁开关

（5）定时器和功率调节器

微波炉一般有两种定时方式，即机械式定时和计算机定时。基本功能是设定工作时间，设定时间过后，定时器自动切断微波炉主电路。定时器的作用是控制加热食物的时间。机械定时器（如图 2-53 所示）由 220V 小型同步电动机、开关和钢铃等组成。将定时器转到设定位置，开关闭合接通电源，永磁同步电动机逆时针转动。当结束时，通过锤摆敲打钢铃发出清脆铃声，同时切断电源。定时器定时范围有 30min、60min 和 120min 等，在范围内可任意设定工作时间。现在新式的微波炉大多采用电子定时器，通过数码管、液晶或荧光直观显示，定时更加准确。

功率调节器结构和定时器组合在一起。功率调节器用来调节磁控管的平均工作时间（即磁控管断续工作时，工作、停止时间的比例），从而达到调节微波炉平均输出功率的目的。现在的微波炉多把功率调节器与定时器用一个电动机驱动，在定时器工作的同时，由传动机构带动凸轮转动，使功率调节器开关在不同的功率挡位产生不同的通断时间比。功率调节器采用“百分率定时”的方式，即在某一设定的时间内，控制电源的时间占设定时间的百分率，例如保温、解冻、中温、中高温和高温对应的百分率分别为 15%、30%、50%、70%、100%。

（6）冷却装置

冷却装置由一个单相罩极式电动机（如图 2-54 所示）和风叶组成，安装在磁控管与背板的支架上。额定电压为 220V 交流电，功率在 20～30W 之间，两个接线端电阻在 200～300Ω 左右。作用是为磁控管、高压变压器通风，降低温度，同时又可以将炉腔内的湿空气排出炉体外。

微波炉内部还配有热断路器，用来监控磁控管或炉腔工作温度。当工作温度超过某一限值时，热断路器会立即切断电源，使微波炉停止工作。热断路器一般采用的是双金属片温控开关。一般来讲，磁控管的热断路器标注温度多为 145℃或 120℃，烧烤热断路器标注为 120℃或 115℃，炉腔热断路器标注为 95℃，混合功能微波炉烧烤热断路器标注为 165℃。

（7）转盘工作台

转盘工作台又称玻璃转盘。它的作用是将装好食物的容器放在转盘上，加热时转盘转动，使食物烹饪均匀。它由玻璃盘、塑料转环和转盘电动机组成。转盘电动机实际上是一个小型的可逆永磁同步电动机（如图 2-55 所示）。接通电源，电动机以 5～10r/min 的转速带动玻璃盘同步缓慢转动。消耗功率3.5W左右，两个接线端电阻在6～10kΩ左右。

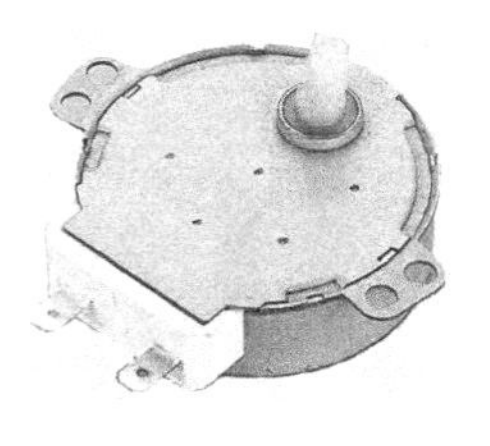

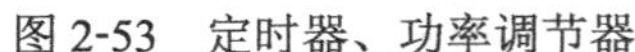

图2-53 定时器、功率调节器　　图2-54 冷却装置　　图2-55 转盘电动机

2. **微波炉的电气控制原理**

将微波炉炉门打开，此时门第一连锁开关、时间控制开关、门第二连锁开关都为断开状态，火力控制开关为闭合状态，门监控开关触点与下方连线接通，微波炉不能工作，如图2-56所示。

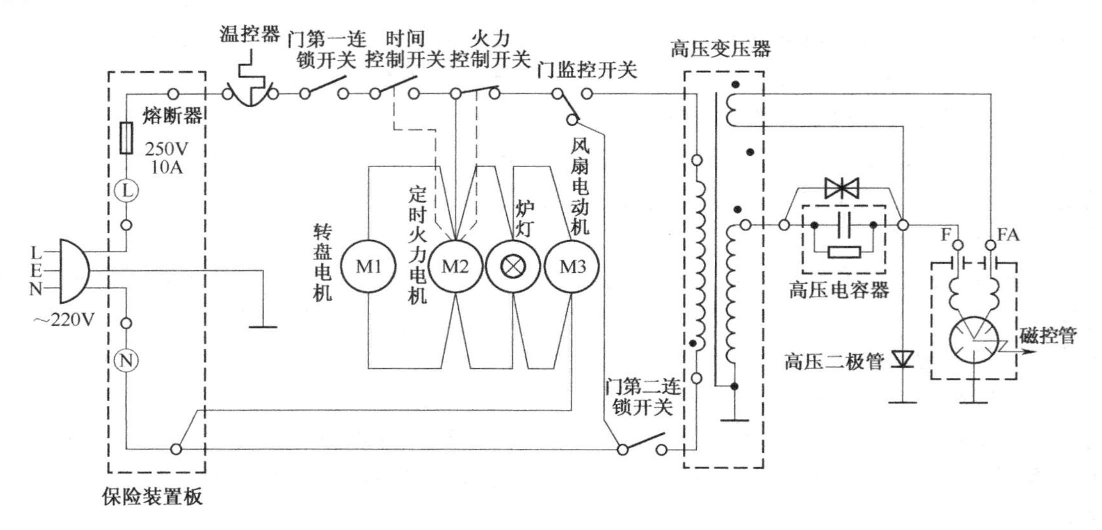

图2-56 微波炉门打开时的电气状态

将需要微波炉工作时，关上炉门，炉门连锁机构动作，门第一连锁开关、门第二连锁开关都闭合，火力控制开关仍为闭合状态，门监控开关触点与右方变压器连线接通，时间控制开关为断开状态，微波炉处于准备工作状态，如图2-57所示。当设定烹饪时间后，时间控制开关闭合，微波炉开始工作。220V电源通过熔断器、温控器、门第一连锁开关、时间控制开关、火力控制开关、门监控开关和下方的门第二连锁开关加到高压变压器的初级，接通初级回路。这时，转盘电动机、定时火力电动机、风扇电动机均转动，炉灯亮起，定时器开始计时。变压器次级上方绕组输出3.3V电压，给磁控管提供灯丝电压，下方的绕组输出2100V左右的高压，经过高压电容器和高压二极管的2倍压整流滤波，形成4kV左右的直流高压加到磁控管的阳极和阴极之间。磁控管满足了工作条件，开始产生2450MHz的微波能，微波能经波导管传输耦合进入微波炉腔，经过炉腔内壁的多次反射，对腔内放置的食物加热，放在转盘上的食物不断旋转，使食物被均匀加热。设定时间终了时，时间控制开关复位断开并响铃，加热结束。

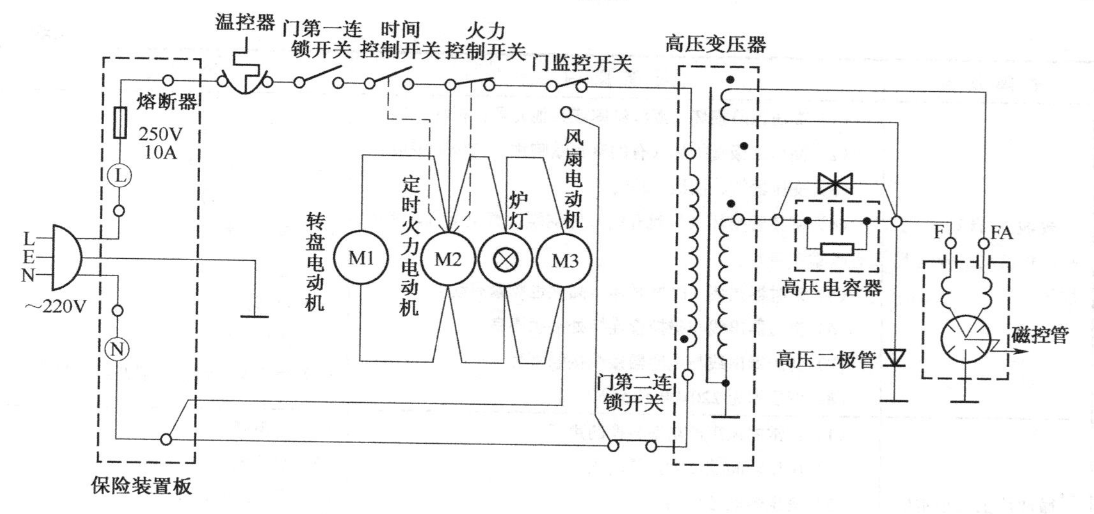

图2-57 微波炉门关闭时的电气状态

技能训练2 微波炉的检修

1. 器材

万用表一个，电工工具一套，转盘电动机一个，磁控管一个，高压二极管一个，定时器一个。

2. 目的

学习微波炉的故障检测与维修技能。

3. 情境设计

以4个微波炉为一组，全班视人数分为若干组。4个微波炉的可能故障是：

（1）转盘不转。

（2）无微波输出，食物不热。

（3）定时功能失灵，操作无反应。

（4）加热效果差。

根据以上故障现象研究讨论故障的检测方法，其参考答案见表2-4。

表2-4 微波炉常见故障及检测方法

故障现象	可能原因	检测方法
微波炉不通电	（1）用户电源插座接触不良 （2）微波炉门钩断 （3）低压保险丝熔断 ① 电压突然升高，过载保护 ② 监控开关断不开，连锁开关未闭合 ③ 变压器绕组短路 ④ 高压电容器击穿 ⑤ 磁控管损坏 ⑥ 各种元器件短路 （4）拉门门钩压不到门监控开关 （5）热断路器损坏	（1）更换质量好的插座 （2）修理断的门钩或者更换 （3）更换同规格的保险丝 ① 电压正常后使用，不需维修 ② 修理或更换监控开关 ③ 更换变压器 ④ 更换高压电容器 ⑤ 更换磁控管 ⑥ 检查并更换相应的元器件 （4）检查或调整监控开关的位置 （5）更换热断路器

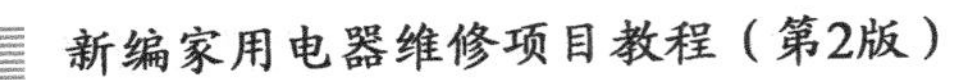

续表

故障现象	可能原因	检测方法
微波炉启动，灯亮，转盘风扇转但不加热	（1）高压保险损坏（潮湿结露或其他元器件损坏） （2）高压二极管损坏（有的有嗡嗡响声，二极管很烫） （3）变压器初、次级开路 （4）磁控管损坏（灯丝开路，磁钢裂，真空漏气，有的有嗡嗡响声） （5）定时器损坏（时好时坏、高火也频繁启动） （6）变压器出线与磁控管连接处接触不良 （7）变压器出线与电容器接线接触不良 （8）变压器无 220V 电压输入	（1）更换高压保险 （2）更换高压二极管 （3）更换变压器 （4）更换磁控管 （5）更换或修理定时器 （6）重新接好 （7）重新接好 （8）检查变压器输入端并排除故障
微波炉工作正常但噪声大	（1）正常的风声，功率转换的声音 （2）风扇轴间隙过大，晃动大 （3）变压器铁芯松动 （4）继电器噪声大 （5）转盘电动机噪声大 （6）风扇叶松动前后晃动	（1）不需修理 （2）更换风扇 （3）更换或修理变压器 （4）更换继电器 （5）更换转盘电动机 （6）重新拧紧
微波炉漏电	（1）用户电源接地线带电 （2）电源相位不对（应为左零右火上地） （3）烧烤管断裂，加热丝接触到腔体 （4）各电动机、变压器与地绝缘电阻小于 1MΩ	（1）检查用电插座，排除故障 （2）调整插座接线 （3）更换烧烤管 （4）检查各电动机、变压器，并更换
炉灯不亮	（1）灯泡坏 （2）接点松动或脱落 （3）灯座氧化变形	（1）更换灯泡 （2）重新接牢 （3）打磨、校正
微波炉工作正常但转盘不转	（1）转盘电动机损坏（进水或油太多） （2）转盘电动机线头脱落 （3）玻璃转盘的三角支架方向放反	（1）更换转盘电动机 （2）将转盘电动机线头接好 （3）正确摆放支架
微波炉工作几分钟即断电（过热保护）	（1）风扇电动机损坏 （2）风机插头脱落或接触不良 （3）风扇叶脱落 （4）冷却风道阻塞	（1）更换风扇电动机 （2）插好风机插头 （3）上好风扇叶 （4）清除障碍物，保持冷却风道畅通
微波炉门打不开	（1）门钩断 （2）门撑杆断 （3）门按钮断 （4）门体变形	（1）修理或更换门钩 （2）修理或更换门撑杆 （3）修理或更换门按钮 （4）修理或更换门体
功率调节失灵	（1）功率调节旋钮打滑 （2）功率调节电动机损坏或接线松动	（1）更换或修理 （2）修理
输出功率不足	磁控管性能变差	更换磁控管
定时失灵	（1）定时旋钮轴套与定时器转轴打滑 （2）定时器齿轮啮合不良或卡死 （3）定时电动机损坏或接线松动	（1）更换 （2）修理或更换 （3）更换
炉腔打火	（1）高压导线接触炉壳 （2）炉腔油污过多或使用了金属（带金属花边）的器皿 （3）要加热的食物量少并且过于干燥	（1）调整走线位置，远离炉壳 （2）清除油污，更换器皿 （3）适当洒些水

续表

故障现象	可能原因	检测方法
加热不均匀	（1）炉腔内污垢太多 （2）食物太大太厚 （3）食物堆放太多 （4）转盘失灵 （5）用金属器盛装食物	（1）把炉腔清理干净 （2）切成块状摆放，必要时中途翻一下 （3）减少堆放的层数 （4）检查、修理或更换电动机和接线 （5）改用合适的盛装容器
电脑板不显示，开门盘转灯亮	（1）电脑板损坏 （2）电脑板电源接触不良	（1）修理或更换电脑板 （2）使电脑板电源接触良好
电脑板显示，薄膜开关按键不灵	（1）薄膜开关损坏 （2）薄膜开关与电脑板接触不良 （3）电脑板损坏	（1）更换薄膜开关 （2）修理 （3）修理或更换电脑板
电脑板屏幕显示不正常，有时乱闪乱跳，不能正常操作	（1）电脑板损坏 （2）可能有微波泄漏	（1）更换或修理电脑板 （2）检查磁控管及磁控管支架是否变形

由讨论出的故障原因与检测方法，检修并更换损坏的器件，修理完毕后，进行试用。检测自己的维修结果。完成任务后恢复故障，同组内的同学交换故障微波炉再次进行维修。

知识拓展1 微电脑型微波炉的控制原理

1. 微电脑型微波炉的功能

采用微电脑控制的微波炉的结构与普通型微波炉基本相同，主要区别在于控制系统。微电脑控制的微波炉工作过程方框图可用图 2-58 表示。使用微电脑及轻触开关代替普通型微波炉中的定时器和功率控制器。并增加了定时时间的数字显示及各种功能显示。微电脑型微波炉多采用单片机控制系统，把复杂的控制程序和大量的自动食谱存储于单片机的存储器内。设置有温度、湿度和重量等多种传感器，通过对食物温度、湿度和重量等物理量的检测，再由单片机进行分析判断，得出微波炉加热功率的大小及时间的长短，使得整个烹饪过程实现了自动化控制。微电脑控制的微波炉电路板如图 2-59 所示。

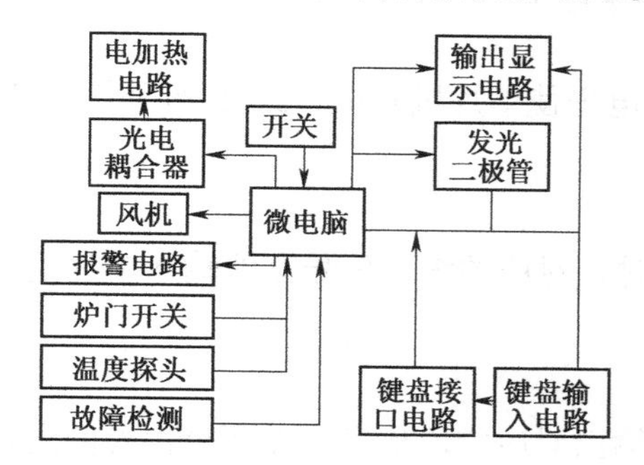

图 2-58 微电脑控制的微波炉工作过程方框图

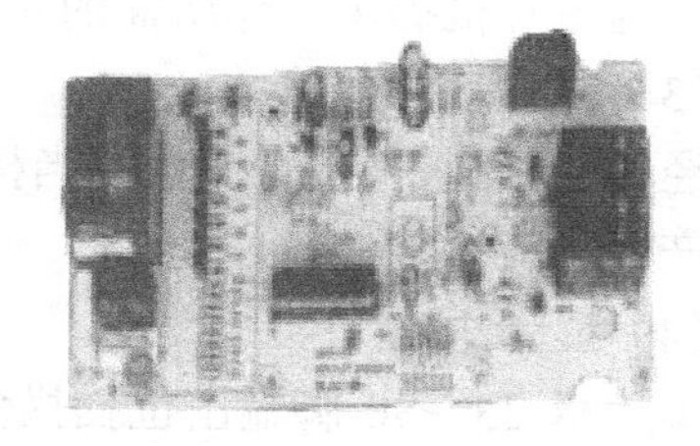

图 2-59 微电脑控制的微波炉电路板

微电脑控制电路图如图 2-60 所示，微波炉工作时，炉门关上，则开关 SA_1、SA_2、SA_3 闭合，SA_4 断开。选择烹调程序，按下启动键，单片机输出信号使继电器 KA_2、KA_1 吸合，这时磁控管通电开始产生微波，对食物进行加热。同时转盘电动机 M_1、风扇电动机 M_2、炉灯 HL 也通电工作。定时器、显示器开始倒计时。当设定的程序终了，单片机使继电器

KA_2、KA_1 断电释放，切断微波炉电源。在程序没有结束时，如果想停止加热，可按“暂停”键（KA_2、KA_1 会断电释放），也可以直接打开炉门（SA_1～SA_4 机械动作）。如果不需要工作，只需按下“清除”键。如果继续加热，再按“启动”键，微波炉即可继续加热。

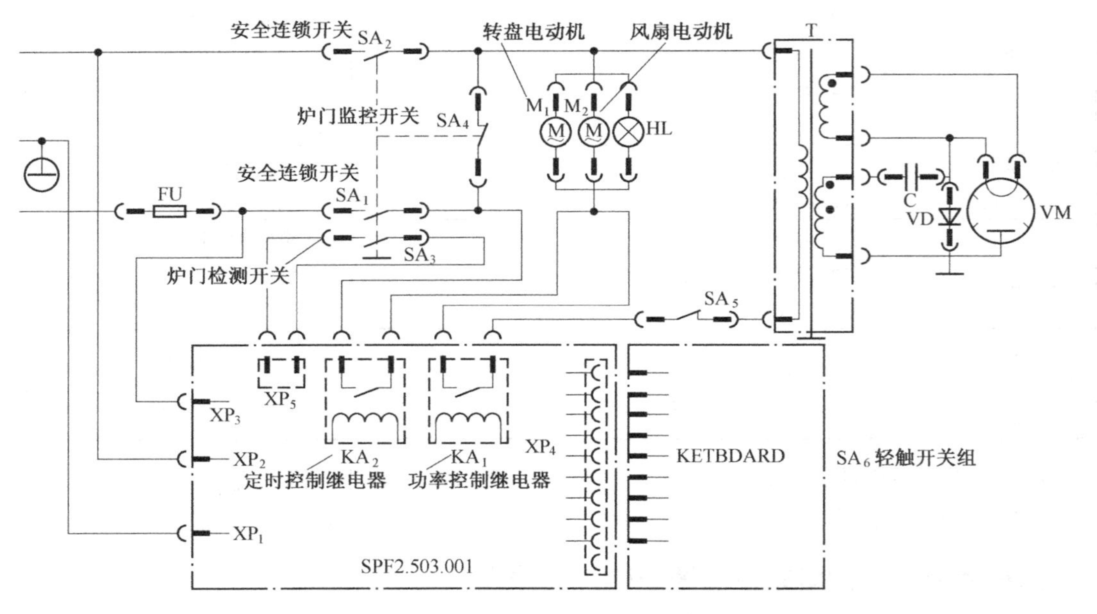

图 2-60　微电脑控制电路图

2. 微电脑型微波炉的控制电路

微电脑型微波炉控制电路如图 2-61 所示，它以单片机 MC68705R3 为核心。此单片机内部包括 CPU、存储器端口、A/D 转换器和定时器等部件。

（1）电源电路

220V 交流电经变压器 T_1 降压，VD_1、VD_2 组成中心抽头式全波整流，经 C_5 滤波后得到 12V 直流电压，分两路：一路给继电器供电；另一路经三端稳压器 IC4 7805 输出+5V 电压，作为控制电路的主电源，给单片机、键盘和显示电路供电。

（2）复位和时钟电路

单片机 2 脚外接 C_2，在开机瞬间提供一个低电平使单片机复位。5、6 脚外接 4MHz 的晶振，为单片机提供工作所需的时钟信号。

（3）键盘输入电路

经 XP_4 插座外接有键盘。当按下某一功能键时，对应的编码信号立即输入单片机，由单片机产生相应功能的动作。

（4）显示电路

单片机 25～30 脚输出位扫描信号，9～15 脚输出对应的段信号，在两个信号的配合下，驱动共阳极发光二极管显示相应的功能命令。

（5）程序控制电路

当设定某一烹调程序（在键盘上操作）后，然后按下“启动”键，单片机就开始执行这一程序，由 39、40 脚输出高电平信号，分别通过电阻驱动三极管 VT_5、VT_3 饱和导通，这时继电器 KA_2（定时控制）、KA_1（功率控制）均得电吸合，微波炉开始工作。

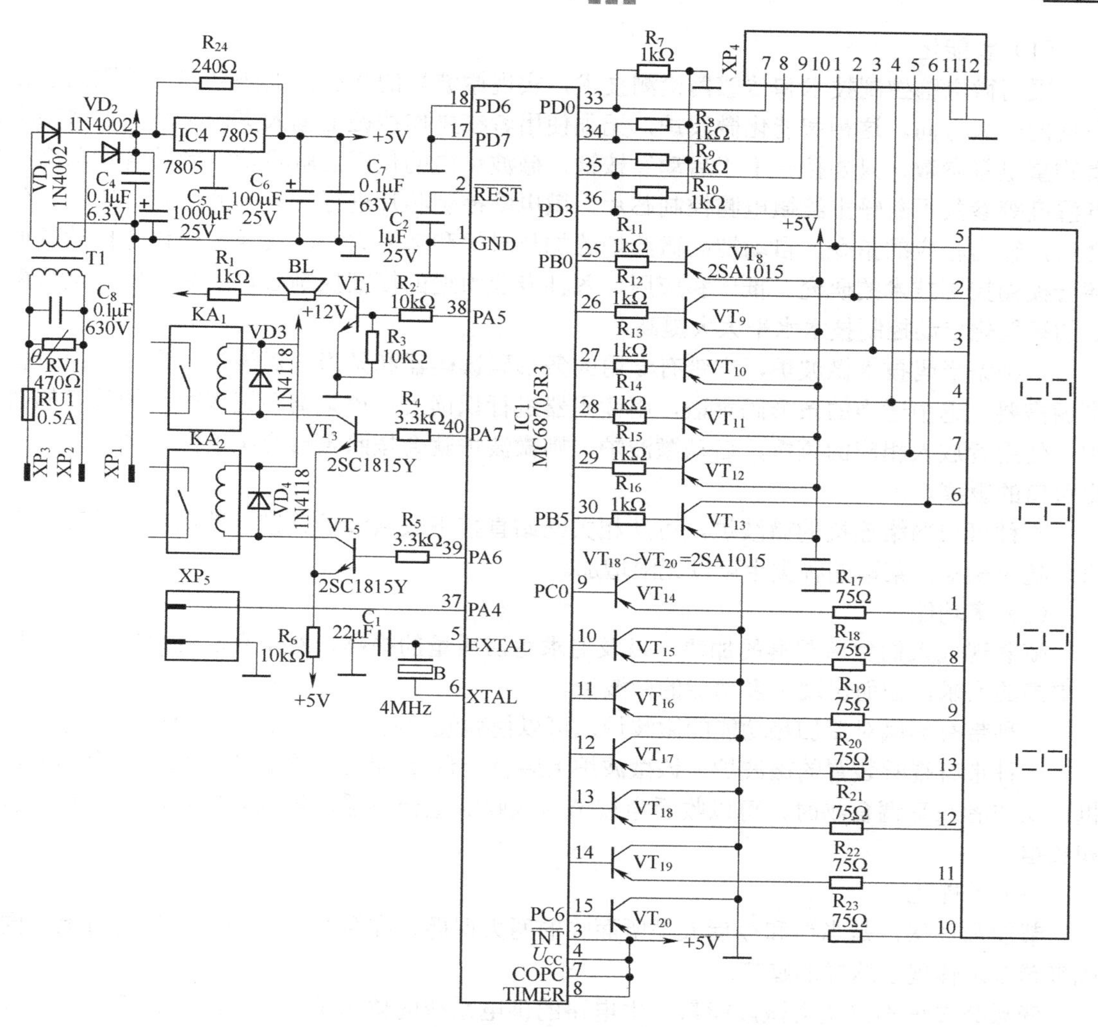

图 2-61 微电脑型微波炉控制电路

当全功率输出时，继电器 KA_1（功率控制）一直吸合，磁控管一直工作。当选择其他功率挡位加热时，KA_1 是间歇式吸合的。

（6）保护电路

保护电路是控制炉门连锁开关的通断。在微波炉工作时，若打开炉门，单片机 37 脚（炉门开关检测端）就会输出低电平，39、40 脚也会随着输出低电平，迫使继电器 KA_2、KA_1 断电停止工作，起到了保护作用。

知识拓展 2 微波炉的研发趋势

随着科学技术的进步，电子技术、传感器技术，以及材料技术近年来得到了很大的发展，为了满足微波炉消费者的使用要求，将各种先进的现代化技术应用于微波炉，产生了一系列新颖先进的微波炉产品。这些微波炉新产品，反映了微波炉技术的发展趋势，这些趋势主要表现在以下几个方面。

（1）智能化

采用微电脑控制技术和传感器检测技术，实现微波炉的智能化加热烹调，是微波炉技术发展的一大方向。这种智能化微波炉，无须使用者在操作按键上输入烹调时间、加热功率、食物重量等参数，只要按一下“启动”按键，微波炉内的传感器就将检测到的食物温度、蒸气湿度等参数不断输出给微电脑控制芯片，微电脑控制芯片进行一系列的运算、比较、分析之后，输出相应的指令，自动控制微波炉的加热时间和功率大小，实现智能化全自动烹调。随着模糊控制技术的研究、推广和应用，各种专业用途的模糊控制芯片不断推出，使得微波炉的智能化自动控制技术水平大大提高。

一种条形码技术微波炉，它带有专用的条形码读码器和条形码微波炉菜谱。使用者根据烹调需要，选中适当的条形码菜谱，用读码器进行识读后，该菜谱即记入微波炉的存储器之中，使用者放入相应的菜肴，启动微波炉，则微波炉就会按照条形码菜谱的烹调程序，烹调出可口的饭菜。

一种可与网络连接的微波炉，可从相关网站直接下载微波炉菜谱，使微波炉的烹调菜谱可以随时刷新，菜谱的种类也可以无限增加。

（2）多功能

随着现代人们生活节奏的加快，以及追求生活质量的提高，对于食品的加工烹饪也提出了更高的要求，因而出现了多功能的微波炉。

一种带有热风对流加热功能的微波炉，可以使微波炉制作出的蛋糕内部松软外部焦黄。

一种带有视听装置的微波炉，该微波炉上装有一台 5 英寸的彩色电视机和一台小型收音机，操作者在烹调食物时，可以收看电视节目或收听电台广播，可以减轻厨房烹调时的紧张和负担。

（3）节能化

节能和环保，是当前和今后人类所面临的两大课题，在微波炉产品的设计制造上，同样越来越多地体现了这样的趋势。

变频微波炉不仅使得微波能量产生电路的供电系统的体积重量大大减小，而且使得耗电量减少了四分之一左右。

多级天线的微波炉，可以高效率地使微波能量集中于转盘内食物的加热，提高微波能量的加热效率。

采用了独特形状的能量集中设计的微波炉，使得微波能量能够按照茶杯、酒杯、饭碗的形状进行集中加热，不仅使微波加热更快速，加热时间缩短，而且也实现了耗电量的减小。

（4）健康化

随着人们健康环保意识的增强，对于食品中热量的限制也愈加重视。作为现代化食品烹调器具的微波炉，能够烹调出低热量的保健食品，自然是微波炉设计中应注意的发展趋势之一。

日本三菱公司推出的 RO-LE7 型微波炉，采用特别设计的自动食谱炸制方式，可比传统的炸制方式减少食油量 50%～70%，从而使炸制食物的含油脂量减少，人们食用这种炸制食品时，油脂的摄入量大大减少，有益于人体的健康。

（5）操作简便化

一般来说，随着家用器具功能的增强，往往使其操作方法随之变得比较复杂，这就给人们的使用带来不方便。因此，在微波炉加热烹饪功能提高的同时，操作简便化就是值得注意的一个重要方面。

夏普公司推出的 ER-M300 型微波炉，采用了液晶触摸式控制面板和声讯传递系统，使得这种多功能微波炉的操作变得简单易行。所谓液晶触摸式控制面板，就是操作者直接触摸液晶控制面板上显示的画面或文字，微波炉就会直接进行该功能的加热工作；而声讯传递系统就是用编辑在微波炉内部控制芯片上的声音信号，根据烹调操作的需要，适时告知操作者的操作步骤，以及注意事项。

富士通公司的 BE-55RC 型微波炉，主要采用了只按一次烹调键的操作方式，从而达到了使用方便的目的。这种微波炉具有多种自动食谱按键，操作者只要根据食物类别选择适当按键按下，微波炉内部的传感器和自动烹调软件，就会指挥微波炉自动完成整个烹调，非常方便。

技能拓展　微电脑型微波炉的维修

微电脑型微波炉的检修方法基本与其他微波炉相同。区别在于控制电路。因此本部分重点介绍一下微电脑控制电路的检修方法和检修重点（见表 2-4）。

（1）微电脑故障判断

微电脑芯片是固化了厂家源程序的单片机芯片，各种型号的单片机原理基本相同，质量也比较可靠。在实际使用中故障率极小，多是外围电路元件发生故障。

单片机工作有三大条件：+5V 电压、复位、时钟，三者缺一不可。当上述条件都具备时，要判断芯片是否正常，通常可以通过万用表测量相关引脚的直流电压来确定。如果输入电压正常，经操作程序电路后，微电脑对继电器（或双向可控硅）没有输出，或呈现常断状态，在外电路没有故障的情况下，则有可能为电脑芯片损坏。这时可以取一片新的芯片代换试试（一定要是带有厂家源程序的芯片）。

（2）负载驱动电路故障

当微电脑控制电路输入电压正常，输出电压不正常时，应该首先检查继电器（或双向晶闸管）及其驱动电路。通常原因是继电器线圈开路或断路、续流二极管（与继电器线圈并联）击穿、晶闸管损坏、触发电路损坏等，这些都可以通过万用表测量出来。

（3）直流电源电路故障

当启动微波炉时，数字显示部分不显示，整机操作也没有任何反应。在进入控制板的电源电压正常情况下，故障大多是直流供电电路部分。通常原因是变压器断路或开路、整流二极管击穿、滤波电容性能不良（漏电或失去容量）、三端稳压器损坏、电路接触不良、虚焊等。

（4）显示部分故障

显示部分由数码管和译码电路组成。如果数码管某些位数不显示或某些字段不显示，可以通过测量电压来判断。如果电压正常则为数码管损坏，电压不正常则为译码电路有问题。

项目工作练习7　微波炉输出功率不足的维修

班　级		姓 名		学 号		得　分	
实　训 器　材							
实　训 目　的							

工作步骤：

（1）放入一杯水，通电一段时间后观察故障现象。

（2）故障分析，说明哪些原因会造成微波炉输出功率不足。

（3）制定维修方案，说明检测方法。

（4）记录检测过程，找到故障器件、部位。

（5）确定维修方法，说明维修或更换器件的原因。

工 作 小 结	

项目工作练习8　微波炉不通电的维修

班　级		姓 名		学 号		得　分	
实　训 器　材							
实　训 目　的							

工作步骤：

（1）加电观察故障现象。

（2）故障分析，说明哪些原因会造成微波炉不通电。

（3）制定维修方案，说明检测方法。

（4）记录检测过程，找到故障器件、部位。

（5）确定维修方法，说明维修或更换器件的原因。

工　作 小　结	

任务6 电磁炉

维修任务单

序　号	品牌名称	报修故障情况
1	富士宝	接通电源后，没有任何反应
2	奔腾	电磁炉在炒菜时使用两三分钟就不工作，而过一小段时间又能工作两三分钟，又不工作

技师引领1

1. 客户王先生

我家电磁炉一直都很好，昨天突然坏了，插上电源插头后，没有任何反应。

2. 李技师分析

王先生，这说明内部有损坏的元件。

3. 李技师维修

（1）如图2-62所示，拆卸电磁炉。目测发现保险管已经烧黑。

（2）将加热线圈的接线脚断开，换上保险管。此时不能直接通电，短路故障没有排出，通电还会烧坏保险管。

（3）如图2-63所示，测量桥式整流的输入端电阻值，没有发现短路情况。

图2-62　电磁炉的内部组成

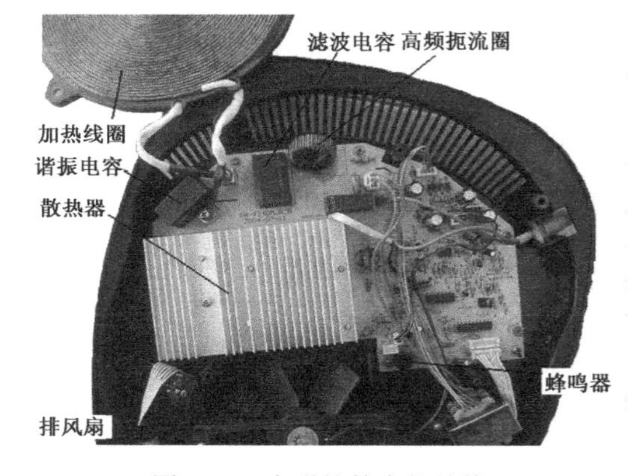

图2-63　电磁炉的内部结构

（4）测量桥式整流的输出端，即滤波电容两端，发现电阻值为零，说明有短路元件。

（5）进一步测量整流桥及IGBT的电阻，发现IGBT击穿损坏。

（6）更换IGBT，并装好电磁炉，经过试用，功能恢复正常。

技师引领2

1. 李技师

您好！王先生。首先确认您的操作是否正确。

2. 客户王先生

我的操作保证没有问题，以前一直这样用的。

3. 李技师分析

如果使用别的功能（炒功能除外）炒菜时，电磁炉的温升快，而单片机所设定的温度保护点相对低一点（相对于炒菜功能）。所以会提前做出相应的保护。如果正确使用炒菜功能而出现两三分钟就保护，可能电路板存在故障，也有可能是单片机故障，也有可能是风扇电动机的故障或者是散热不好。

4. 李技师维修

（1）拆卸电磁炉外壳，通电观察，发现风扇电动机转速变慢。导致电磁炉的散热效果降低。所以也会提前做出相应的保护动作。

（2）通电测试风扇供电电压正常，故障应该在风扇本身。

（3）更换风扇，重新装好外壳，试机正常，故障排除。

5. 李技师点拨

电磁炉无论有什么故障，在更换元件后，一定不要急于接上线盘试机，否则会烧坏 IGBT 和保险管，甚至整流桥。应该在不接线盘的情况下，通电测试各点电压，如 5V、12V、20V（有的 18V、22V），和驱动电路输出的波形（正常是方波），也可以用数字万用表 20V 挡测试（正常电压不断波动）。因为一般电磁炉都有锅具检测，大概 30s，要在开机的 30 秒内测驱动输出，看不清楚可关机再开，检测正常后再接上线盘即可。

媒体播放

（1）播放各种型号的电磁炉。

（2）播放电磁炉生产步骤与装配过程。

（3）结合技师引领内容，播放电磁炉的拆装与维修过程。

（4）播放电磁炉仿真课件。

技能训练 1 电磁炉的拆装

1. 器材

万用表一个，电工工具一套，电磁炉一个。

2. 目的

学习电磁炉的拆装，为学习电磁炉的维修做准备。

3. 电磁炉的拆卸

（1）拆卸炉底螺丝，打开上盖。

（2）拆卸加热线盘，并测量线圈阻值。

（3）拆卸功率板及散热器，观察电路的组成。

（4）拆卸 LED 线路板，观察电路的组成。

（5）拆卸风扇组件并测量风扇线圈阻值。

4. 电磁炉的组装

在拆卸电磁炉时，要记好拆卸顺序与各器件、导线的连接位置，导线接头最好标上回路标号（同一个连接点的导线标上同一个数字号）。组装是拆卸的逆过程。拆、装电磁炉可参考图 2-62 及媒体播放资料。

知识链接 电磁炉的电气控制原理

世界上首台家用电磁炉于 1957 年在德国诞生，输出功率在 100W 左右。20 世纪 80 年代末期电磁炉进入中国，到了 1998 年后，随着国内电子工业技术的进步和成熟，才涌现了一大批电磁炉制造业，如“美的”、“奔腾”、“富士宝”等。电磁炉才真正走进人们的生活。

电磁炉在加热、烹调、煮食等使用方式上与微波炉相比更符合中国人的习惯。它加热迅速，加热效率可以达到 90%以上；没有明火，使用安全，直接加热，不存在中间热损失，节约能源，比电炉节能 60%，比微波炉节能 30%；改善厨房环境，易于清洁。

按照励磁线圈中工作电流的频率，电磁炉分为工频（频率为 50Hz）电磁炉和高频（频率在 15kHz 以上）电磁炉两大类。家用的电磁炉均为高频电磁炉。

1. 电磁炉的主要器件与作用

电磁炉一般构造如图 2-62 所示，包括外壳部分、内部电气部分和整机散热部分。

（1）外壳部分

电磁炉外壳如图 2-64 所示，电磁炉整机的外壳由陶瓷板、上盖、下盖组成。陶瓷板决定了电磁炉的质量，厂家会根据电磁炉的价格选用不同等级的耐热晶化陶瓷板。其除了用来承载加热锅外，还要具有热膨胀系数小、径向传热、耐高温、耐重压、耐摩擦和不影响磁场穿透的特殊性质。

（2）内部电气部分

电磁炉中的电热板如图 2-65 所示，电磁炉一般有 2～4 块电路板组成，其中有一块是按键显示板，其余的便是电磁炉的核心电路。

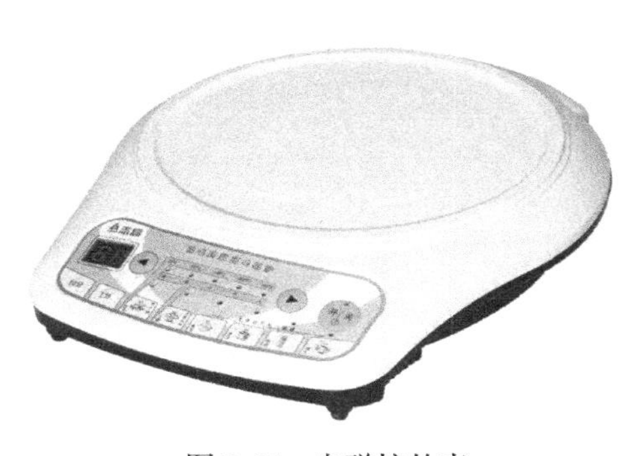

图 2-64 电磁炉外壳

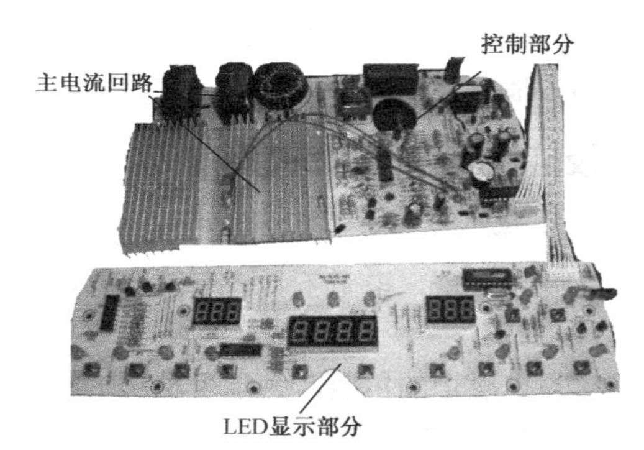

图 2-65 电磁炉中的电路板

① 加热线圈：又称为发热线圈，是电磁炉唯一的功率输出元件，外形为圆盘形，如图 2-66 所示，为了降低线圈盘自身的损耗，在制作过程中用多股漆包线绞合后，以同心圆方式由内到外绕 27～33 匝而成，这样可以减小高频电流的趋肤效应。而且股数越多、绕制越均匀效率越高。它是高频 LC 谐振回路中的一个电感，能将 20kHz 以上的高频交变电流转换成交变磁场。在加热线盘中心安装有感温器支架，用以安装热敏电阻，可以监测锅底温度。加热线圈背部图如图 2-67 所示，加热线圈的下面还安装有多根磁条，用以会聚磁力线，减少磁力线外泄。

② IGBT（绝缘栅双极型晶体管）：是电磁炉中最关键的器件，也是比较昂贵的元件。它是一种集场效应管较小的输入电流和三极管较低的饱和压降、较高的耐压优点于一体的高压、高

速大功率器件。可被看做是一个 MOSFET 输入跟随一个双极型晶体管放大的复合结构。外形如图 2-68 所示，IGBT 有三个电极，分别称为栅极 G（也叫控制极或门极）、集电极 C（亦称漏极）及发射极 E（也称源极）。有些型号的管子内部在 C 和 E 极之间含有阻尼二极管。目前 IGBT 的电流/电压等级已达 1800A/1600V，工作频率可达 100kHz，在电动机控制、开关电源、电焊机，以及要求快速、低损耗场合获得广泛应用，是目前发展前途看好的电力电子器件。

图 2-66　加热线圈

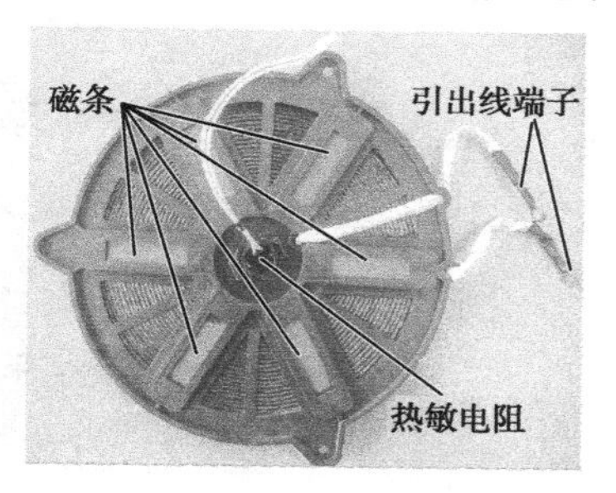

图 2-67　加热线圈背面图

③ 桥式整流器：如图 2-69 所示，其内部含有 4 个二极管，它可将 220V 交流电源转换为直流电源。

图 2-68　IGBT

图 2-69　桥式整流器

④ 热敏阻件：将热量信号传递到控制电路，起到监测和保护作用。

⑤ 电流互感器和扼流圈：电流互感器（如图 2-70 所示）是一种特殊的变压器，它的初级只有一匝，次级有 800、1200、3000 匝几种规格。次级电阻一般在 60～140Ω之间，是电磁炉中唯一的电流检测元件。如果更换的参数不符，轻则出现不检锅、不加热和加热异常等，重则烧毁 IGBT 管。扼流圈（如图 2-71 所示）在电磁炉中起滤波作用，防止高频电流污染市电，常用的有 420mH、470mH、580mH。

图 2-70　电流互感器

图 2-71　扼流圈

⑥ 集成电路：包括单片机、电压比较器、IGBT 专用驱动集成电路、开关电源控制集成电路等。

如图 2-72 所示，单片机是将微处理器、存储器、输入/输出端口，以及一些特定的功能电路集成在一块大规模的芯片内，是电磁炉控制的核心。一旦单片机损坏，即可宣告电磁炉报废，因为单片机中固化软件都是各生产企业的技术核心，技术相对保密。

图 2-72　单片机

如图 2-73 所示是电压比较器，它在电磁炉中应用最为广泛，同步振荡电路、高压保护电路、浪涌保护电路等单元都由电压比较器组成。常用的型号有 LM339、LM324 等。

如图 2-74 所示是 IGBT 专用驱动集成电路，其常用的型号是“东芝”公司的 TA8316，为七脚单列直插式的封装。有些机型 IGBT 的驱动采用分立元件，如三极管 8050、8550 等。

图 2-73　电压比较器

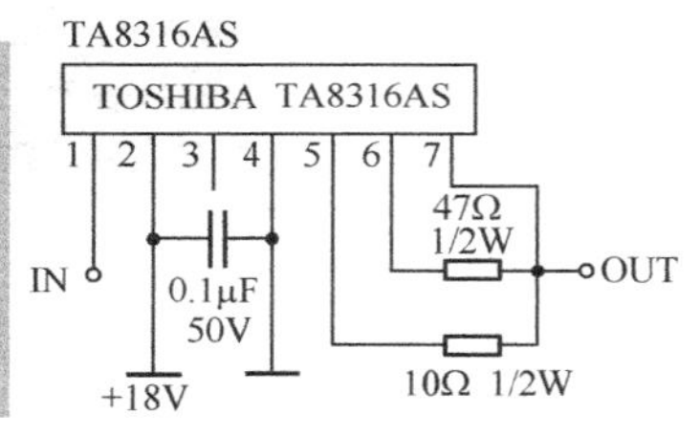

图 2-74　IGBT 专用驱动集成电路

如图 2-75 所示是开关电源控制集成电路，在电磁炉低压控制系统供电中，有的采用传统的工频变压器降压，有的采用开关电源。在开关电源中，主流的控制芯片有 VIPer12A、VIPer22A、FSD200 等，都为双列直插，采用 8 脚封装居多。

（3）整机散热部分

电磁炉在工作时，机子内部一些大功率半导体器件和线圈盘都会因自身的损耗而发热，而陶瓷板也会把锅具在加热中产生的一部分热量传导至电磁炉内部。为了使电磁炉工作稳定，必须进行强制散热。图 2-76 是电磁炉采用的散热风机，一般采用的是无刷风机，与有刷风机相比，它具有寿命长、没有火花干扰的优点。

图 2-75　开关电源控制集成电路

图 2-76　散热风机

2. 电磁炉的电气控制原理

电磁炉加热原理图如图 2-77 所示，电磁炉是采用涡流加热原理。它利用电流通过加热线圈产生磁场，当交变磁力线通过铁质锅底部时，因电磁感应产生了感应电动势，从而在锅底产生无数的小涡流，由于电流流过金属中的电阻产生了热量，锅就会被加热。

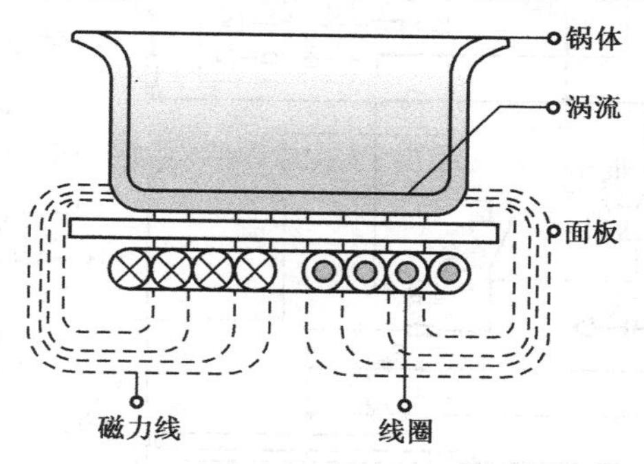

图 2-77 电磁炉加热原理图

现在电磁炉大多采用微电脑控制技术，在单片机中固化一定的程序，通过执行相应的指令进行控制，这样可以大大简化控制电路，提高工作的可靠性，其基本结构如图 2-78 所示，它主要由电源电路、输出电路、控制部分、加热线圈和各种检测电路组成。

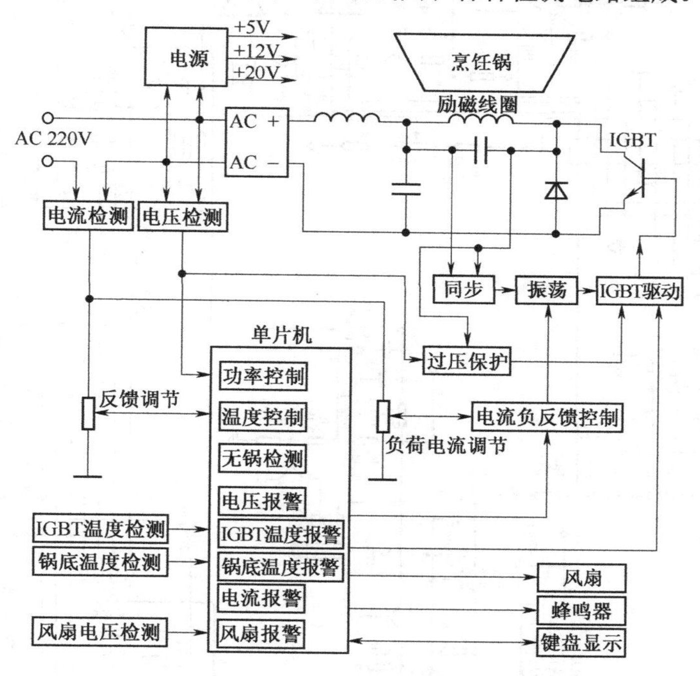

图 2-78 电磁炉电路基本结构

万宝牌 DCZ-13 型电磁炉的电路工作原理图如图 2-79 所示。

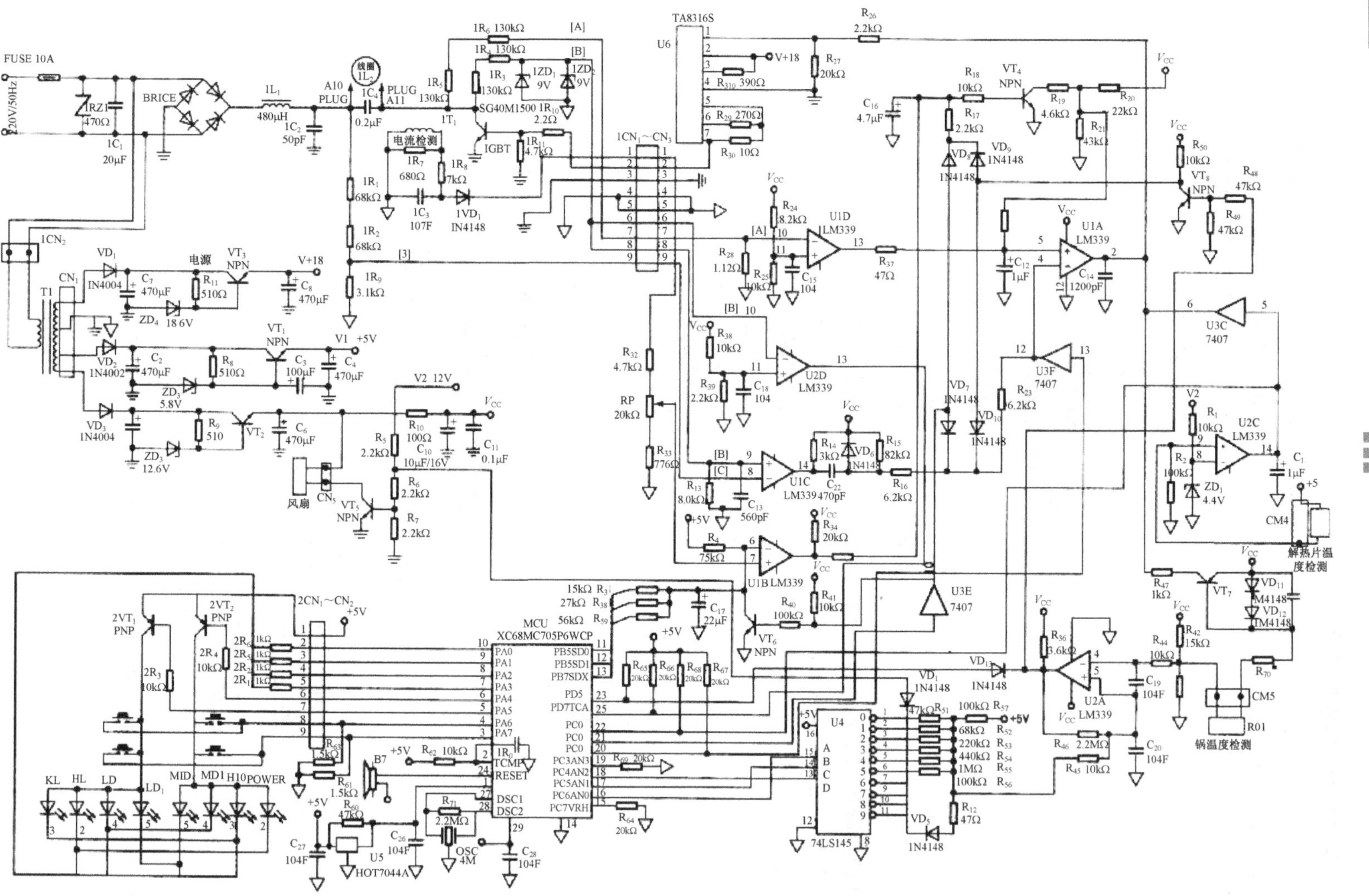

图2-79　万宝牌DCZ-13型电磁炉电路工作原理图

（1）电源电路

主电路部分：220V 直接经过 BRICE 整流桥输出直流电给 LC 振荡电路供电。

控制电路部分：220V 经变压器 T_1 降压后，分三路。第一路经 VD_1 整流，由 VT_3 及外围电路组成简单的串联稳压电源，输出+18V 电压，给驱动电路供电；第二路经 VD_2 整流，由 VT_1 及外围电路组成的稳压电源，输出+5V 电压，给单片机等供电；第三路经 VD_3 整流，由 VT_2 及外围电路组成稳压电源，输出+12V 电压，给集成运放 LM339 和排风扇供电。

（2）复位和时钟电路

刚开机时，由单片机 MCU 1 脚外接 C_{26} 实现低电平复位，随着 C_{26} 充电到+3.8V，复位完毕。

单片机 27、28 脚外接 4MHz 晶振与 R_{71} 组成振荡电路，为单片机提供时钟脉冲。

（3）按键和显示电路

当按下“开机”按键时，信息传到单片机的 3、4 脚，单片机接收到用户操作指令后，电磁炉会按内存程序自动选择“加热”功能，由 11、12、13 脚输出最高挡位的加热方式，16、17、18 脚输出加热的状态。同时 21 脚输出低电平，通过电压跟随器 U3E7407，让三极管 VT_6 截止，以致不影响 11、12、13 脚的输出功能。

单片机的 5、6 脚轮流输出信号，驱动 $2VT_1$、$2VT_2$，使显示电路显示对应的操作状态。

（4）高频振荡电路

电磁炉工作后，单片机的 20 脚发出触发脉冲，经 U3F7407 后，激活振荡电路。开关 IGBT 的 C 极的振荡信号经 $1R_3$、$1R_4$、R_{13} 分压后加到 U1C 比较器的 9 脚，与 8 脚基准电平做比较，由 14 脚输出同步脉冲，又经 C_{22}、R_{16}、R_{23} 送到比较器 U1A 的 4 脚，与 5 脚功率控制电平做比较后，由 2 脚输出脉冲宽度可调的脉冲波。该脉冲经 TA8316S 驱动放大后，从 7 脚输出驱动 IGBT，从而产生稳定的 20kHz 以上的高频振荡。

振荡电路中的大电流经电流互感器 $1T_1$ 采样和 $1VD_1$ 的整流后，经 R_{32}、RP、R_{33} 加到 U1B 的 7 脚，形成电流取样电平（电位器 RP 用于控制最高挡的加热功率）。当用户通过按键改变火力（功率）大小时，单片机 11、12、13 脚就输出不同状态值，使 U1B 的 6 脚电平发生变化，经 U1B 的自动跟踪，输出信号到三极管 VT_4 加以放大，从 VT_4 的 C 极输出功率控制电平到 U1A 的 5 脚。

（5）温度控制电路

在电磁炉面板上除了有设定功率的加热方式外，还有设定温度的加热方式（可用于煎、炸、保温等烹调）。当按“定温”加热按键并设定为某个温度时（如 180℃），电磁炉的功率输出始终为最高功率挡状态（即单片机 11、12、13 脚电压不变），当设定温度到达时，电磁炉停止加热，当温度下降时，又恢复加热状态，从而起到恒定温度作用。

当定温时，单片机 16、17、18 脚输出对应温度的状态值到 U4 的 15、14、13 脚，经 U4 译码，从 1～6 脚输出相应的状态组合，在 R_{51}～R_{56} 的公共端形成了对应的基准电压，经 R_{45} 加到 U2A 的 5 脚。U2A 的 4 脚外接有锅温度检测的负温度系数热敏电阻 RO_1，当温度升高时，RO_1 阻值下降，使 U2A 的 4 脚电平升高，当电平高于 5 脚基准电压时，会使 U2A 输出低电平，经 R_{48} 加到 VT_8，使 VT_8 截止。这时 VT_8 集电极上方的 V_{cc} 电压从 R_{50} 分别经 VD_9 加到 VT_4 基极和经 VD_{10}、R_{23} 加到 U1A 的 4 脚，封锁脉宽调制电路，使 U1A 输出低电平，停止加热。当热敏电阻取样温度降低时，又解除封锁，恢复加热。

（6）检测控制电路

单片机 25 脚接收 U2D 的 13 脚输出的信号，自动监测灶面情况变化。当灶面无锅或锅突然移开时，一方面单片机 24 脚所接蜂鸣器发出报警声，同时 21 脚会自动产生锅检测秒脉冲。秒脉冲的高低电平脉宽之比是 4:1。

当秒脉冲处于高电平时，经 U3E7407 使 VT_6 导通，U1B 的 6 脚被钳位为低电平，功率调节失去作用；并且此高电平经 VD_7、VD_8 封锁 U1A，无脉宽调制信号输出，停止加热。

当秒脉冲处于低电平时，VT_6 截止，U1B 的 6 脚功率控制正常工作；同时脉宽调制 U1A 解锁，U1A 的 2 脚输出锅检脉冲。经过约 30 秒检测，若仍无锅，单片机 16、17、18 脚输出关机信息，自动关机。在锅检的过程中，所消耗的功率很小，仅维持锅检需要。

（7）过热保护电路

主要由 U2C 来完成。当散热器温度过高时，散热片温度检测开关断开，U2C 的 14 脚输出低电平。此低电平一方面加到脉冲驱动电路，使 IGBT 截止。另一方面被单片机 22 脚接收，发出关机指令，自动关机保护。只有等温度降下来，温控开关闭合后，才能重新启动电磁炉工作。

技能训练 2　电磁炉的检修

1. 器材

万用表一个，电工工具一套，线盘一个，排风扇一个，基板组件一个，直径小于 12cm 锅具一个。

2. 目的

学习电磁炉的故障检测与维修技能。

3. 情境设计

以 4 个电磁炉为一组，全班视人数分为若干组。4 个电磁炉的可能故障是：

（1）线盘未锁紧。

（2）指示灯不亮。

（3）发出报警声。

（4）没有任何反应。

根据以上故障现象研究讨论故障的检测方法，其参考答案见表 2-5。

表 2-5　电磁炉常见故障及检测方法

故障现象	可能原因	检测方法
在插插头时未听到滴一声，电源指示灯不亮	（1）按键接触不良 （2）电源线松脱或不通 （3）保险丝熔断 （4）功率晶体管 IGBT 损坏 （5）谐振电容坏 （6）阻尼二极管坏 （7）变压器坏 （8）基板组件坏	（1）检查并更换按键 （2）重新接好或者换新 （3）更换同规格的保险丝并检查电路 （4）更换同规格的 IGBT （5）更换同规格的电容器 （6）更换同规格的二极管 （7）更换同规格参数的变压器 （8）更换同规格的基板

续表

故障现象	可能原因	检测方法
放上锅，指示灯亮，但不加热	（1）线盘没有锁紧 （2）谐振电容坏 （3）基板组件坏 （4）控制器失灵 （5）励磁线圈接触不良	（1）锁好线盘 （2）更换同规格的电容 （3）修理或更换同规格的基板 （4）修理或更换控制器 （5）重新焊牢
加热，但是指示灯不亮	（1）LED 发光二极管坏 （2）LED 基板坏	（1）更换发光二极管 （2）修理或更换基板
功率无变化	（1）可调电阻损坏或接触不良 （2）主控集成电路 IC 损坏 （3）基板组件损坏	（1）更换同规格的可调电阻 （2）更换同型号的 IC （3）更换该组件
蜂鸣器长鸣	（1）热开关坏、热敏电阻坏、主控 IC 坏 （2）振荡子坏、变压器坏 （3）基板组件坏	（1）更换热开关、热敏电阻、主控 IC （2）更换振荡子、变压器 （3）更换基板组件
连续发出短促滴滴声警告，15 秒后停机	（1）使用的锅不是铁磁性金属锅 （2）锅没有摆放在平盘中央部位 （3）锅底直径小于 12cm （4）出现不检锅的故障 （5）炊具偏离灶台中心太远 （6）灶台上有小刀等小件金属物品 （7）炊具底部有支撑脚	（1）使用合适的锅具 （2）把锅摆放在平盘中央 （3）更换锅底直径大于 12cm 的锅具 （4）检查锅检测电路：互感器，大功率电阻等，并更换 （5）摆正中心位置 （6）清除 （7）更换符合要求的锅具
排风扇不转，无风送出	（1）排风口有异物堵塞 （2）风扇插件接触不良 （3）风扇电动机转轴缺油 （4）电动机定子绕组烧坏 （5）风叶变形卡死	（1）清除异物 （2）修理或更换 （3）适当注油 （4）修理或更换 （5）校正变形部位

由讨论出的故障原因与研究的检测方法，检修并更换损坏的器件，修理完毕后，进行试用。检测自己的维修成果。完成任务后恢复故障，同组内的同学交换故障电磁炉再次进行维修。

项目工作练习9 电磁炉不加热的维修

<table>
<tr><td>班 级</td><td></td><td>姓 名</td><td></td><td>学 号</td><td></td><td>得 分</td><td></td></tr>
<tr><td>实 训
器 材</td><td colspan="7"></td></tr>
<tr><td>实 训
目 的</td><td colspan="7"></td></tr>
<tr><td colspan="8">工作步骤：
（1）通电后观察故障现象。
（2）故障分析，说明哪些原因会造成电磁炉不加热。
（3）制定维修方案，说明检测方法。
（4）记录检测过程，找到故障器件、部位。
（5）确定维修方法，说明维修或更换器件的原因。</td></tr>
<tr><td>工 作
小 结</td><td colspan="7"></td></tr>
</table>

项目工作练习10　电磁炉排风扇不转的维修

<table>
<tr><td>班　级</td><td></td><td>姓　名</td><td></td><td>学　号</td><td></td><td>得　分</td><td></td></tr>
<tr><td>实　训
器　材</td><td colspan="7"></td></tr>
<tr><td>实　训
目　的</td><td colspan="7"></td></tr>
<tr><td colspan="8">工作步骤：
（1）通电后观察故障现象。

（2）故障分析，说明哪些原因会造成排风扇不转。

（3）制定维修方案，说明检测方法。

（4）记录检测过程，找到故障器件、部位。

（5）确定维修方法，说明维修或更换器件的原因。</td></tr>
<tr><td>工　作
小　结</td><td colspan="7"></td></tr>
</table>

项目 3

洗衣机维修

任务 1　普通双桶波轮式洗衣机

维修任务单

序　　号	品 牌 名 称	报修故障情况
1	海尔双桶洗衣机	波轮不能启动运转
2	海尔双桶洗衣机	脱水桶部分不能启动运转

技师引领 1

1. 客户王先生

我家的普通双桶波轮式洗衣机买了两年多了，使用一直都很好，昨天突然出现问题了，插上电源插头后，洗涤部分不能启动运转，但脱水部分能正常工作。

2. 李技师分析

王先生，根据你的叙述，脱手部分能正常工作，说明电源没问题。问题出在洗涤部分，造成这个故障的原因主要有以下几个方面：

（1）洗涤部分的电路。

（2）洗涤定时器。

（3）洗涤电动机启动电容。

（4）洗涤电动机。

（5）波轮轴有问题或被布条缠住等。

3. 李技师维修

双桶波轮式洗衣机的整机结构如图 3-1 所示。

（1）卸下洗衣机背面控制箱上的螺钉。

（2）用万用表检测洗涤部分电路没有问题。

（3）用万用表检测洗涤定时器，发现洗涤定时器主触点电阻无穷大，由此可以判断问题出在洗涤定时器。

（4）更换洗涤定时器，重新安装好洗衣机，经过试用，洗衣机恢复正常工作。

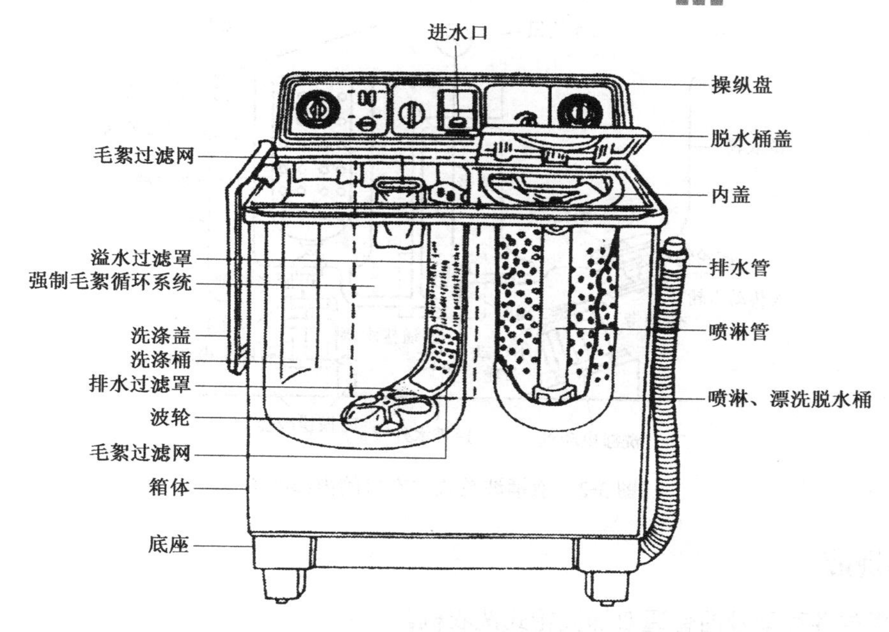

图 3-1 双桶波轮式洗衣机的整机结构

技师引领2

1. 客户王先生

我家普通双桶波轮式洗衣机使用已有好几年，现在洗涤正常，但在脱水工作状态时，脱水桶不转。

2. 李技师分析

王先生，根据你的叙述，洗涤部分能正常工作，说明电源没问题。问题出在脱水部分。造成这个故障的原因主要有以下几个方面：

（1）脱水部分的电路。

（2）盖开关出现问题。

（3）脱水定时器。

（4）脱水电动机启动电容。

（5）刹车钢丝过长或脱钩，刹车块和刹车盘不能离开。

（6）脱水电动机。

（7）脱水轴有问题或被布条缠住等。

3. 李技师维修

双桶波轮式洗衣机的内部结构如图 3-2 所示。

（1）卸下洗衣机背面控制箱上的螺钉。

（2）用万用表检测脱水定时器没有问题。

（3）用万用表检测脱水部分电路，发现脱水盖开关的两触点腐蚀严重，接触不良。

（4）更换盖开关，重新安装好洗衣机，经过试用，洗衣机恢复正常工作。

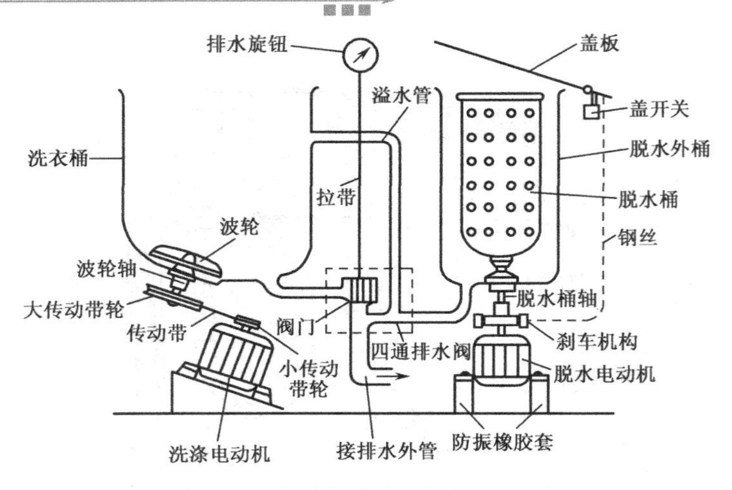

图 3-2　双桶波轮式洗衣机的内部结构

媒体播放

（1）播放各种型号的普通双桶波轮式洗衣机。

（2）播放普通双桶波轮式洗衣机的生产步骤与装配过程。

（3）结合技师引领内容，播放普通双桶波轮式洗衣机的拆装与维修过程。

技能训练 1　学习普通双桶波轮式洗衣机的拆装

1. 器材

普通双桶波轮式洗衣机一台、万用表一只、兆欧表一只、电工工具一套等。

2. 目的

学习普通双桶波轮式洗衣机的拆装，为学习普通双桶波轮式洗衣机的维修做准备。

3. 普通双桶波轮式洗衣机波轮轴组件的拆装

波轮轴组件立体分解图如图 3-3 所示，普通双桶波轮式洗衣机波轮轴组件的拆装步骤如下：

（1）拆下波轮紧固螺钉，卸下波轮。

（2）打开箱体后面检修窗，卸下传动带和大传动带轮。

（3）卸下轴套紧固螺钉，从洗衣机桶里取出波轮轴组件和防水橡胶垫。

（4）从波轮轴上取下铜垫圈和密封圈。

（5）从轴套里分别拔出和取下轴承盖、塑料套、外油毡、下含油轴承、内油毡、上含油轴承。

（6）按上述（1）～（5）相反的步骤安装波轮轴组件。

4. 普通双桶波轮式洗衣机排水系统的拆装及检查

排水系统立体分解图如图 3-4 所示，普通双桶波轮式洗衣机排水系统的拆装步骤如下：

（1）拆开普通双桶波轮式洗衣机箱体后面的检修窗，拆下普通双桶波轮式洗衣机的排水拉带。

（2）拆下普通双桶波轮式洗衣机四通排水阀的阀盖，然后把压缩弹簧、拉杆和橡胶密封圈取出。

（3）对取出来的压缩弹簧进行检查，看压缩弹簧是否断裂、发生形变失去弹性或严重锈蚀等。

（4）对取出来的橡胶密封圈进行检查，看橡胶密封圈是否发生形变、橡胶有无老化破损现象。

（5）对四通排水阀的阀体进行检查，看阀体有无破损。

（6）对四通排水阀的排水管进行检查，看排水管有无破损。

（7）检查排水阀的阀体内有无杂物。

（8）检查无问题后进行组装，把拉杆装入密封套内，并固定在阀堵内。

（9）把压缩弹簧套在拉杆上。

（10）将密封圈装入阀体，然后把阀盖拧紧在阀体上。

（11）把拉带装上。

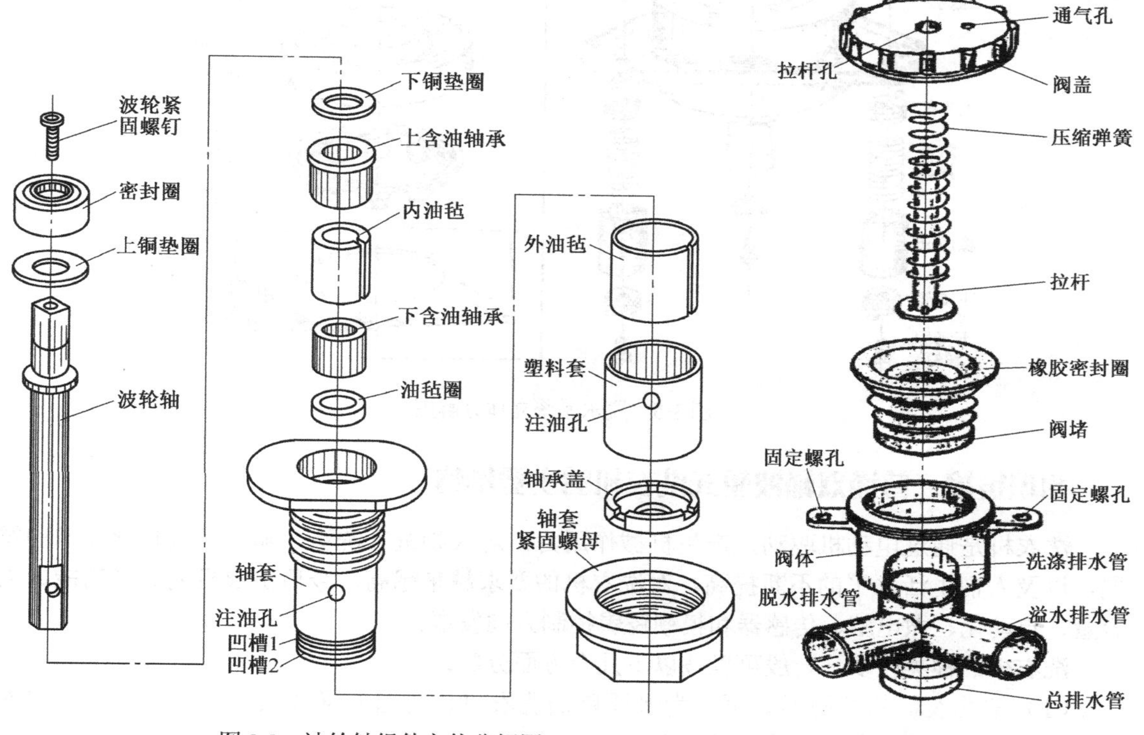

图3-3 波轮轴组件立体分解图

图3-4 排水系统立体分解图

5. 普通双桶波轮式洗衣机脱水系统的拆装

脱水系统立体分解图如图3-5所示，普通双桶波轮式洗衣机脱水系统的拆装步骤如下：

（1）打开箱体后面的检修窗口，拆下联轴器上的紧固螺钉及锁紧螺母。

（2）打开脱水桶外盖和内盖，向上拔出脱水桶。

（3）卸下脱水电动机和电路的接线（把同一连接线头用编码管标上同一数字）。

（4）翻倒洗衣机，拆下防震弹簧的紧固螺钉，卸下脱水电动机和刹车机构。

（5）拆下联轴器上的紧固螺钉和螺母，把联轴器从脱水电动机轴上取下。

（6）按上述（1）～（5）相反的步骤安装脱水系统。

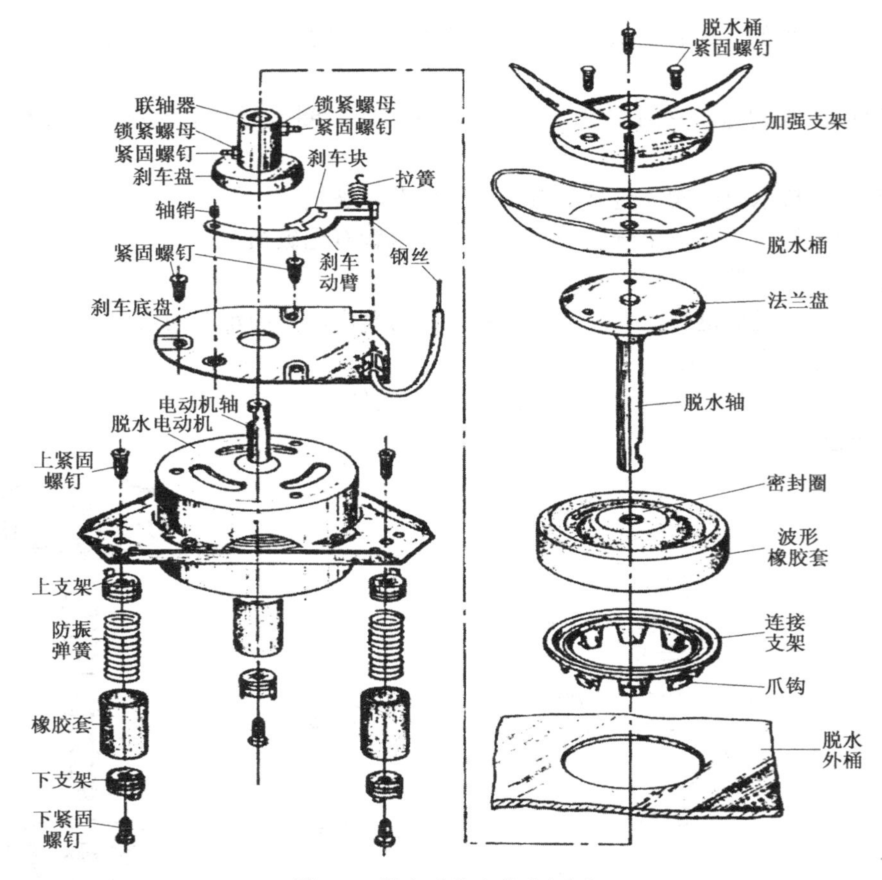

图 3-5　脱水系统立体分解图

知识链接　普通双桶波轮式洗衣机的主要结构

洗衣机是通过电动机驱动，产生机械作用力，对衣物进行洗涤。随着现代科学技术的发展，以及人们生活水平的不断提高，对洗衣机的要求越来越高。今后洗衣机朝着多功能、大容量、自动化、微电脑、传感器和模糊逻辑控制方向发展。

洗衣机的种类较多，一般可以按以下几个方面分类：

（1）按洗衣机的结构形式可分为普通单桶洗衣机、普通双桶洗衣机、半自动双桶洗衣机、全自动波轮式洗衣机、滚筒式洗衣机。

（2）按洗衣机的自动化程度可分为普通型洗衣机、半自动洗衣机、全自动洗衣机。

（3）按洗衣机的洗涤方式可分为波轮式、滚筒式、搅拌式三大类。

普通双桶波轮式洗衣机主要由洗涤系统、脱水系统、进/排水系统、电动机和传动系统、电气控制系统、支承机构 6 个部分组成。

1. 普通双桶波轮式洗衣机洗涤系统

（1）洗涤桶

洗涤桶是用来盛放洗涤液和洗涤物的，是完成洗涤或漂洗的主要部件。它必须耐热、耐腐蚀、耐冲击、耐老化、机械强度高。

为了避免洗涤液中的毛絮、纤维等细小杂物粘到衣物上，洗涤桶内还设有强制毛絮循环系统，如图3-6所示。

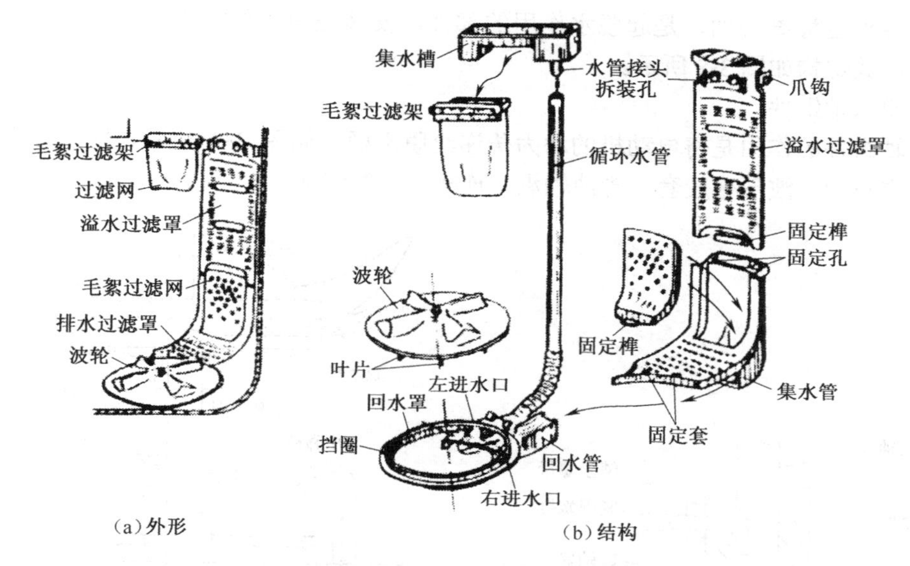

图3-6 强制毛絮过滤系统

（2）波轮

波轮是对洗涤物实现洗涤的主要机械部件，波轮一般采用ABS或增强聚丙烯塑料材料制造。一般双桶洗衣机波轮采用小波轮，直径为180～185mm，转速为450～500r/min。

（3）波轮轴组件

波轮轴组件是支撑波轮、传递动力的重要部件，如图3-7所示，包括波轮轴、轴套、密封圈等。轴套一般采用增强尼龙、增强聚丙烯或压铸铝等材料制造。

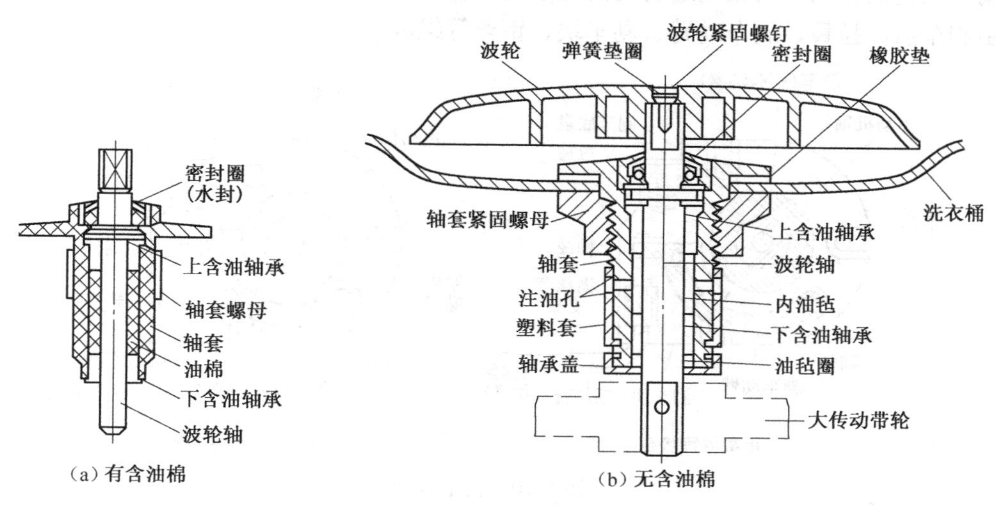

图3-7 含油轴承的波轮轴组件

2. 普通双桶波轮式洗衣机脱水系统

（1）脱水外桶和内桶

脱水外桶一般都与洗涤桶连在一起。脱水外桶的作用：一是安放脱水桶和安装水封橡胶囊、传动轴；二是盛接喷淋漂洗和脱水内桶工作时甩出的水，并通过外桶的排水口将之排出机外。

脱水内桶也称离心桶，是起脱水作用的部件，安装在脱水外桶内，联轴器与脱水电动机轴相连接，其结构如图 3-8 所示。

（2）脱水轴组件

脱水轴组件的作用是将电动机的动力传递给脱水桶。如图 3-9 所示，脱水轴组件主要由脱水轴、密封圈、波形橡胶套、含油轴承、连接支架等组成。

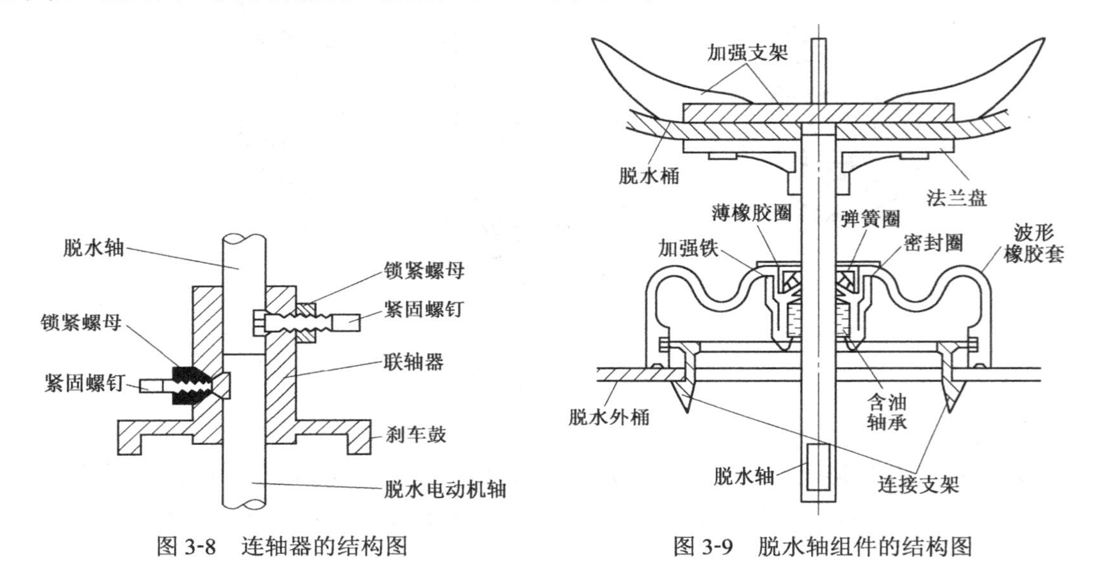

图 3-8 连轴器的结构图

图 3-9 脱水轴组件的结构图

（3）刹车机构

刹车机构的目的是防止高速转动的脱水内桶在工作时伤及人，如图 3-10 所示。刹车机构主要由刹车盘、拉簧、刹车动臂、刹车块、钢丝等组成。

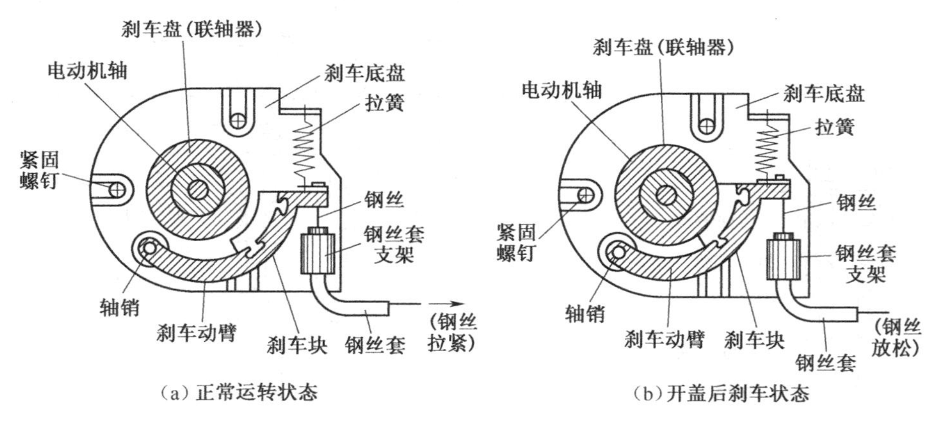

图 3-10 刹车机构

（4）减振装置

减振装置是由减震弹簧、橡胶套和上、下支架组成，如图 3-11 所示，通过 3 个弹簧支座将脱水系统支承起来。

3. 普通双桶波轮式洗衣机进水、排水系统

（1）进水系统

向洗涤桶注水时，拨动分流机构拨杆，但向脱水桶注水时，需变换分流机构的状态。

分流机构主要由进水口、进水转换拨杆孔和进水转换拨杆、进水盖、防溅毛毡、洗涤进水口、脱水进水口和三角底座等组成，如图 3-12 所示。

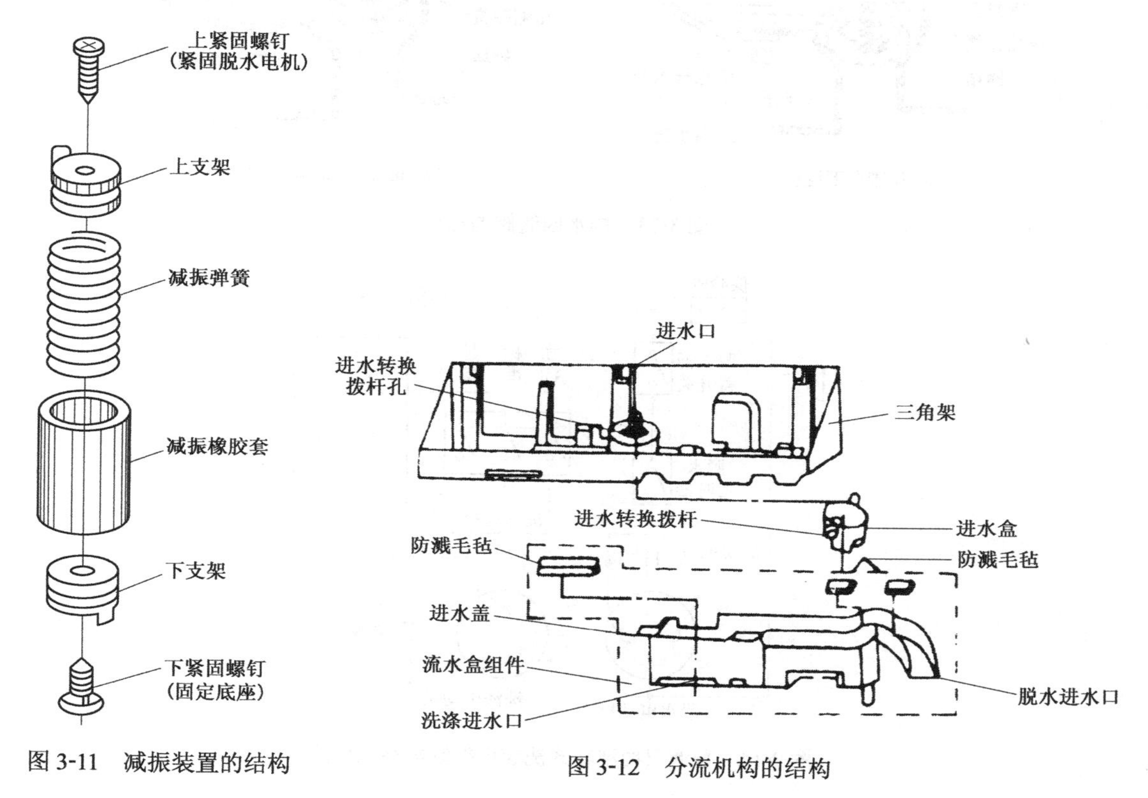

图 3-11 减振装置的结构

图 3-12 分流机构的结构

（2）排水系统

排水系统由一个四通阀和橡胶阀塞组成，如图 3-13 所示。拉带放下时，排水管关闭。拉带提升时，洗衣机放水。

4. 普通双桶波轮式洗衣机控制电路

（1）洗涤控制电路

洗涤控制电路主要由洗涤定时器、洗涤选择开关、电动机及电容等组成，如图 3-14 所示。定时器是控制电动机按规定时间“正转—停—反转”的周期性动作。洗涤时可通过洗涤开关选择强洗、标准与弱洗。

（2）脱水控制电路

脱水控制电路由脱水电动机、脱水定时器、脱水桶盖开关等组成，如图 3-14 所示。脱水定时器触点闭合时，洗涤电动机停机，脱水电动机工作，洗衣机脱水，脱水桶盖掀起时，脱水电动机停机。

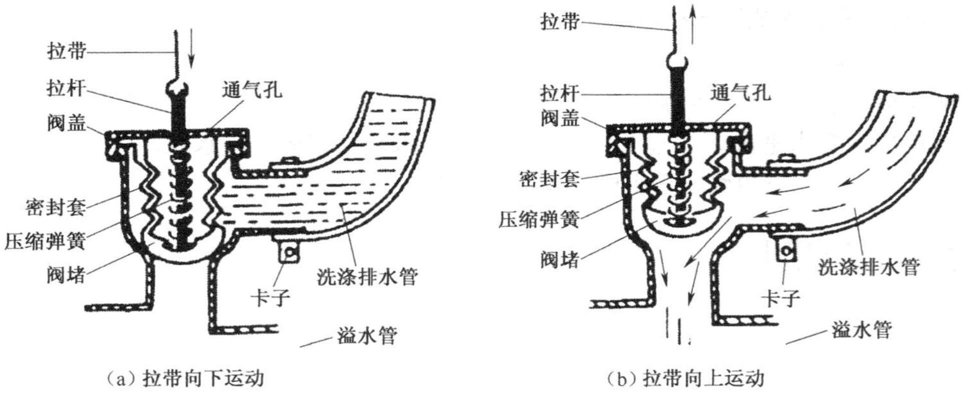

（a）拉带向下运动　　（b）拉带向上运动

图 3-13　排水四通阀的结构

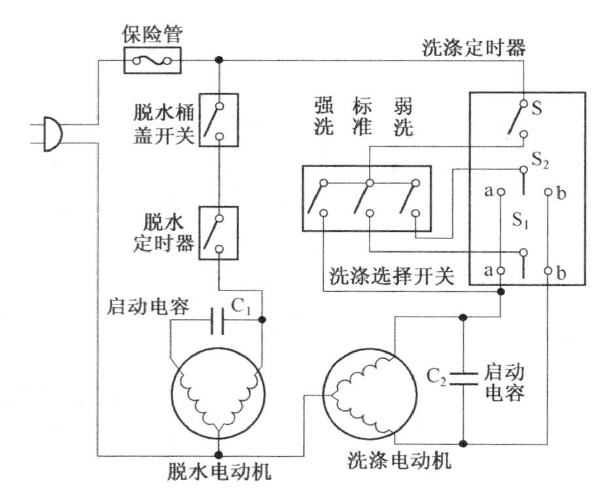

图 3-14　普通双桶波轮式洗衣机控制电路原理图

技能训练 2　普通双桶波轮式洗衣机的常见故障检修

1. 器材

万用表一个，兆欧表一个，电工工具一套，普通双桶波轮式洗衣机及常用修理配件若干。

2. 目的

学习普通双桶波轮式洗衣机的故障检测与维修技能。

3. 情境设计

以 4 个普通双桶波轮式洗衣机为一组，全班视人数分为若干组。4 个普通双桶波轮式洗衣机的可能故障是：

（1）洗涤电动机不转，洗涤定时器损坏。

（2）脱水电动机不转，脱水桶盖开关损坏。

（3）波轮转速慢，洗涤电动机的电容器容量减小。

（4）排水不畅，排水管变形或管中有杂物堵塞。

根据以上故障现象研究讨论故障的检测方法（参考答案见表 3-1）。

由讨论出的故障原因的检测方法，检修并更换损坏的器件，修理完毕后，进行试用。检测自己的维修结果。完成任务后恢复故障，同组内的同学交换故障普通双桶波轮式洗衣机再次进行维修。

表3-1 普通双桶波轮式洗衣机常见故障及检测方法

故障现象	可能原因	检测方法
洗涤电动机不能启动运转	（1）波轮被卡死或布条缠绕 （2）洗涤定时器引线脱落或主触点粘连损坏 （3）洗涤电动机电容损坏 （4）洗涤电动机故障	（1）拆下波轮，清理布条或杂物 （2）拆下洗涤定时器把脱落的引线焊好，分开动、静触点，如损坏修不好就更换洗涤定时器 （3）用同规格的电容替换 （4）拆下洗涤电动机进行修理
波轮转速慢	（1）洗涤桶内衣物过多 （2）大、小带轮的紧固螺钉松动 （3）传动带比较松 （4）洗涤电动机的电容容量变小 （5）波轮轴和轴承之间配合过紧	（1）减少洗涤桶内衣物适当为宜 （2）旋紧紧固螺钉 （3）调整电动机位置，收紧传动带 （4）用同规格的电容替换 （5）拆开清洗并添加润滑油
脱水电动机不能启动运转	（1）盖开关引线脱落、触点接触不良或损坏 （2）刹车钢丝脱钩或过长，使刹车块与刹车盘不能分开 （3）脱水定时器引线脱落，触点接触不良或损坏 （4）脱水电动机电容损坏 （5）脱水轴被布条缠绕 （6）脱水电动机故障	（1）拆下后上盖板，焊好脱落的引线，调整触点使接触良好，若损坏修不好则更换 （2）拆下后下盖板，上好钢丝，调整钢丝长度使距离符合要求为宜 （3）拆下脱水定时器把脱落的引线焊好，修复触点，如损坏修不好就更换脱水定时器 （4）用同规格的电容替换 （5）拆下脱水轴，清理布条或杂物 （6）拆下脱水电动机进行修理
脱水桶严重抖动	（1）脱水桶内衣物没有压紧、压平 （2）支撑的三个防震弹簧发生形变，不等高 （3）脱水桶的紧固螺钉松动或联轴器的紧固螺钉松动	（1）把衣物压紧放平 （2）拆下防震弹簧进行检查，修理变形的弹簧，不能修理的就更换 （3）旋紧脱水桶的紧固螺钉，对准位置拧紧紧固螺钉
洗涤桶漏水	（1）波轮轴的密封圈损坏 （2）波轮轴套的紧固螺钉松动或垫圈损坏 （3）洗涤桶的桶体出现破裂	（1）用同规格的密封圈更换 （2）旋紧轴套的紧固螺钉或更换同规格的垫圈 （3）用胶修理或更换同规格的洗涤桶
噪声大	（1）洗衣机没有安放平稳 （2）传动带过松、开裂或过紧 （3）波轮轴和轴承缺少润滑油或严重磨损 （4）脱水轴和轴承缺少润滑油或严重磨损	（1）调整底脚调节螺钉，或用木板、橡胶等垫稳4个底脚 （2）调节电动机位置使传动带松紧适合，或更换同规格的传动带 （3）添加润滑油或更换同规格的波轮轴组件 （4）添加润滑油或更换同规格的脱水轴或轴承
脱水外桶漏水	（1）脱水轴密封圈或波形橡胶套损坏 （2）波形橡胶套和脱水外桶之间的连接支架损坏 （3）脱水外桶的桶体出现破裂	（1）更换同规格的密封圈或波形橡胶套 （2）更换同规格的连接支架 （3）用胶修理或更换同规格的脱水外桶

续表

故障现象	可能原因	检测方法
排水不畅或困难	（1）排水管的位置安放过高 （2）排水拉带太长 （3）排水管扭曲或有线渣等杂物堵塞	（1）把排水管的位置降低 （2）调整拉带的长度 （3）整理排水管，清理排水管内的线渣等杂物，或更换同规格的排水管

项目工作练习1　普通双桶波轮式洗衣机脱水桶制动性能不好的维修

<table>
<tr><td>班　级</td><td></td><td>姓　名</td><td></td><td>学　号</td><td></td><td>得　分</td><td></td></tr>
<tr><td>实　训
器　材</td><td colspan="7"></td></tr>
<tr><td>实　训
目　的</td><td colspan="7"></td></tr>
<tr><td colspan="8">工作步骤：
（1）启动洗衣机，观察故障现象。

（2）故障分析，说明哪些原因会造成普通双桶波轮式洗衣机脱水桶的制动性能不好。

（3）制定维修方案，说明检测方法。

（4）记录检测过程，找到故障器件、部位。

（5）确定维修方法，说明维修或更换器件的原因。</td></tr>
<tr><td>工　作
小　结</td><td colspan="7"></td></tr>
</table>

任务2 全自动波轮式洗衣机

维修任务单

序 号	品 牌 名 称	报修故障情况
1	小天鹅全自动洗衣机	全自动波轮式洗衣机正常工作时程序突然停止
2	小天鹅全自动洗衣机	全自动波轮式洗衣机排水失灵

技师引领1

1. 客户王先生

我家全自动波轮式洗衣机买了有好几年了，使用一直都很好，昨天突然出现问题了，插上电源插头后，按正常操作程序工作时突然停止。

2. 李技师分析

王先生，根据你的叙述，造成这个故障的原因主要有以下几个方面：

（1）使用过程中熔丝熔断，检查电路中是否有短路现象，看正常工作时在什么过程中突然停止。

（2）程序控制器损坏。

3. 李技师维修

（1）拆下洗衣机控制箱上的螺钉。

（2）用万用表检测熔丝是否熔断。

（3）检测发现程序控制器损坏。

（4）更换程序控制器，重新安装好洗衣机，经过试用，洗衣机恢复正常工作。

技师引领2

1. 客户王先生

我家全自动波轮式洗衣机使用已有三年了，现在其他工作正常，只是排水失灵。

2. 李技师分析

王先生，根据你的叙述，造成这个故障的原因主要有以下几个方面：

（1）洗衣机的电气系统故障。

（2）洗衣机的机械系统故障。

3. 李技师维修

（1）切断电源，检查洗衣机机械系统中的电磁铁和排水阀的电阻值都正常（用万用表测量排水电磁铁的阻值正常时为几十欧姆，如阻值很小则电磁铁线圈短路；如阻值很大，则电磁铁线圈开路）。

（2）用万用表测量门开关闭合时触片阻值为零，说明正常。

（3）用万用表测量程序控制器控制排水的弹簧触片阻值为无穷大，说明程序控制器控制排水的弹簧触片损坏。

（4）更换程序控制器，重新安装好洗衣机，经过试用，洗衣机恢复正常工作。

媒体播放

（1）播放各种型号的全自动波轮式洗衣机。

（2）播放全自动波轮式洗衣机的生产步骤与装配过程。

（3）结合技师引领内容，播放全自动波轮式洗衣机的拆装与维修过程。

技能训练 1　学习全自动波轮式洗衣机的拆装

1. 器材

全自动波轮式洗衣机一台、万用表一只、兆欧表一只、电工工具一套等。

2. 目的

学习全自动波轮式洗衣机的拆装，了解全自动波轮式洗衣机的结构，为学习全自动波轮式洗衣机的维修做准备。

3. 全自动波轮式洗衣机程控器、进水阀、水位压力开关的拆装

（1）打开全自动波轮式洗衣机盖板，拧下固定程控器板的固定螺丝，如图 3-15（a）、（b）所示。打开全自动波轮式洗衣机控制面板，取出避水的塑料膜，拧下电脑程控器板的固定螺丝，取出电脑程控器板，并轻轻拔下导线接插件，如图 3-15（c）、（d）、（e）所示。

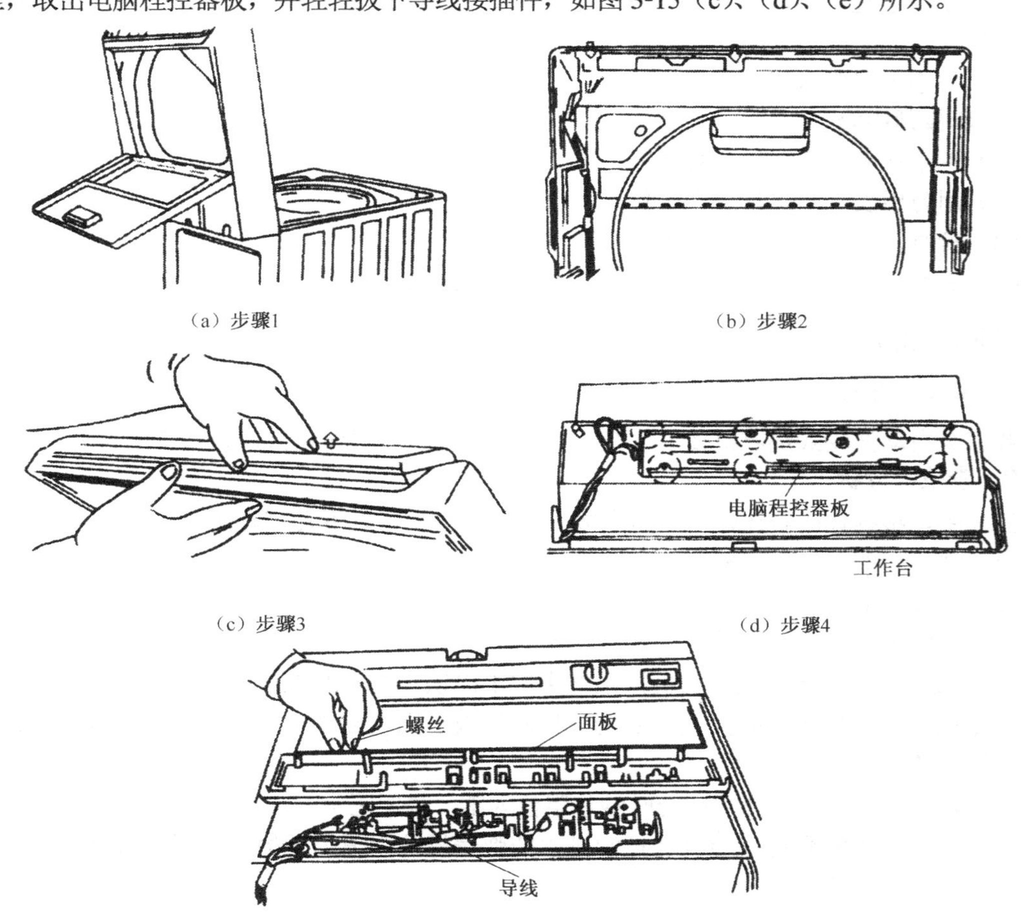

（a）步骤1　（b）步骤2　（c）步骤3　（d）步骤4　（e）步骤5

图 3-15　电脑程控器板拆卸步骤

（2）卸下操作台和机身的固定螺丝，一一拆下程控器、进水阀、水位压力开关，如图 3-16 所示。

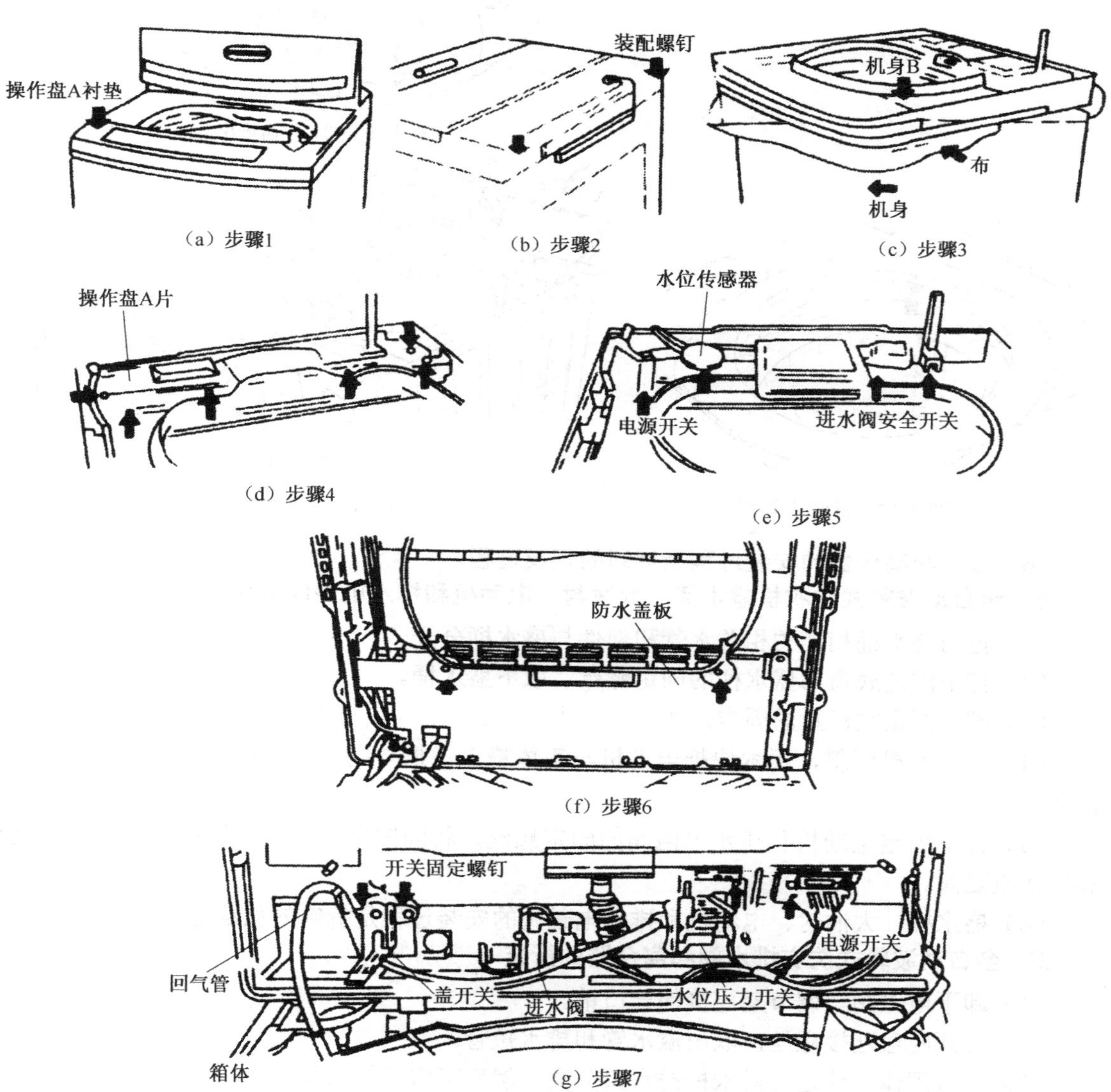

图 3-16 程控器、进水阀等的拆卸

（3）全自动波轮式洗衣机程控器、进水阀、水位压力开关的安装过程是全自动波轮式洗衣机程控器、进水阀、水位压力开关拆卸的相反过程。

4. 全自动波轮式洗衣机波轮和离心桶的拆装

（1）拧下固定波轮的固定螺丝，卸下波轮。

（2）卸下操作台，轻轻地把操作台挂在箱体的后部，防止拉断或划破电线。

（3）拆下盛水桶上部的密封圈，如图 3-17 所示。

（4）拧下固定离心桶的特殊螺母，取出垫片，如图 3-18（a）所示。

（5）握住平衡圈两边向上提，取下离心桶，注意必须向上提，不能逆时针方向转，否则容易将离合器扭簧损坏，如图 3-18（b）所示。

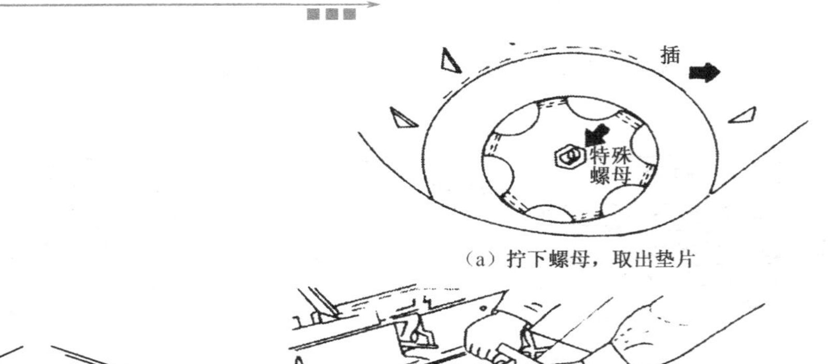

（a）拧下螺母，取出垫片

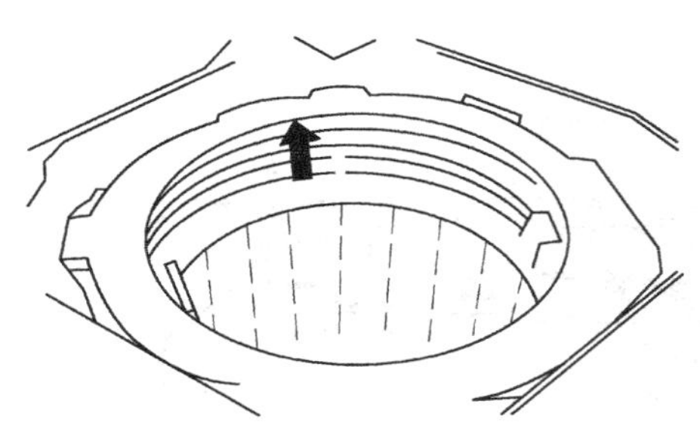

图 3-17　拆卸密封圈

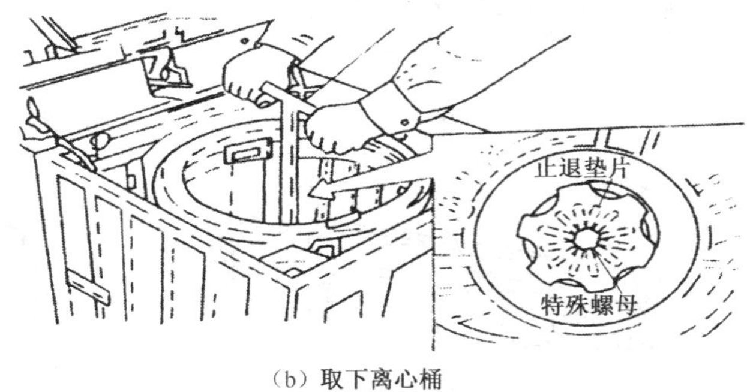

（b）取下离心桶

图 3-18　拆卸特殊螺母

（6）波轮和离合器的安装过程是拆卸的相反过程。

5. 全自动波轮式洗衣机盛水桶、大油封、电动机和排水电磁阀的拆装

（1）把与盛水桶相连的相关水管和部件与盛水桶分开。

（2）拧下固定底盘与盛水桶的固定螺丝，取下盛水桶。

（3）拧下固定大油封的固定螺丝，取下大油封。

（4）将洗衣机倾斜，用木块把电动机与箱体垫上，把与电动机和排水电磁阀相关的导线拆开。

（5）拧下固定电动机和排水电磁阀的固定螺丝，将固定衔阀的开口销拔出，取出电动机和排水电磁阀。

（6）盛水桶、大油封、电动机和排水电磁阀的安装过程是拆卸的相反过程。

6. 全自动波轮式洗衣排水阀和离合器的拆装

（1）卸下电磁阀与调节架连接的开口销。

（2）拧开底盘连接螺丝，取出溢水管和排水短管。

（3）旋转阀体，使之与盛水桶排水口分离，然后可取下排水阀。

（4）拆下操作台、波轮、离心桶。

（5）拆下三角带，把洗衣机倾倒。

（6）拧下固定架及离合器的固定螺丝，从箱体下部取出离合器。

（7）排水阀和离合器安装过程是拆卸的相反过程。

知识链接 1　全自动波轮式洗衣机的主要结构

全自动波轮式洗衣机主要由洗涤与脱水系统、进水与排水系统、传动系统、电气控制系统、箱体与支承机构五个部分组成，如图 3-19 所示。

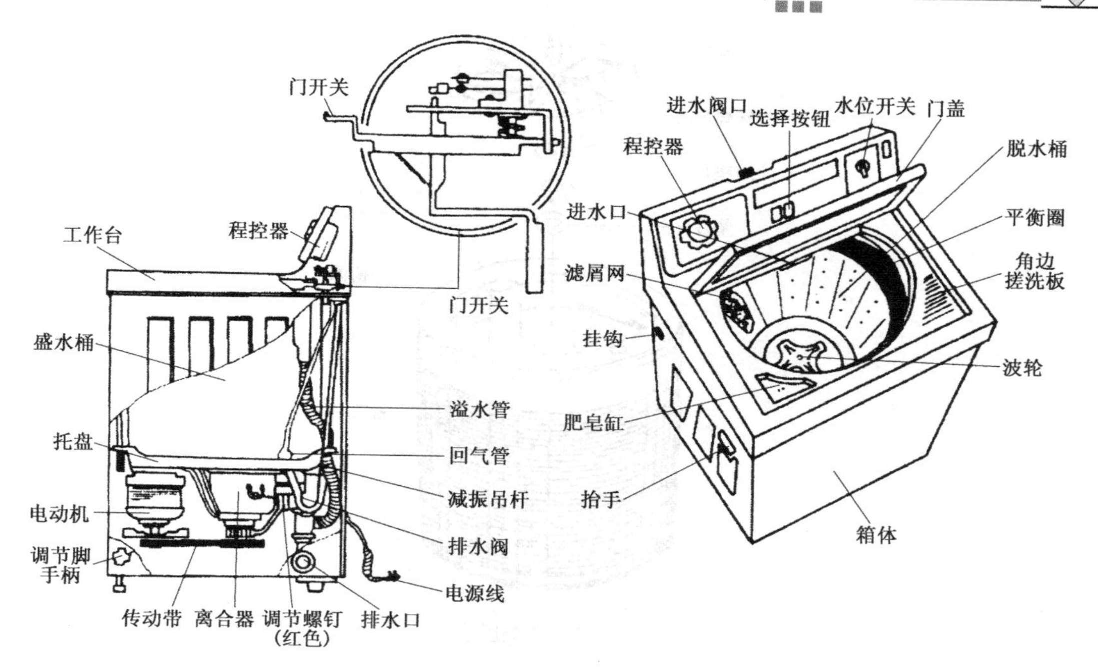

图 3-19 全自动波轮式洗衣机结构

1. 全自动波轮式洗衣机洗涤、脱水系统

全自动波轮式洗衣机洗涤、脱水系统主要由波轮、盛水桶、洗涤脱水桶等组成。

（1）波轮

波轮安装在洗涤脱水桶的正中，固定在离合器的波轮轴上。波轮一般由塑料注塑成形，是产生水流的主要部件，要求它外表光滑、没毛刺、不变形。

（2）盛水桶

盛水桶又叫外桶，固定在底盘上，用于盛放洗涤液与漂洗液，一般用具有耐热、耐酸、抗冲击等性能的塑料注塑成形。

盛水桶上部装有密封盖板，防止水、洗涤液和泡沫等进入洗衣机箱体内。在上部还有一个溢水口，由溢水管、排水管和排水阀相连，用于溢水与漂洗时肥皂泡沫的排出。

盛水桶、底盘与离合器等装配时要保证同心，防止离心桶在脱水时产生振动与噪声。

盛水桶底部正中开有圆孔，和离合器上的大油封配合，防止漏水。在盛水桶下部侧壁上开有导气接嘴口，并由导气软管和水位压力开关相连，用于控制盛水桶内水位的高低。

（3）洗涤脱水桶

洗涤脱水桶又称离心桶，桶的内壁有许多条凸筋和凹槽，凸筋的作用是增强洗涤的效果，凹槽内开有许多小孔，脱水时，水能从小孔中甩出到盛水桶而排出。

洗涤脱水桶内壁嵌有回水管，下端为进水口与波轮相配合，上端为出水口，洗涤时洗涤液被波轮泵出，沿回水管上升，由回水管出水口出来经导向槽通过过滤网袋，重新回到洗涤桶内，如此周而复始地不断循环，洗涤液中的绒毛与布屑等被过滤网袋收集。

洗涤脱水桶的上口装有平衡圈，防止脱水时由于衣物放置不均衡而产生振动，如图 3-20 所示。

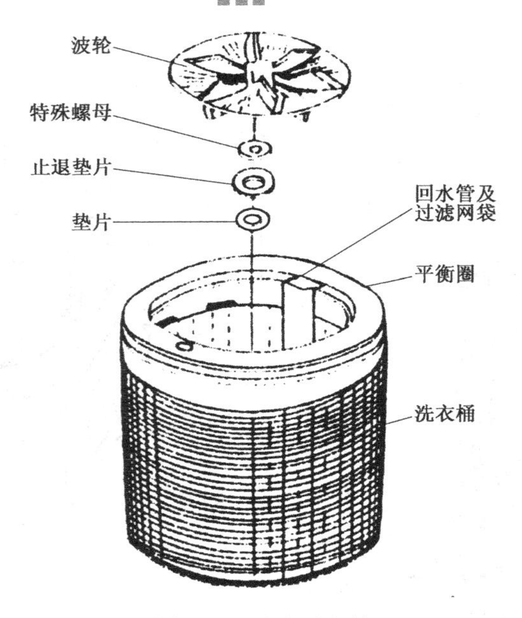

图 3-20　洗涤脱水筒

2. 全自动波轮式洗衣机进水、排水系统

（1）水位开关

水位开关使用最多的是空气压力式，又称压力开关，主要由气压传感装置、控制装置、触点开关三部分组成。气压传感装置由气室、橡胶膜、塑料盘、顶柱等组成。控制装置由压力弹簧、导套、调节螺钉、杠杆、定位弹簧、凸轮与转柄等组成。触点开关由内铜片、动簧片、小压簧和接线片组成，如图 3-21 所示。

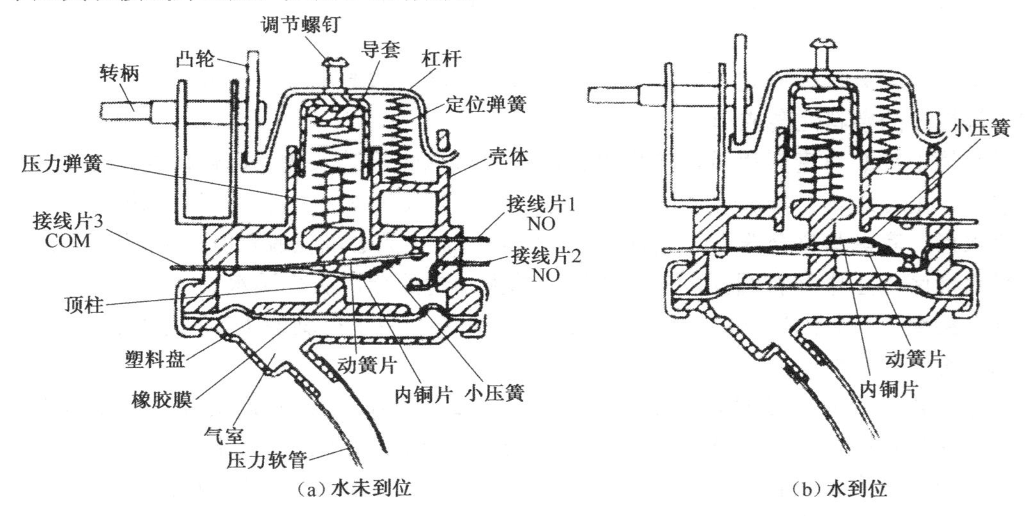

图 3-21　空气压力式水位开关的结构

（2）进水电磁阀

进水电磁阀又称为进水阀或注水阀，作用是实现对洗衣机的自动进水与自动停止注水，主要由电磁铁和进水阀两部分组成。进水电磁阀的电磁铁主要由线圈、导磁铁架、铁心、小弹簧等组成，如图 3-22 所示。铁心安装在隔水套内，能上、下移动，它的下端有一个小橡胶塞。进水电磁阀的进水阀主要由阀体、阀盘、橡胶膜、控制腔、进水腔、进水口、出水管及电磁铁中的铁心等组成。

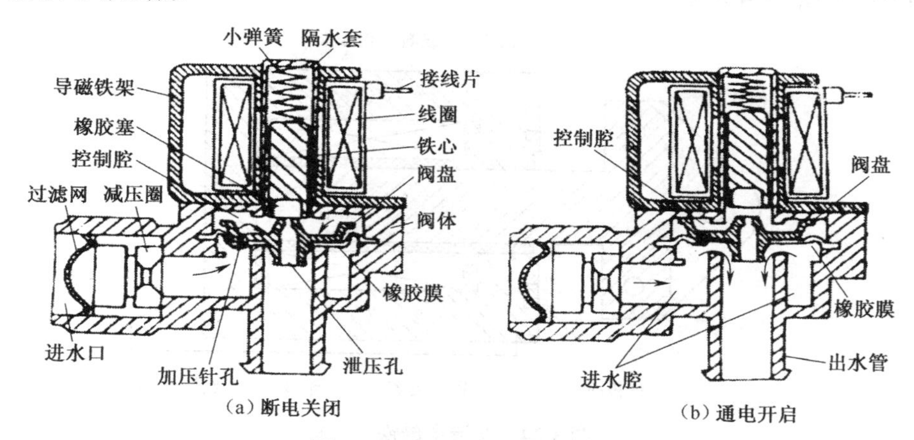

（a）断电关闭　（b）通电开启

图 3-22　进水电磁阀的结构

（3）排水电磁阀

排水电磁阀主要作用是自动排水，同时能改变离合器的工作状态，结构主要由排水阀和电磁铁两部分组成，电磁铁又分为交流与直流两种，交流用在电动程序控制式洗衣机上，直流用在单片微电脑控制洗衣机上。

排水阀主要由阀座、阀盖、橡胶阀、导套、内弹簧、外弹簧、拉杆等组成，外弹簧是压簧，内弹簧是拉簧，如图 3-23 所示。

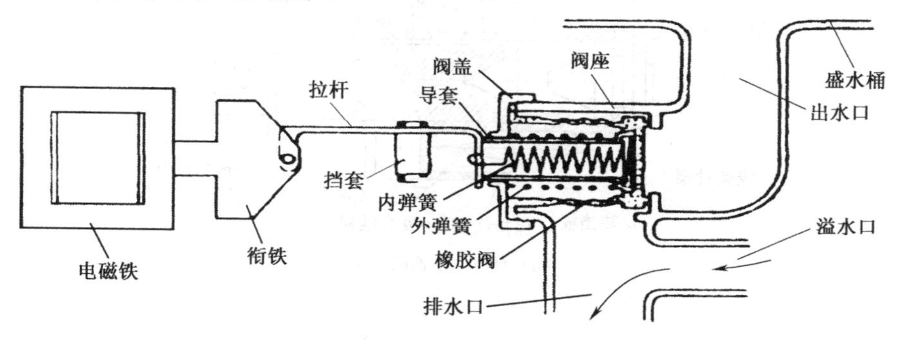

（a）洗涤、漂洗状态(电磁铁断电)

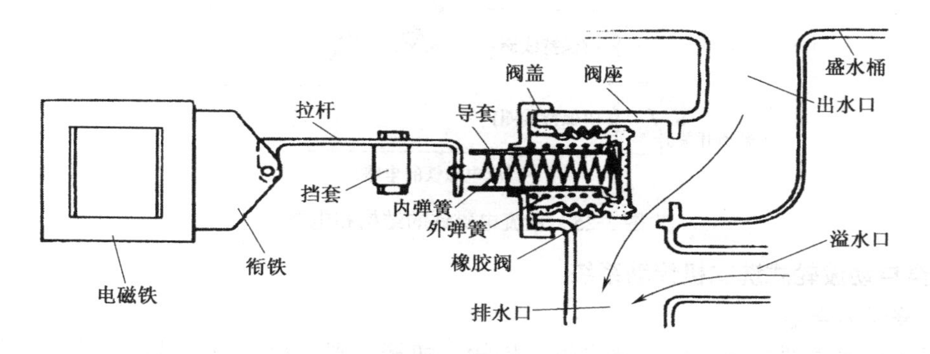

（b）排水、脱水状态(电磁铁通电)

图 3-23　排水电磁阀的结构原理

交流电磁铁主要由线圈、铁心和衔铁等组成，铁心与衔铁都是由硅钢片叠压而成，衔铁置于铁心中，如图3-24所示。

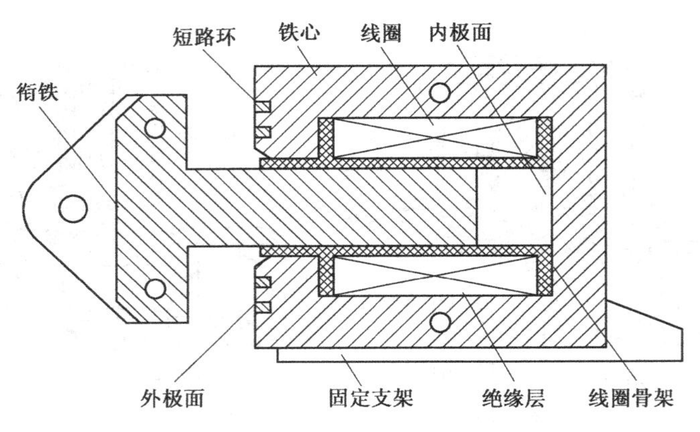

图3-24 交流电磁铁的结构

直流电磁铁主要由线圈、铁心、衔铁、动/静触片、微动按钮等组成，线圈与铁心用环氧树脂灌装加固而成，如图3-25所示。

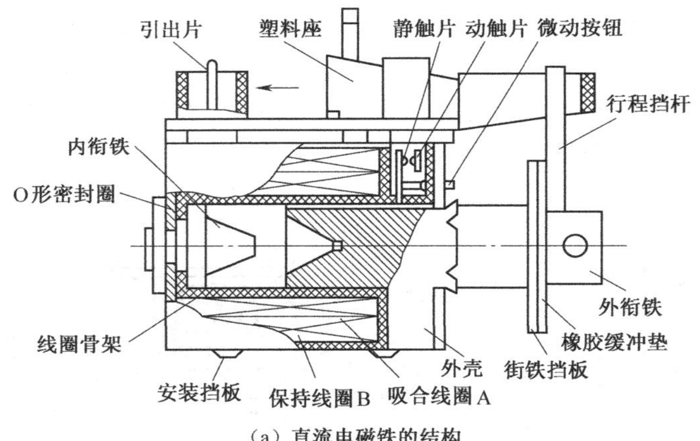

（a）直流电磁铁的结构

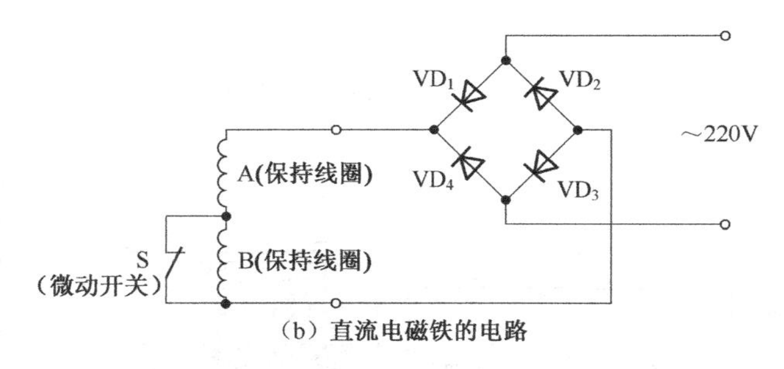

（b）直流电磁铁的电路

图3-25 直流电磁铁的结构和电路

3. 全自动波轮式洗衣机传动系统

（1）普通离合器

普通离合器主要由脱水轴、洗涤轴、抱簧、扭簧、刹车盘、刹车带、壳体、上盖板、棘轮等器件组成，如图3-26所示。

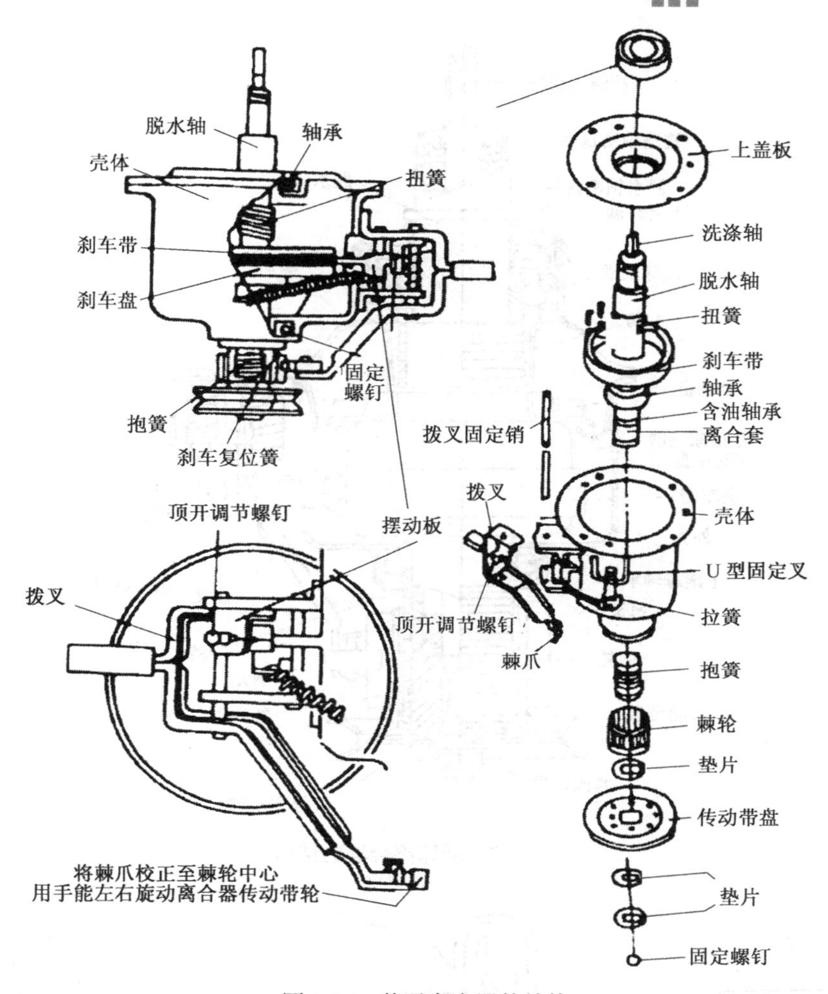

图3-26 普通离合器的结构

（2）减速离合器

减速离合器使洗衣机在洗涤时波轮做低速转动，脱水时波轮和脱水桶做高速转动。主要由洗涤被动轴、洗涤主动轴、脱水轴、抱簧、扭簧、刹车盘、刹车带、外壳、端盖、棘轮等器件组成，如图3-27所示。

4. 全自动波轮式洗衣机电气控制系统

（1）安全开关

全自动波轮式洗衣机安全开关又叫盖开关，主要是在洗衣机工作时误开盖或脱水时产生大幅度振动的情况下起安全保护作用。主要由脱水桶盖、微动开关、杠杆机构、引线等组成，如图3-28所示。

（2）蜂鸣器

全自动波轮式洗衣机蜂鸣器的作用是在程序变换、终了和出现故障时报警。常用的蜂鸣器有电磁振动式和电子式两种。

全自动波轮式洗衣机电磁振动式蜂鸣器主要由铁心、线圈、振动片、支架和挡水旋钮等组成，如图3-29所示。

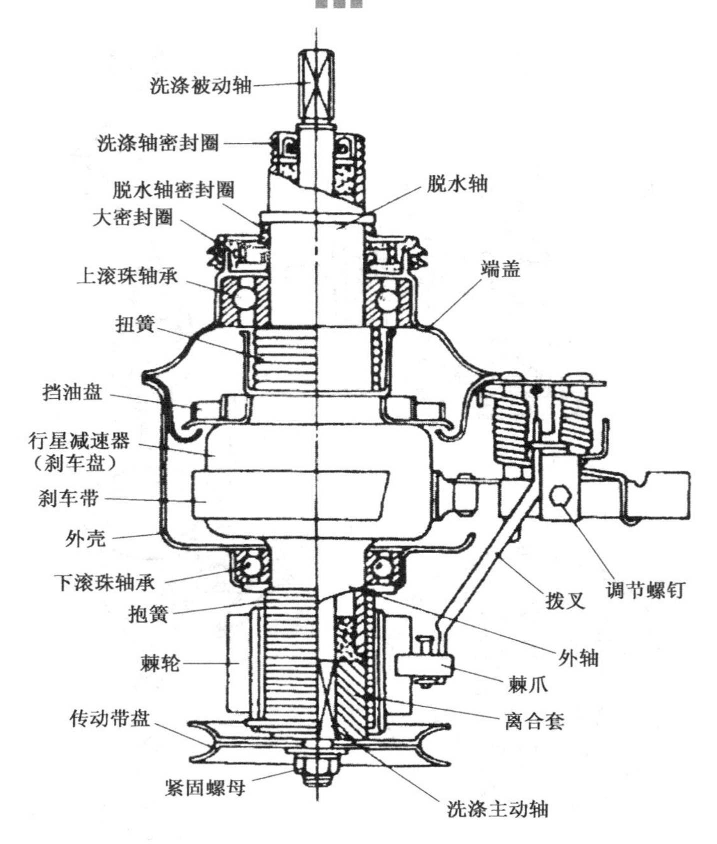

图 3-27 减速离合器的结构

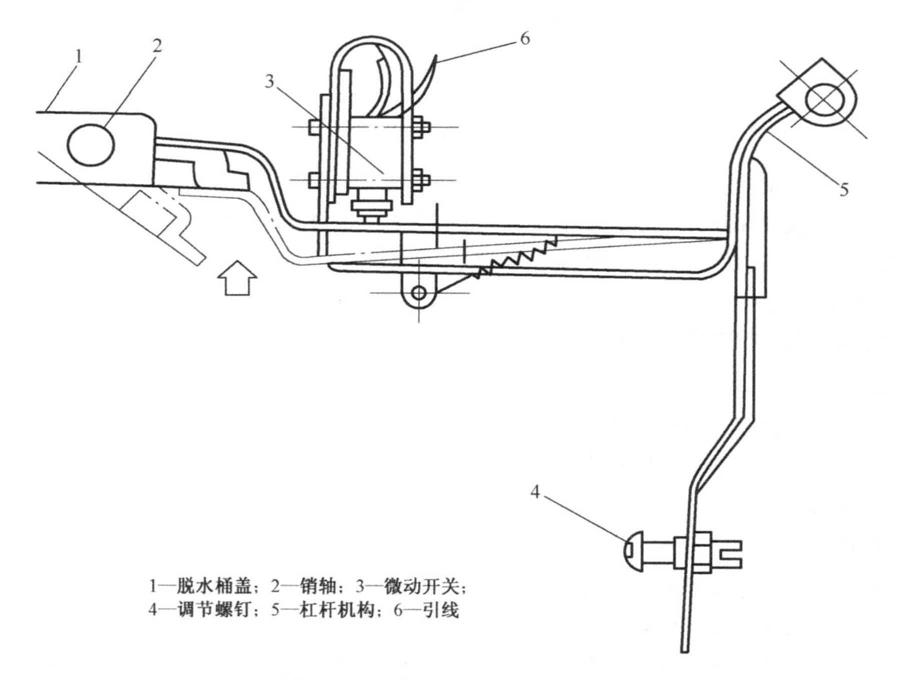

图 3-28 洗衣机防振型安全开关

全自动波轮式洗衣机电子式蜂鸣器主要由压电陶瓷片、助声腔与电子元件等组成，如图 3-30 所示。

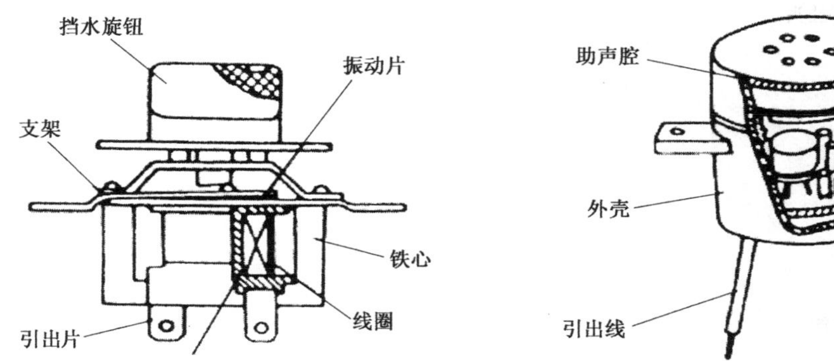

图 3-29　电磁振动式蜂鸣器的结构

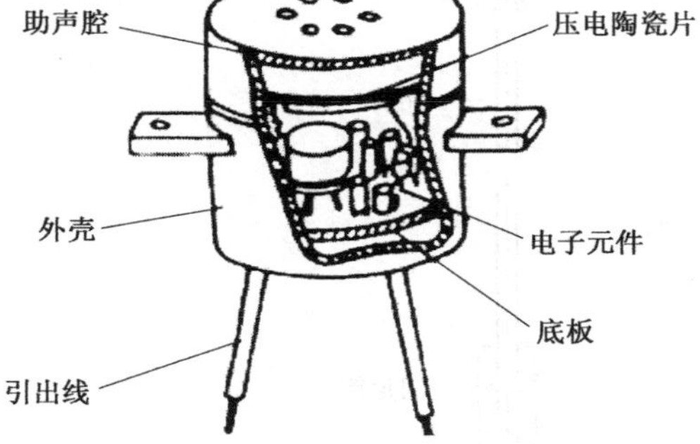

图 3-30　电子式蜂鸣器的结构

5. 全自动波轮式洗衣机箱体与支承机构

（1）箱体

箱体是洗衣机的外壳，主要是对内部各零部件起保护、支撑与固定的作用，外表上看还有装饰和美化的作用。其结构形状如图 3-31 所示。

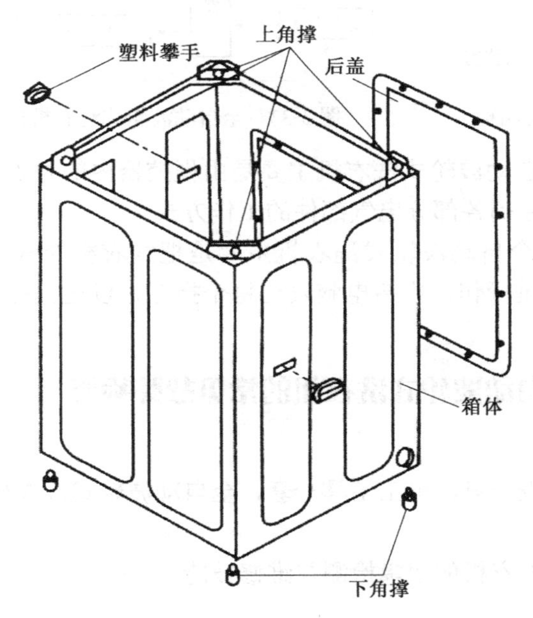

图 3-31　箱体的结构形状

（2）吊杆

吊杆具有支承和减振作用，主要由吊杆挂头、吊杆、阻尼筒、减震弹簧、阻尼胶碗等组成，如图 3-32 所示。

知识链接 2　全自动波轮式洗衣机的电气控制原理

全自动波轮式洗衣机控制系统方框图如图 3-33 所示。全自动波轮式洗衣机的程控器有机电式程控器和微电脑式程控器两种。

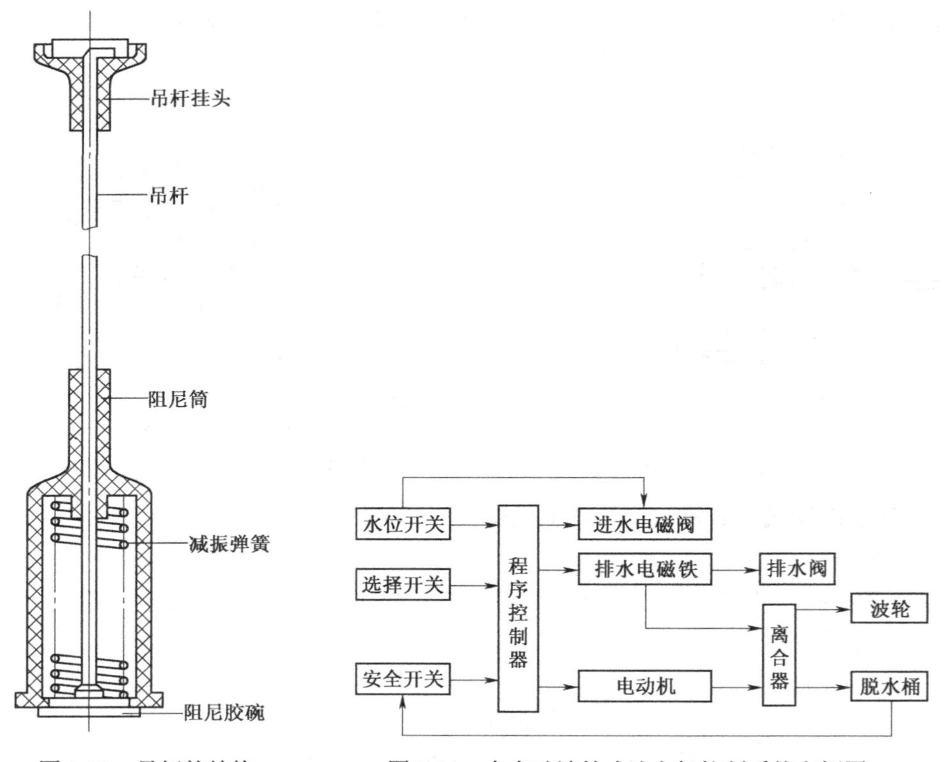

图 3-32 吊杆的结构 图 3-33 全自动波轮式洗衣机控制系统方框图

机电式程控器的全自动波轮式洗衣机主要是由程控器内的触点分别接通与断开改变电路的接通与断开，以达到控制各部分电气部件的工作方式。

微电脑式程控器的全自动波轮式洗衣机主要是把洗衣机的洗衣动作与洗衣过程编成程序，储存在芯片内，通过操作，由微电脑发出每个指令，以达到控制各部分电气部件的工作方式的目的。

技能训练 2 全自动波轮式洗衣机的常见故障检修

1. 器材

万用表一只，兆欧表一只，电工工具一套，全自动波轮式洗衣机及常用修理配件若干。

2. 目的

学习全自动波轮式洗衣机的故障检测与维修技能。

3. 情境设计

以 4 个全自动波轮式洗衣机为一组，全班视人数分为若干组。4 个全自动波轮式洗衣机的可能故障是：

（1）洗衣机通电后不进水或不能排水。

（2）洗衣机工作时程序突然停止。

（3）水到位后波轮不运转，并有嗡嗡声。

（4）洗衣机脱水桶不运转。

（5）洗衣机脱水时振动和有噪声。

根据以上故障现象研究讨论故障的检测方法（参考答案见表 3-2）。

由讨论出的故障原因与检测方法，检修并更换损坏的器件，修理完毕后，进行试用。检测自己的维修结果。完成任务后恢复故障，同组内的同学交换故障全自动波轮式洗衣机再次进行维修。

表3-2　全自动波轮式洗衣机常见故障及检测方法

故障现象	可能原因	检测方法
全自动波轮式洗衣机通电后不能进水	（1）自来水压力不够或水龙头没打开 （2）进水电磁阀的过滤器被堵塞 （3）进水电磁阀的线圈损坏 （4）水位开关的触点接触不良或损坏 （5）程序控制器触点接触不良或损坏 （6）连接线路故障	（1）检查水压，待正常后使用或打开水龙头 （2）清除堵塞过滤器的杂物 （3）用同规格的电磁阀线圈替换 （4）修复触点或更换 （5）修复或更换 （6）检查线路重新接好线路
进水时水位已到仍然继续进水	（1）进水阀内有杂物，关闭不好 （2）水位开关部位漏气 （3）排水阀漏水 （4）进水电磁阀损坏 （5）水位开关损坏	（1）清除阀内杂物 （2）检修漏气部位或更换 （3）检修或更换排水阀 （4）用同规格的电磁阀替换 （5）更换同规格的水位开关
洗衣机在洗涤程序状态下电动机不转	（1）电源电压不够 （2）洗涤开关触点接触不良或损坏 （3）电动机启动电容器断线或损坏 （4）离合器损坏 （5）程序控制器出现故障 （6）电动机出现故障	（1）检查电源电压待电压符合要求再使用 （2）检修或更换同规格的洗涤开关 （3）修复断线或更换同规格的电容器 （4）检修或更换同规格的离合器 （5）检修或更换同规格的程序控制器 （6）检修或更换同规格的电动机
进水到位后波轮不转，并有嗡嗡声	（1）洗衣机的波轮被卡住 （2）离合器出现故障 （3）传动带松动或磨损严重 （4）电动机启动电容器损坏	（1）清除卡住波轮的杂物 （2）检修或更换同规格的离合器 （3）检修或更换同规格的传动带 （4）修复或更换同规格的电容器
洗衣机工作时程序突然停止	（1）工作时电源出现故障或熔丝熔断 （2）程序控制器出现故障	（1）检查电路或更换同规格的熔丝 （2）检修或更换同规格的程序控制器
洗衣机洗涤时脱水桶跟着转	（1）离合器的扭簧折断、滑动或损坏 （2）刹车磨损或松动	（1）检修或更换同规格扭簧或离合器 （2）调节刹车或更换刹车带
洗衣机脱水时振动并有噪声	（1）脱水桶内的衣物未放好 （2）平衡装置出现故障 （3）洗衣机放置不平	（1）把脱水桶内的衣物放好 （2）检修或更换同规格的平衡装置 （3）把洗衣机重新放置平稳
洗衣机不能脱水	（1）安全开关出现故障 （2）脱水桶与盛水桶间存在异物或衣物过多 （3）刹车带未松开 （4）三角皮带松动或脱落 （5）离合器出现故障 （6）程序控制器出现故障 （7）电动机或电容器损坏	（1）检修或更换同规格的安全开关 （2）清除异物或减少衣物 （3）松开刹车带 （4）检修或更换同规格三角皮带 （5）检修或更换同规格的离合器 （6）检修或更换同规格的程序控制器 （7）检修或更换同规格的电动机或电容器

续表

故障现象	可能原因	检测方法
洗衣机不能排水	（1）门安全开关损坏或上盖未盖好 （2）排水阀的阀心弹簧损坏 （3）程序控制器出现故障 （4）排水电磁阀出现故障 （5）排水部分线路出现故障	（1）检修或更换门安全开关并盖好上盖 （2）检修或更换同规格的排水阀的阀心弹簧 （3）检修或更换同规格的程序控制器 （4）检修或更换同规格的排水电磁阀 （5）检修出现故障的线路
洗衣机漏水	（1）洗衣机密封圈损坏 （2）洗衣机的水管或连接处出现故障 （3）排水阀出现故障	（1）检修或更换同规格的密封圈 （2）检修或更换同规格的水管 （3）检修或更换同规格的排水阀
洗衣机漏电	（1）线路导线的绝缘密封不好 （2）电动机受潮或绕组绝缘受损 （3）洗衣机内的有关部件漏电	（1）检查恢复好绝缘密封 （2）检查恢复好绝缘 （3）检查修复漏电的零部件

项目工作练习2　全自动波轮式洗衣机洗涤时振动过大的维修

班　级		姓　名		学　号		得　分	
实　训 器　材							
实　训 目　的							
工作步骤： （1）启动洗衣机，观察故障现象。 （2）故障分析，说明哪些原因会造成全自动波轮式洗衣机洗涤时振动过大。 （3）制定维修方案，说明检测方法。 （4）记录检测过程，找到故障器件、部位。 （5）确定维修方法，说明维修或更换器件的原因。							
工　作 小　结							

任务3 滚筒式洗衣机

维修任务单

序号	品牌名称	报修故障情况
1	小天鹅 XQG50	指示灯亮，但不进水且不工作
2	小天鹅 XQG50	选择加热洗涤程序时不能加热

技师引领1

1. 客户王先生

我家滚筒式洗衣机买了两年多了，使用一直都很好，昨天突然出现问题了，插上电源插头后，电源指示灯亮，但洗衣机不能正常进水，而且也不能正常工作。

2. 李技师分析

王先生，根据你的叙述，电源指示灯亮，说明电源没问题。问题出在进水系统、程序控制器部分，造成这个故障的原因主要有以下几个方面：

（1）外部水位压力不够或无水压。

（2）洗衣机的进水电磁阀出现故障。

（3）洗衣机的排水泵出现故障。

（4）洗衣机进水阀的过滤网出现故障。

（5）洗衣机的程序控制器出现故障。

3. 李技师维修

（1）检查外部水位压力没有问题。

（2）检查洗衣机排水泵部分没有问题。

（3）检查洗衣机进水阀的过滤网没有问题。

（4）检查洗衣机进水电磁阀损坏。

（5）更换洗衣机进水电磁阀，经过试用，洗衣机恢复正常工作。

技师引领2

1. 客户王先生

我家滚筒式洗衣机使用已有好几年了，现在洗衣机洗涤正常，但洗衣机在选择加热洗涤程序时不能加热。

2. 李技师分析

王先生，根据你的叙述，洗涤部分能正常工作，说明电源没问题。问题出在洗衣机的加热器部分和程序控制器部分。造成这个故障的原因主要有以下几个方面：

（1）洗衣机的加热器部分的温控器出现故障。

（2）洗衣机的加热器的连接线出现故障。

（3）洗衣机的加热器损坏。

（4）洗衣机的程序控制器出现故障。

3. 李技师维修

前装式全自动滚筒式洗衣机的结构如图 3-34 所示。

（1）检查洗衣机的加热器部分的温控器没有问题。

（2）检查洗衣机的加热器的连接线没有问题。

（3）用万用表检测洗衣机的加热器损坏。

（4）更换洗衣机的加热器，经过试用，洗衣机恢复正常工作。

媒体播放

（1）播放各种型号的滚筒式洗衣机。

（2）播放滚筒式洗衣机的生产步骤与装配过程。

（3）结合技师引领内容，播放滚筒式洗衣机的拆装与维修过程。

技能训练 1　学习滚筒式洗衣机的拆装

1. 器材

滚筒式洗衣机一台、万用表一只、兆欧表一只、电工工具一套等。

2. 目的

学习滚筒式洗衣机的拆装，为学习滚筒式洗衣机维修做准备。

知识链接 1　滚筒式洗衣机的主要结构

前装式全自动滚筒式洗衣机主要由洗涤和脱水系统、进/排水系统、传动系统、操作系统、电气控制系统、支承机构六个部分组成，如图 3-34 所示。

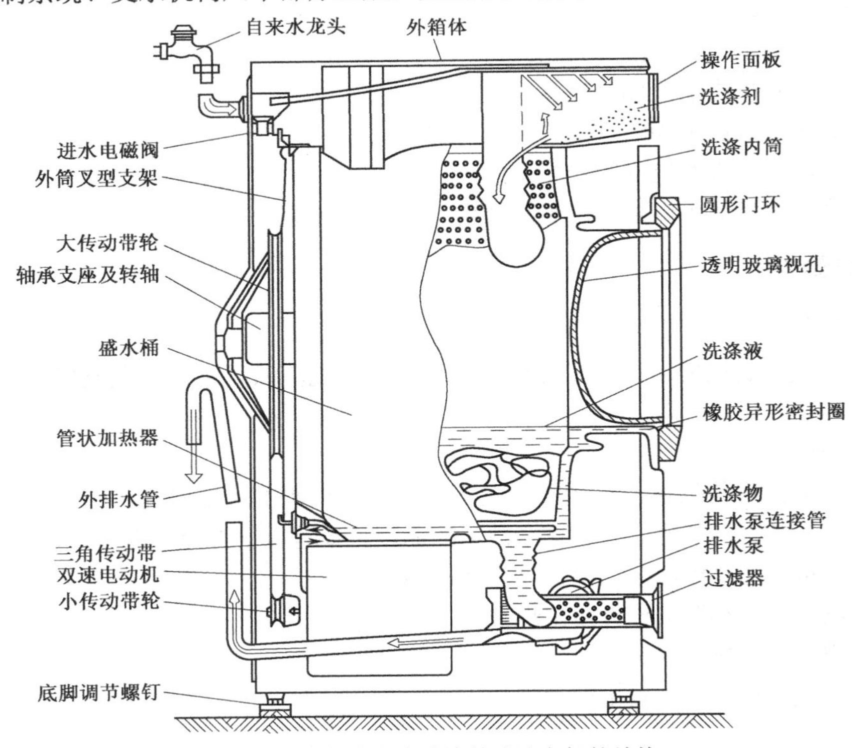

图 3-34　前装式全自动滚筒式洗衣机的结构

1. 滚筒式洗衣机的洗涤和脱水系统

滚筒式洗衣机的洗涤和脱水系统主要由不锈钢内筒（滚筒）、外筒（盛水筒）、内筒叉形架、外筒叉形架、转轴和滚动轴承等组成，如图 3-35 所示。

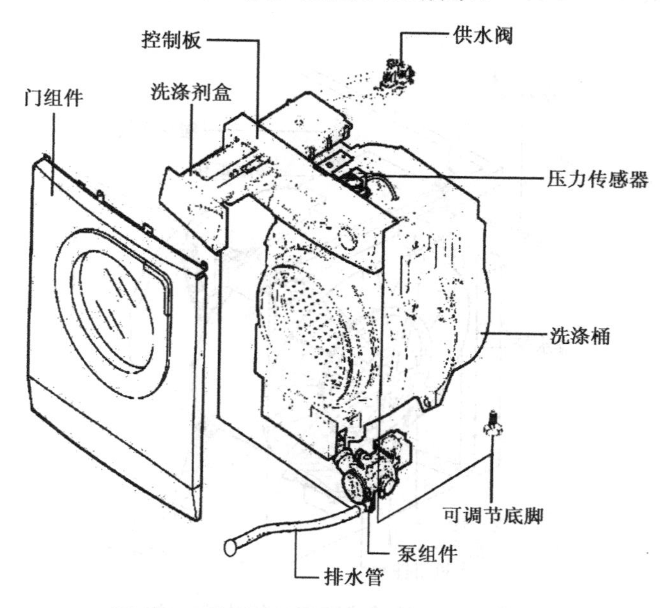

图 3-35　滚筒式洗衣机的洗涤和脱水系统

（1）不锈钢内筒（滚筒）

内筒又称滚筒，是滚筒式洗衣机对衣物进行洗涤、漂洗及脱水的主要部件，它的结构对洗衣机的洗涤效果起着重要作用，在它的内壁上有三条凸筋，其结构如图 3-36 所示。

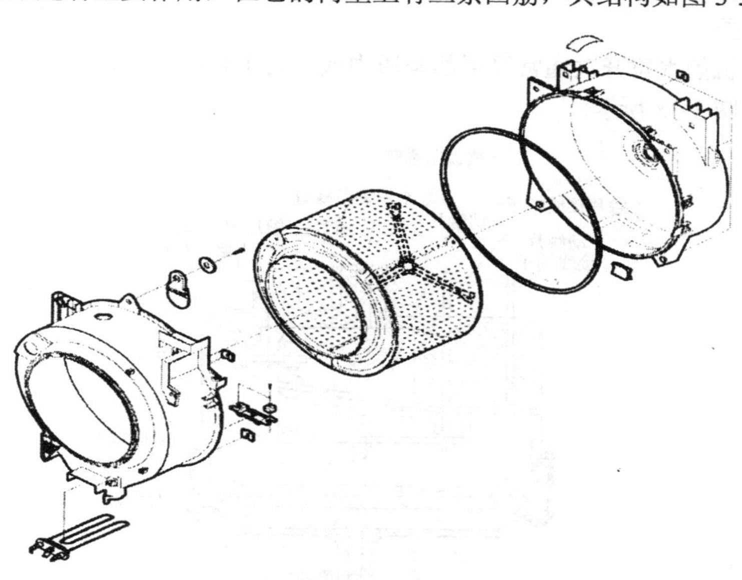

图 3-36　滚筒式洗衣机的内桶结构图

（2）外筒（盛水筒）

滚筒式洗衣机的外筒又称盛水筒，主要用来盛放洗涤液及对其他一些部件起支承架作用。滚筒式洗衣机外筒的结构主要由外筒前盖、后盖、外筒密封圈和外筒扣紧环等组成，如图 3-37 所示。

滚筒式洗衣机的外筒上装有配重块，作用是增加外筒的重量和保持平衡，以减少振动，降低噪声。

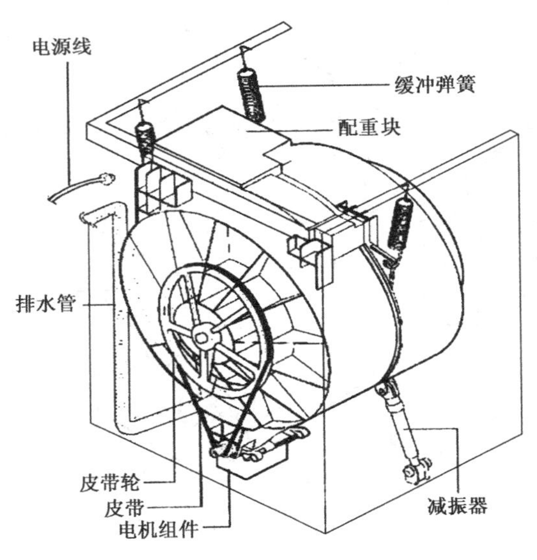

图 3-37　滚筒式洗衣机的外筒结构图

2. 滚筒式洗衣机的进/排水系统

滚筒式洗衣机的进/排水系统主要由水位开关、洗涤剂盒、进水电磁阀、过滤器、排水泵等组成。

（1）水位开关

滚筒式洗衣机的水位开关通常采用的是压力式。它主要由外壳、动/静触点、橡胶膜片及气室等组成，如图 3-38 所示。

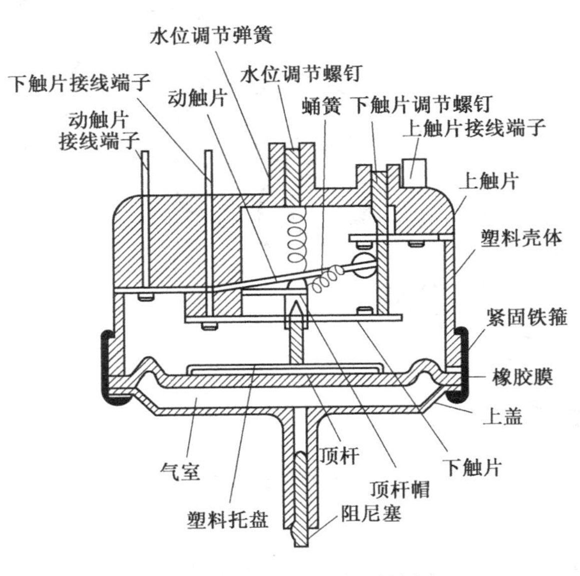

图 3-38　水位开关的结构图

（2）洗涤剂盒

滚筒式洗衣机的洗涤剂盒主要由上盖、分水连动机构、洗涤剂抽屉盒及骨架等组成，如图 3-39 所示。

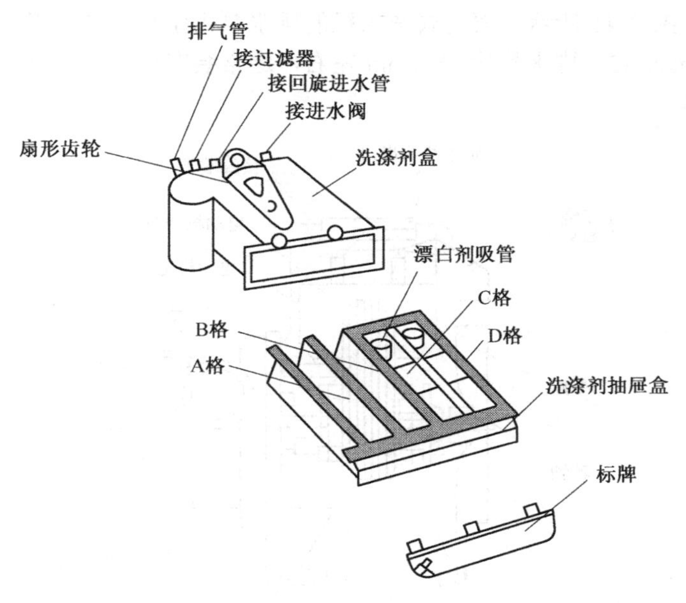

图 3-39 洗涤剂盒的结构图

（3）进水电磁阀

滚筒式洗衣机的进水电磁阀主要由线圈、阀芯、阀芯骨架、弹簧、橡胶阀、壳体等组成，如图 3-40 所示。

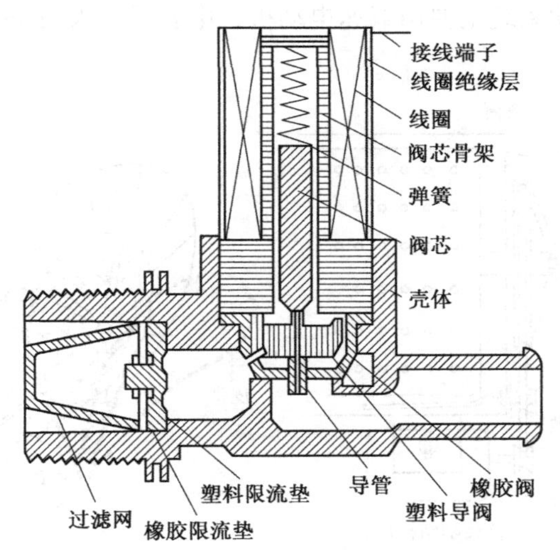

图 3-40 进水电磁阀的结构图

（4）过滤器

滚筒式洗衣机的过滤器的主要作用是防止洗涤液中的绒毛、硬币、钮扣等杂物堵塞排水泵管道。

滚筒式洗衣机的过滤器通常装在洗衣机外箱体的右下方，它的一端和盛水筒波纹管相连，另一端和排水泵连接管相连接。

（5）排水泵

排水泵结构如图 3-41 所示。滚筒式洗衣机的排水泵由塑料注塑成形，动力来源由电动机提供，扬程达 1.5m 左右，排水量达 25L/min 左右，通常装在洗衣机外箱体内的右下方。电动机装有过热保护器。

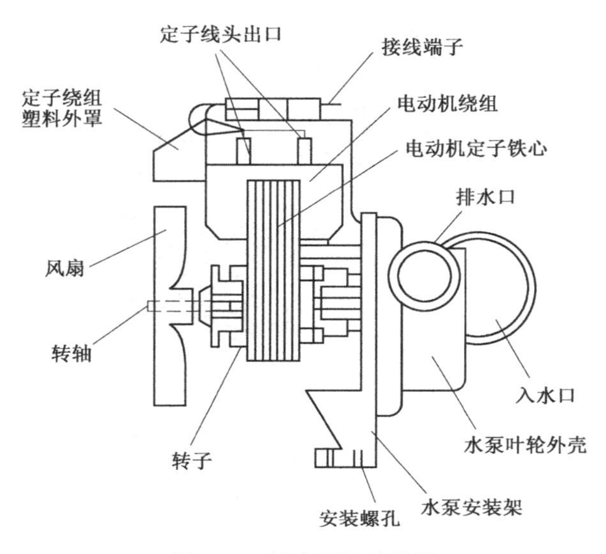

图 3-41　排水泵的结构图

3. 滚筒式洗衣机的传动系统

滚筒式洗衣机的传动系统主要由双速电动机、电容器、大/小皮带轮和三角皮带等组成，如图 3-42 所示。

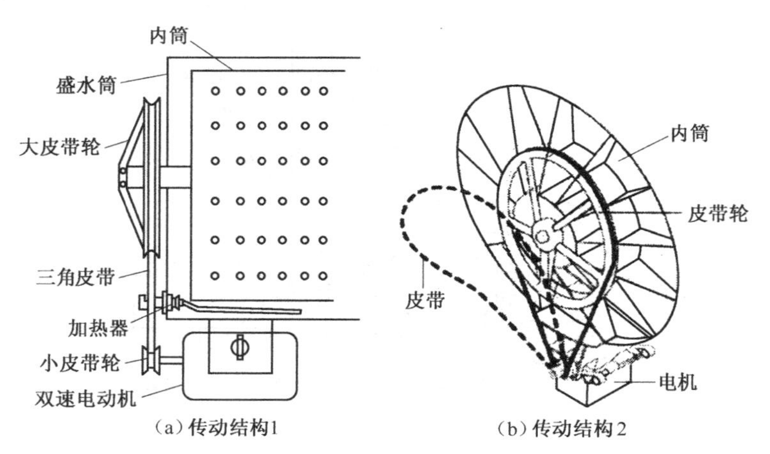

图 3-42　滚筒式洗衣机的传动系统结构图

4. 滚筒式洗衣机的操作系统

滚筒式洗衣机的操作系统主要由操作盘和前门等组成，操作盘通常由前面板、程序标牌、琴键开关、程控器和指示灯等组成。

5. **滚筒式洗衣机的电气控制系统**

滚筒式洗衣机的电气控制系统主要由程序控制器、加热器、温控器、门开关、滤噪器等组成。

（1）程序控制器

滚筒式洗衣机的程序控制器使用较多的是电动机驱动式的程序控制器，它的动力来源由一个 5W、16 极同步电动机提供。在电动机的驱动下，带动凸轮群组慢慢旋转，按照预定的程序控制触点的通和断，完成各程序的组合，发出指令，从而控制洗衣机的整个工作程序。

（2）加热器

滚筒式洗衣机的加热器通常采用管状加热器，主要由电热丝、金属管、绝缘粉末和橡胶密封圈等组成，通常安装在外筒的底部，如图 3-43 所示。

（3）温控器

滚筒式洗衣机的温控器的主要作用是控制洗涤液的温度。温控器的结构如图 3-44 所示，在滚筒式洗衣机上使用较多的是碟形双金属定值型温控器，在它的内部有两个双金属片，分别控制动断和动合触点，滚筒式洗衣机的温控器通常安装在外筒底部。

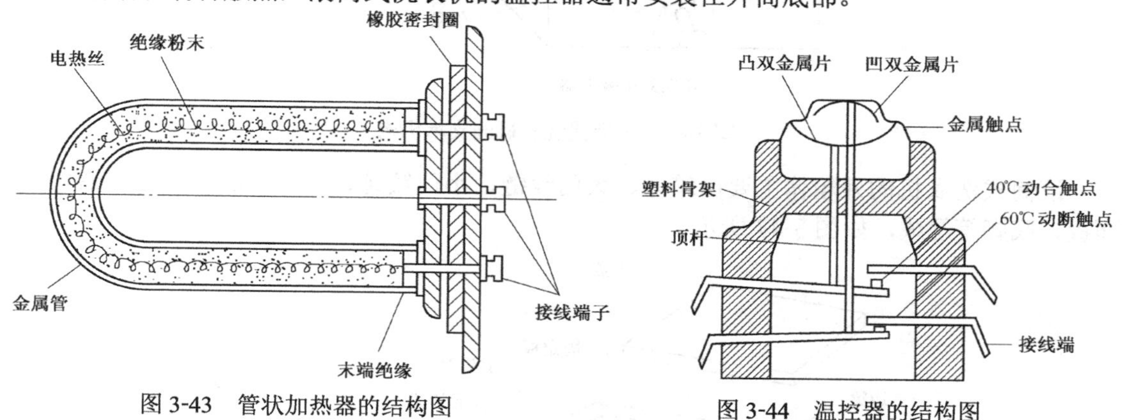

图 3-43 管状加热器的结构图　　图 3-44 温控器的结构图

（4）门开关

门开关工作原理示意图如图 3-45 所示，滚筒式洗衣机的门开关串联在电路中，起到控制和保护作用。如果洗衣机的前门关后，使洗衣机电源接通，如果洗衣机前门没有关好或打开后，门开关把电源切断，自动断电。

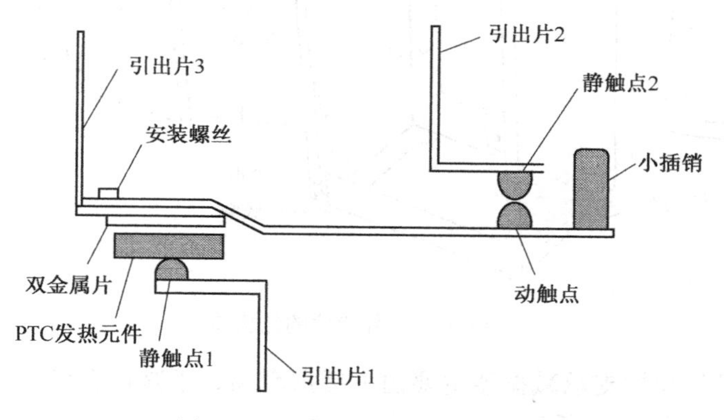

图 3-45 门开关工作原理示意图

6. 滚筒式洗衣机的支承机构

滚筒式洗衣机的支承机构主要由外箱体、弹性支承减振器、减振吊装弹簧和底脚等组成，如图3-46所示。

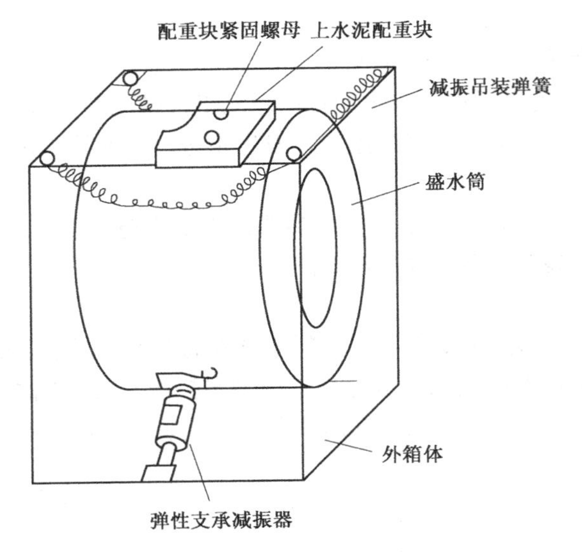

图3-46　滚筒式洗衣机的支承机构

滚筒式洗衣机的外箱体主要由箱体、大门铰链、小门铰链、上盖、后盖、过滤器门、前面板、底脚等组成，如图3-47所示。

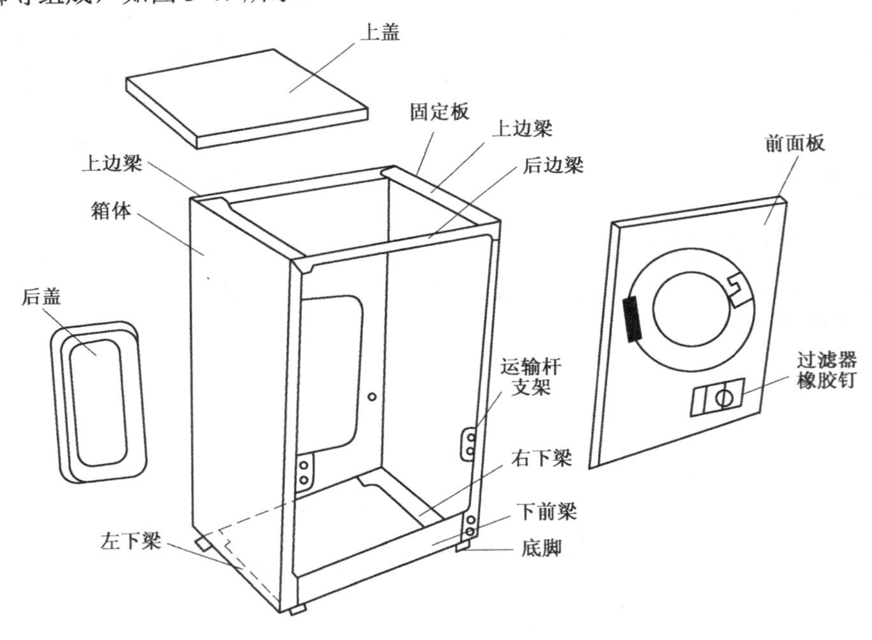

图3-47　外箱体的结构图

滚筒式洗衣机的弹性支承减振器主要由上减振套筒、下减振套筒、橡胶块、弹簧卡片、减震弹簧等组成，如图3-48所示。

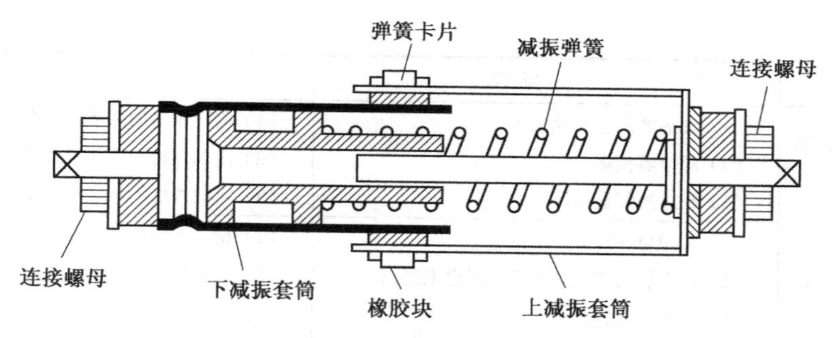

图 3-48 弹性支承减振器的结构图

技能训练 2 滚筒式洗衣机的常见故障检修

1. 器材

万用表一只，兆欧表一只，电工工具一套，滚筒式洗衣机及常用修理配件若干。

2. 目的

学习滚筒式洗衣机的故障检测与维修技能。

3. 情境设计

以 4 台滚筒式洗衣机为一组，全班视人数分为若干组。4 台滚筒式洗衣机的可能故障是：

（1）指示灯亮，但不进水且不工作，进水电磁阀损坏。

（2）选择加热洗涤程序时不能加热，加热器损坏。

（3）滚筒式洗衣机不能排水，排水泵损坏。

（4）滚筒式洗衣机不能脱水，程序控制器损坏。

根据以上故障现象研究讨论故障的检测方法（参考答案见表 3-3）。

由讨论出的故障原因与检测方法，检修并更换损坏的器件，修理完毕后，进行试用。检测自己的维修结果。完成任务后恢复故障，同组内的同学交换故障滚筒式洗衣机再次进行维修。

表 3-3 滚筒式洗衣机常见故障及检测方法

故障现象	可能原因	检测方法
接通电源后，按正常操作没有任何反应	（1）电源有问题 （2）洗衣机的门未关好或门微动开关损坏 （3）电源开关损坏或连接导线出现脱落	（1）检查供电电源是否有问题并解决 （2）关好洗衣机的门或更换同规格的门微动开关 （3）用同规格的电源开关替换或恢复脱落的导线
洗衣机接通电源后，指示灯亮，但洗衣机不进水且不工作	（1）外部水压问题 （2）进水阀损坏 （3）进水阀的过滤网被杂物堵塞 （4）排水泵线圈损坏或线头脱落 （5）程序控制器损坏	（1）检查外部水压，待水压正常后再使用 （2）用同规格的进水阀替换 （3）把堵塞的杂物清除 （4）用同规格的线圈替换或恢复脱落的导线 （5）用同规格的程序控制器替换
洗衣机不能排水	（1）排水通道被杂物堵塞 （2）排水泵出现故障 （3）程序控制器损坏	（1）把堵塞的杂物清除 （2）检修排水泵排除故障 （3）用同规格的程序控制器替换
洗衣机不能脱水	（1）洗衣机的水位开关损坏 （2）与脱水有关的连接导线松脱 （3）程序控制器损坏	（1）用同规格的水位开关替换 （2）恢复脱落的导线 （3）用同规格的程序控制器替换

续表

故障现象	可能原因	检测方法
洗衣机选择加热程序时不能加热	（1）加热器的加热丝损坏 （2）温控器损坏 （3）程序控制器损坏	（1）用同规格的加热丝更换 （2）用同规格的温控器更换 （3）用同规格的程序控制器替换
洗衣机的电动机有声音，但不转动	（1）电源电压过低 （2）洗衣机的滚筒和外筒之间出现磨擦 （3）洗涤的衣物过多 （4）电容器损坏	（1）检查电源电压，待电压正常时再使用 （2）重新调整滚筒和外筒之间的间隙 （3）减少洗涤的衣物 （4）用同规格的电容器替换
洗衣机的底部漏水	（1）排水管的连接处损坏 （2）外筒底部的波纹管没有压平 （3）外筒密封圈损坏	（1）修理排水管损坏的部位 （2）重新把外筒底部的波纹管压平 （3）用同规格的密封圈替换

知识链接2　新型洗衣机

1. 模糊控制型全自动洗衣机

模糊控制型全自动洗衣机能自动判断衣物的重量、软硬，自动检测筒内水的污浊程度及污浊性质等，预选洗衣水位和洗涤时间。模糊控制型全自动洗衣机的方框图，如图 3-49 所示。

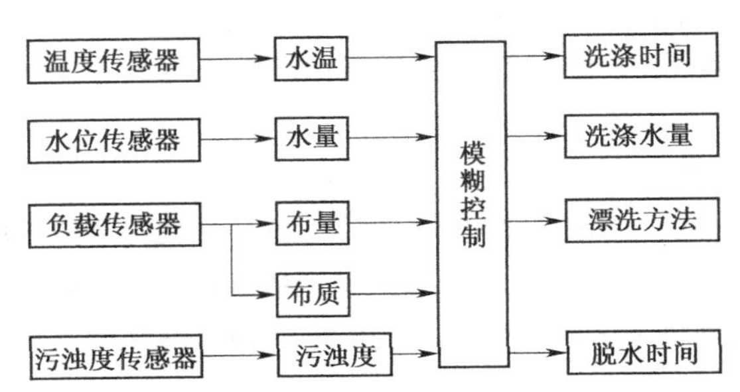

图 3-49　模糊控制型全自动洗衣机的方框图

2. 超声波洗衣机

超声波洗衣机没有电动机和波轮，主要由超声波发生器、洗涤桶、气泡发生器和若干金属板组成。利用超声波在液体中产生的“空化”现象，将衣物洗净。

超声波洗衣机没有电动机的转动部分，因此衣物不会缠绕，磨损率低，洗涤均匀，噪声小，很适合高档衣物的洗涤。

3. 喷气式洗衣机

喷气式洗衣机是在洗衣机中加了一个空气泵，开动空气泵，洗涤桶中的洗涤液产生大量气泡，能使洗涤剂加速分解、活化，达到快速洗净衣物的目的。

喷气式洗衣机在用水、用电和用洗涤剂方面都比较少，还能减少洗涤时间，但是喷气式洗衣机的价格比普通洗衣机要贵得多。

4. 真空式洗衣机

真空式洗衣机也是没有波轮的一种洗衣机，在真空式洗衣机中设有一个真空室及泄水装置，洗涤时使水处于沸腾状态，使衣物上的污垢很快被去掉。

真空式洗衣机在洗衣过程中无噪声、无污染，且不伤衣物。

项目工作练习3　滚筒式洗衣机底部漏水的维修

班　级		姓　名		学　号		得　分	
实　训 器　材							
实　训 目　的							
工作步骤： （1）启动洗衣机，观察故障现象。 （2）故障分析，说明哪些原因会造成滚筒式洗衣机底部漏水。 （3）制定维修方案，说明检测方法。 （4）记录检测过程，找到故障器件、部位。 （5）确定维修方法，说明维修或更换器件的原因。							
工　作 小　结							

项目 4

电风扇维修

任务 1　台式电风扇

维修任务单

序　　号	品 牌 名 称	报修故障情况
1	富士台扇	台式电风扇转动时有噪声
2	富士台扇	台式电风扇的摇摆失灵

技师引领 1

1. 客户王先生

我家有一台式电风扇，买了 4 年多了，使用一直都很好，昨天突然出现问题了，在使用过程中扇叶能正常转动但噪声比较大。

2. 李技师分析

王先生，根据你的叙述，台式电风扇的扇叶能正常转动，说明电源及电路没问题。问题出在机械部分，造成这个故障的原因主要有以下几个方面：

（1）轴承的磨损导致轴向跳动。

（2）扇叶发生变形。

（3）网罩固定不紧。

（4）电动机的定子与转子间隙中有杂物。

（5）电动机轴向移动较大等。

3. 李技师维修

（1）检查台式电风扇的前后网罩固定没有问题。

（2）拆下台式电风扇的网罩，检查扇叶没有问题。

（3）拆下台式电风扇的网罩和扇叶，检查发现轴承磨损比较厉害，由此可以判断问题出在轴承。

（4）更换轴承，重新安装好台式电风扇的网罩和扇叶。经过试用，台式电风扇恢复正常工作。

技师引领 2

1. 客户王先生

我家台式电风扇使用已有好几年了，在使用过程中发现台式电风扇的摇摆失灵。

2. 李技师分析

王先生，根据你的叙述，你家台式电风扇其他一切正常，就是摇摆失灵。问题出在摇摆机构。造成这个故障的原因主要有以下几个方面：

（1）台式电风扇的摇摆机构装配不良。

（2）摇摆机构的斜齿轮扫齿。

（3）摇摆机构的离合齿弹簧片断裂。

（4）摇摆机构的四连杆开口销脱落。

（5）摇摆机构的摇头拉绳松动或损坏。

（6）摇摆机构的滑块板不灵活或卡死。

3．李技师维修

（1）拆下台式电风扇的摇摆机构，检查摇摆机构的装配没有问题。

（2）检查台式电风扇摇摆机构的斜齿轮没有问题。

（3）检查台式电风扇摇摆机构的摇头拉绳没有问题。

（4）检查台式电风扇摇摆机构的四连杆开口销，发现摇摆机构的四连杆开口销脱落。

（5）更换台式电风扇摇摆机构的四连杆开口销，重新安装好台式电风扇。经过试用，台式电风扇恢复正常工作。

媒体播放

（1）播放各种型号的台式电风扇。

（2）播放台式电风扇的生产步骤与装配过程。

（3）结合技师引领内容，播放台式电风扇的拆装与维修过程。

技能训练1　学习台式电风扇的拆装

1．器材

台式电风扇一台（杠杆离合式摇摆机构）、万用表一只、兆欧表一只、电工工具一套等。

2．目的

学习台式电风扇的拆装，为学习台式电风扇的维修做准备。

3．台式电风扇摇摆机构的拆装

如图4-1所示，台式电风扇摇摆机构的拆装步骤如下：

（1）拆下台扇的前网罩和扇叶。

（2）拧下台扇后网罩的紧固螺母，取下后网罩。

（3）卸下机头后面的紧固螺钉，取下后外罩。

（4）卸下平衡块的紧固螺钉，卸下平衡块。

（5）拧松摇头绳套支架上的紧固螺钉，移开压板，取出钢丝套。

（6）拧下齿轮箱盖上的紧固螺钉，卸下齿轮箱盖。

（7）拔出开口销钉，卸下杠杆，从齿轮箱盖中取出离合器上齿和压簧。

（8）拧松啮合轴定位螺钉，拔出啮合轴。

（9）卸下离合器下齿、过载保护装置及蜗轮。

（10）把直齿轮偏心柱上开口销钉拔出，拿下连杆。

（11）拧松直齿轮的定位螺钉，把直齿轮拔出。

（12）拧松电动机摇摆轴的定位螺钉，把摇摆轴向上拔出，然后把垫圈、滚珠轴承及摇摆盘取出。

（13）把摇摆盘定位装置中的小螺钉拧出，然后把小弹簧和钢珠取出。

（14）（1）～（13）拆卸的逆过程就是台式电风扇摇摆结构的安装过程。

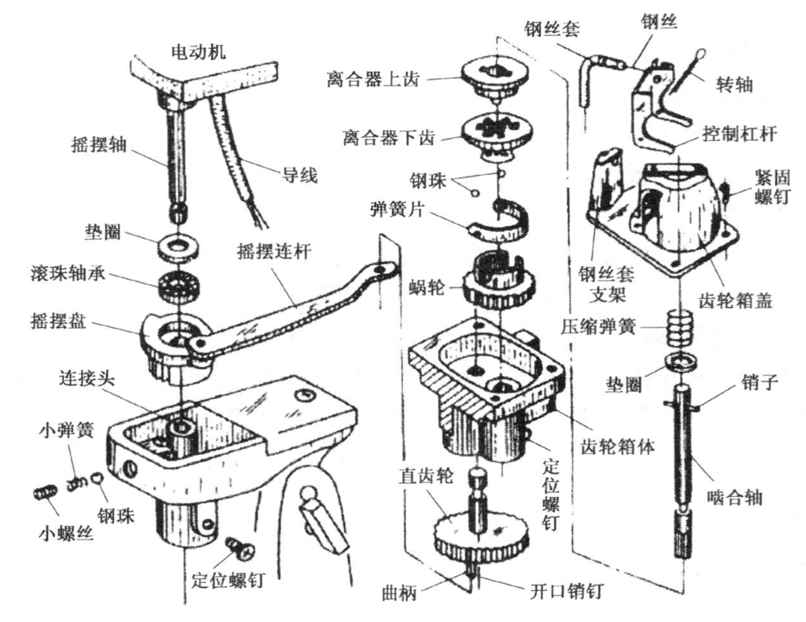

图 4-1　台式电风扇摇摆结构示意图

4. 台式电风扇电动机的拆装

台式电风扇电动机的结构如图 4-2 所示，台式电风扇电动机的拆装步骤如下：

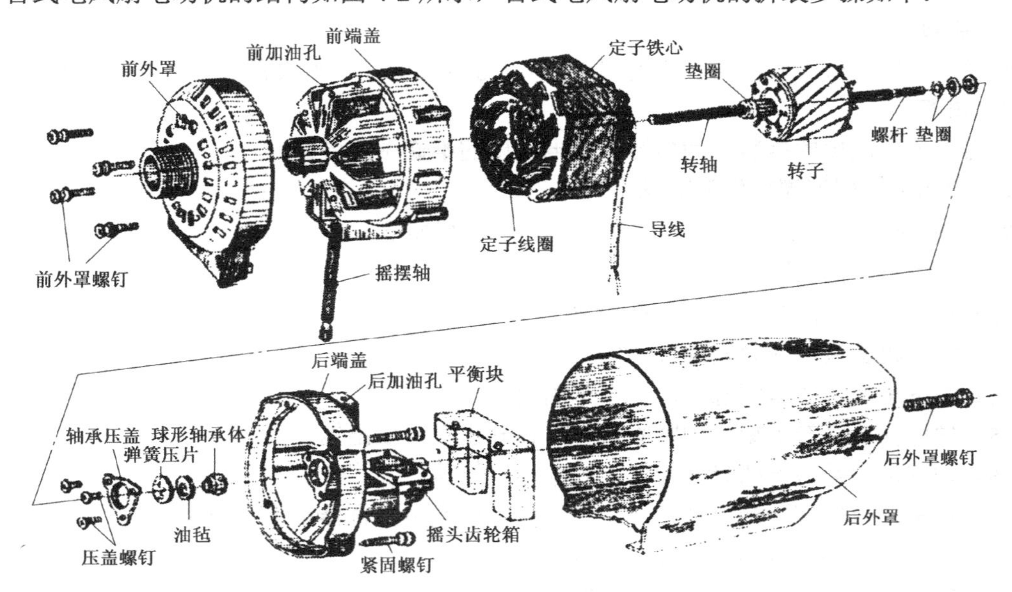

图 4-2　台式电风扇电动机结构图

（1）把台式电风扇的电动机拆卸下。

（2）把台式电风扇电动机的各连接导线拆开，并把各连接导线的位置记下。

（3）拧下电动机前后端盖的 4 个紧固螺钉，然后把后端盖卸下。

（4）取出电动机的转子。

（5）拧下前后端盖的轴承压盖紧固螺钉，然后把轴承卸下。

（6）（1）～（5）拆卸的逆过程就是台式电风扇电动机的安装过程。

知识链接　台式电风扇的主要结构

电风扇是由电动机通电带动电风扇的扇叶转动，加速空气流动，从而改变周围环境的温度，在夏天使人获得凉爽舒适的感觉。主要作用是通风散热、空气循环、防暑降温。电风扇是家庭常用的一种家用电器，也是发展速度较快的一种家用电器。但随着电子技术和现代科学技术的发展，以及消费者的需求，电风扇向着高档、电子控制、豪华、能产生模拟自然风的方向发展。

电风扇的种类较多，按使用的电源不同，可分为交流电风扇、直流电风扇和交直流电风扇三类；按结构用途不同可分为台扇、吊扇、落地扇、壁扇、换气扇、台地扇及顶扇等；按控制功能不同可分为送风方向可调电扇、灯扇两用电扇、产生模拟自然风电扇、各种遥控电扇、电子定时电扇、温控电扇、微电脑程控电扇等；按电动机形式不同可分为单相交流罩极式电扇、单相交流电容式电扇、交直流两用串励式电扇。

台式电风扇的外形结构主要由扇叶、网罩、前后端盖、摇摆机构、电动机和机座等组成，如图4-3所示。

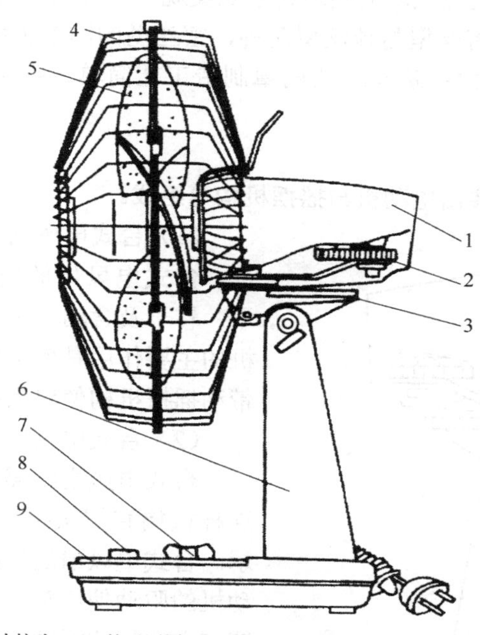

1—电动机；2—摇头装置；3—连接头；4—前后网罩；5—扇叶；6—底座；7—摇头控制开关；8—调速开关；9—面板

图4-3　台式电风扇的外形结构

1. 台式电风扇的扇叶

台式电风扇的扇叶的主要作用是推动空气流动，达到送风降温的目的。台式电风扇的扇叶常用的有三种：芒果形、螺旋浆形和芭蕉叶形，如图4-4所示。

2. 台式电风扇的网罩

台式电风扇的网罩主要由前网罩、后网罩、装饰圈、定位钩、活动扣脚等组成，如图4-5所示。

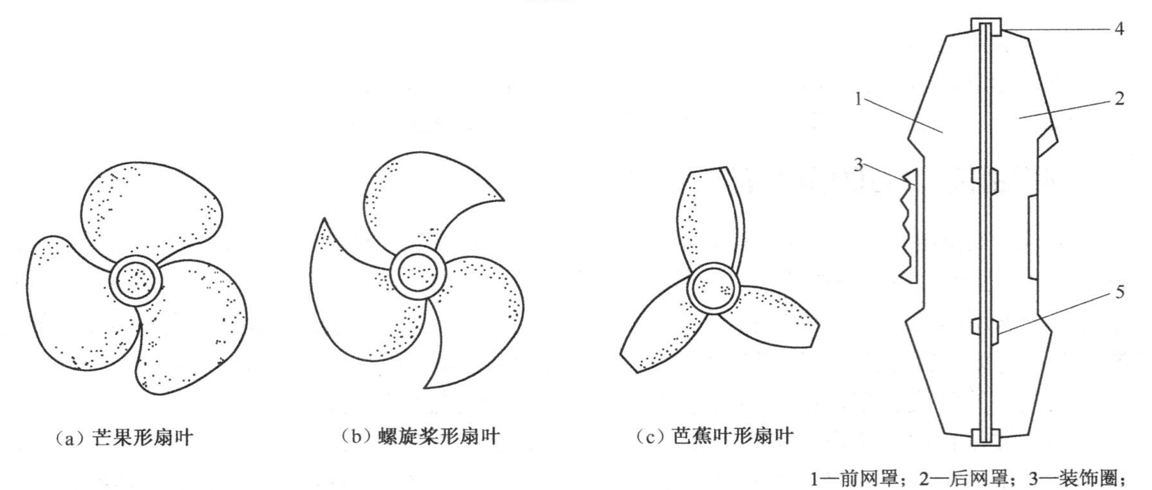

（a）芒果形扇叶　（b）螺旋桨形扇叶　（c）芭蕉叶形扇叶

图 4-4　常用的扇叶

1—前网罩；2—后网罩；3—装饰圈；4—定位钩；5—活动扣脚

图 4-5　台式电风扇的网罩

台式电风扇网罩的主要作用是对扇叶起到一种保护作用，防止高速旋转的扇叶与人或物触及而发生危险事故。台式电风扇的网罩还起到美观和装饰的作用。

台式电风扇的网罩有密丝型与疏丝型两种，密丝型的网罩强度大、安全性好而且美观大方，但工艺复杂、噪声稍大；疏丝型的网罩制造工艺简单、噪声小，但安全性不如密丝型高。

3. 台式电风扇的扇头

台式电风扇的扇头主要由电动机与摇摆机构等组成。

（1）台式电风扇的电动机

台式电风扇的电动机主要由前后端盖、定子、转子及含油轴承等组成。台式电风扇的电动机的主要作用是使扇叶高速旋转产生风，还起到带动摇摆机构使扇头起到摇摆的作用。

（2）台式电风扇的摇摆机构

台式电风扇的摇摆机构主要由减速机构、四连杆机构和摇头控制开关等组成，如图 4-6 所示。台式电风扇的摇摆机构的主要作用是通过电动机的驱动使扇头能够摇摆，扩大吹风面积，加速室内空气的循环。

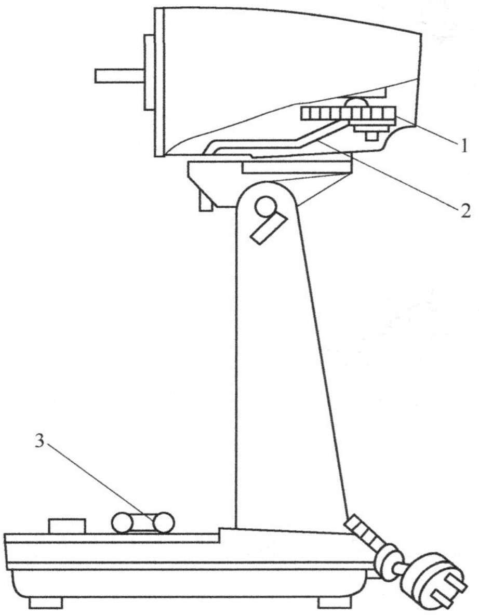

1—减速机构；2—四连杆机构；3—摇头控制开关

图 4-6　台式电风扇的摇摆机构

4. 台式电风扇的机座

台式电风扇的机座主要由立柱、控制面板与底座等组成。台式电风扇机座的主要作用是支承扇头与电气控制箱，安装定时器、琴键开关、摇摆控制机构和其他各零部件。台式电风扇的底座要求结构牢固、操作简便、样式新颖美观。

技能训练2 台式电风扇的常见故障检修

1. 器材

万用表一只，兆欧表一只，电工工具一套，台式电风扇及常用修理配件若干。

2. 目的

学习台式电风扇的故障检测与维修技能。

3. 情境设计

以4台台式电风扇为一组，全班视人数分为若干组。4台台式电风扇的可能故障是：

（1）台式电风扇通电后不工作，电容器损坏。

（2）台式电风扇的摇摆失灵，四连杆开口销脱落。

（3）台式电风扇工作时有噪声，网罩固定不牢。

（4）台式电风扇定时器失灵，定时器损坏。

根据以上故障现象研究讨论故障的检测方法（参考答案见表4-1）。

由讨论出的故障原因与检测方法，检修并更换损坏的器件，修理完毕后，进行试用。检测自己的维修结果。完成任务后恢复故障，同组内的同学交换故障台式电风扇再次进行维修。

表4-1 台式电风扇常见故障及检测方法

故障现象	可能原因	检测方法
台式电风扇接通电源后不能工作	（1）外面电源有问题 （2）定时器损坏 （3）调速器出现故障或损坏 （4）电容器损坏 （5）定子绕组断路或损坏 （6）轴承磨损严重或损坏	（1）检查外面电源，如有问题进行检修 （2）检修或替换同规格的定时器 （3）检修或替换同规格的调速器 （4）替换同规格的电容器 （5）检修或更换同规格的绕组 （6）更换同规格的轴承
台式电风扇能工作，但有噪声	（1）电风扇的网罩固定不牢固 （2）电风扇的扇叶变形 （3）轴承磨损严重 （4）电动机轴向移动过大 （5）电动机定子与转子间隙内有杂物	（1）把电风扇的网罩固定牢固 （2）检修或替换同规格的扇叶 （3）更换同规格的轴承 （4）调整电动机轴向 （5）把间隙内的杂物清除
台式电风扇的摇摆失灵	（1）摇摆机构的斜齿轮扫齿 （2）摇摆机构的四连杆开口销脱落 （3）摇摆机构的离合齿弹簧片断裂 （4）摇摆机构的摇头绳松动或损坏 （5）摇摆机构的安装有问题	（1）用同规格的斜齿轮替换 （2）更换同规格的开口销 （3）用同规格的弹簧片替换 （4）用同规格的拉绳替换 （5）检修重新安装摇摆机构
台式电风扇的定时器失灵	（1）定时器的连接导线脱落或触点接触不良 （2）定时器损坏	（1）检修或替换同规格的定时器 （2）替换同规格的定时器
台式电风扇的启动比较慢	（1）电动机的定子绕组中局部短路 （2）轴承磨损或轴不同心 （3）电容器的容量不足	（1）检修或更换同规格的绕组 （2）检修轴心或更换同规格的轴承 （3）更换同规格的电容器
台式电风扇的琴键开关调速失灵	（1）琴键开关的导线脱落 （2）琴键开关的触点接触不良 （3）琴键开关的机械结构出现故障	（1）检查把脱落的导线重新接好 （2）检修琴键开关的触点 （3）检修或替换同规格的琴键开关

续表

故障现象	可能原因	检测方法
台式电风扇的外壳有电	（1）连接导线脱落，线头碰壳 （2）电风扇的绝缘部分有问题 （3）没有接接地线 （4）把电源线与地线接错	（1）把脱落的导线连接好 （2）检查有问题的绝缘部分，恢复绝缘 （3）把接地线接好 （4）按正确方法重新接好

项目工作练习1　台扇通电后不能转动的维修

班　级		姓　名		学　号		得　分	
实　训 器　材							
实　训 目　的							
工作步骤： （1）接通台扇的电源，观察故障现象。 （2）故障分析，说明哪些原因会造成台扇通电后不能转动。 （3）制定维修方案，说明检测方法。 （4）记录检测过程，找到故障器件、部位。 （5）确定维修方法，说明维修或更换器件的原因。							
工　作 小　结							

任务2　吊扇

维修任务单

序　　号	品 牌 名 称	报修故障情况
1	长城吊扇	吊扇通电后不能正常工作
2	长城吊扇	吊扇工作时噪声大

技师引领1

1．客户王先生

我家有一吊扇买了三年多了，使用一直都很好，昨天突然出现问题了，通电后不能正常工作。

2．李技师分析

王先生，根据你的叙述，吊扇不能正常转动，说明吊扇出现了问题。造成这个故障的原因主要有以下几个方面：

（1）供电电源出现故障。

（2）电动机部分出现故障。

（3）电容器损坏。

（4）调速器出现故障。

3．李技师维修

（1）检查供电电源没有问题。

（2）用万用表检测电动机绕组电阻没有问题。

（3）用万用表检测吊扇的调速器没有问题。

（4）用万用表检测电动机的启动电容器，发现电容器损坏。

（5）更换同规格的电容器，经过试用，吊扇恢复正常工作。

技师引领2

1．客户王先生

我家吊扇使用已有好几年了，在使用过程中发现吊扇在工作时噪声较大。

2．李技师分析

王先生，根据你的叙述，你家吊扇其他一切正常，就是噪声较大。问题出在机械部分。造成这个故障的原因主要有以下几个方面：

（1）吊扇的轴承磨损或缺油。

（2）扇头安装不牢或扇叶没固定好，造成机械部件振动。

（3）吊扇的扇叶变形。

3．李技师维修

（1）检查吊扇的扇头安装没有问题。

（2）检查吊扇的扇叶没有问题。

（3）检查吊扇的轴承，发现吊扇的轴承磨损严重。

（4）更换同规格的轴承，经过试用，吊扇恢复正常工作。

媒体播放

（1）播放各种型号的吊扇。
（2）播放吊扇的生产步骤与装配过程。
（3）结合技师引领内容，播放吊扇的拆装与维修过程。

技能训练 1　学习吊扇的拆装

1. 器材

吊扇一个、万用表一只、兆欧表一只、电工工具一套等。

2. 目的

学习吊扇的拆装，为学习吊扇的维修做准备。

3. 吊扇扇头的拆卸

（1）把扇叶的固定螺丝拧下，拆下吊扇的三片扇叶。

（2）拧下吊扇上、下护罩的紧固螺钉，取下上、下护罩，并把电源线拆下。

（3）把吊扇的扇头托住，将吊杆轴和电动机轴间的开口销拔出，然后取下扇头。

（4）拧下扇头上、下端盖的紧固螺钉，然后取下扇头的上、下端盖。

（5）把扇头的吊杆、转子、定子给拆下。

4. 吊扇扇头的组装

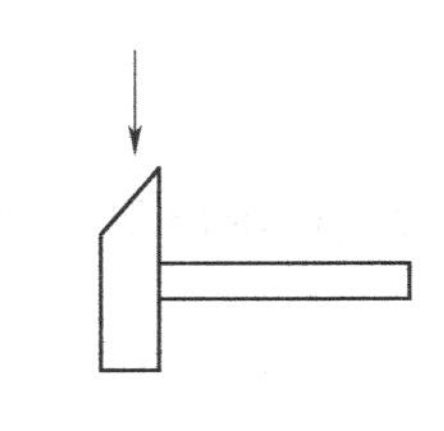
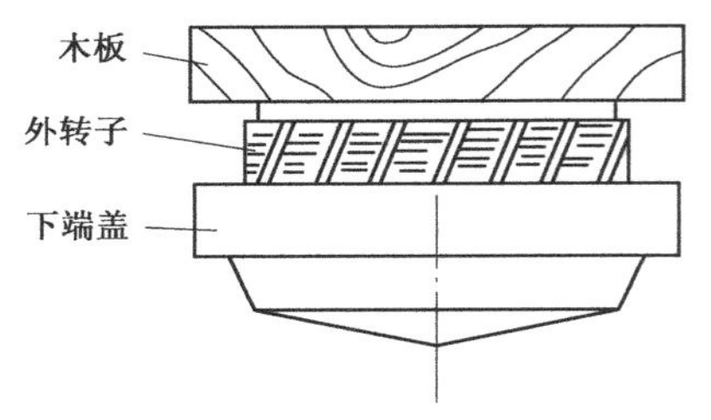

图 4-7　转子的装配方法

（1）把转子装入下端盖中，如图 4-7 所示。
（2）把轴承装到定子轴的上、下两端上，然后装好定子，如图 4-8 所示。
（3）将上端盖与下端盖对齐，然后用螺钉装好，如图 4-9 所示。

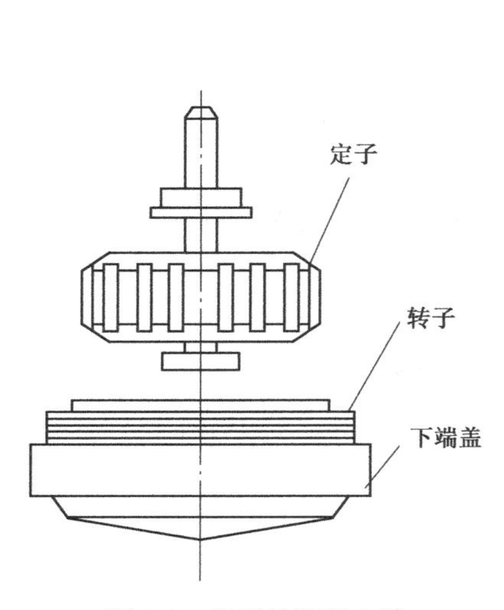

图 4-8　定子的装配方法

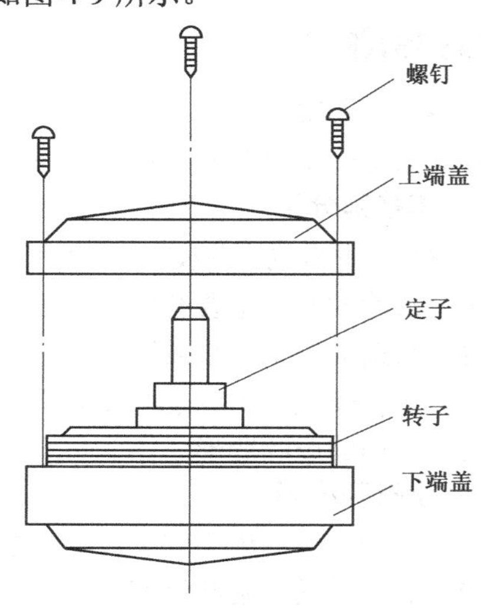

图 4-9　端盖的装配方法

（4）把吊杆按要求装好。

（5）按要求安装好吊扇的三个扇叶。

知识链接　吊扇的主要结构

吊扇的外形结构如图 4-10 所示。吊扇主要由扇头、扇叶、悬吊机构及调速器等组成。

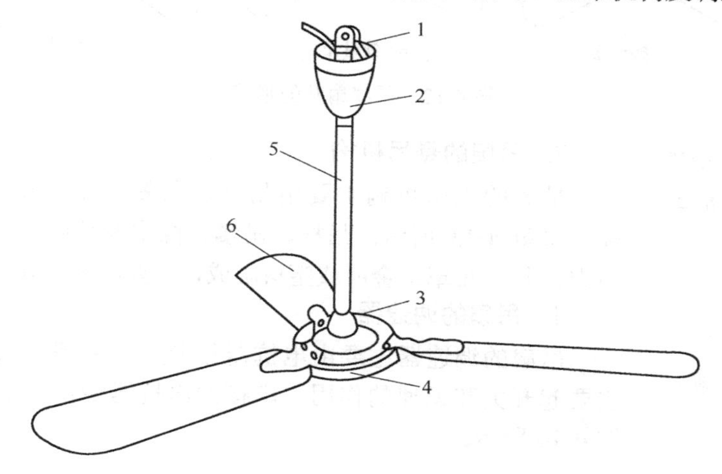

1—吊攀；2—上罩；3—下罩；4—扇头；5—吊杆；6—扇叶

图 4-10　吊扇的外形结构

1. 吊扇的扇头

吊扇的扇头主要由定子、转子、滚珠轴承、上盖和下盖等组成，它是吊扇的主要部件，如图 4-11 所示。

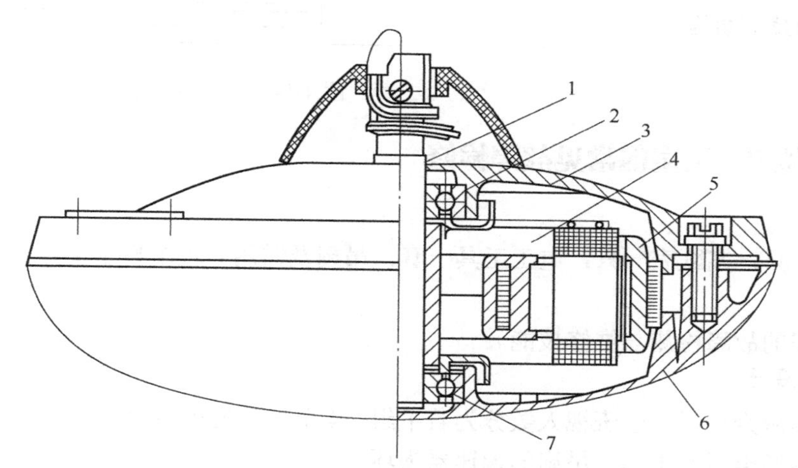

1—转轴；2—上转轴；3—上盖；4—定子；5—外转子；6—下盖；7—下轴承

图 4-11　吊扇扇头的结构

2. 吊扇的扇叶

吊扇的扇叶主要由叶片与叶脚等组成，是吊扇产生风的主要部件。吊扇扇叶的形状通常有狭叶形与阔叶形两种，如图 4-12 所示。

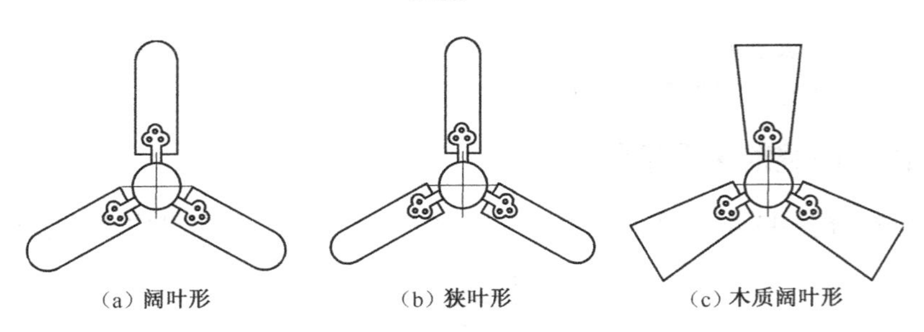

图 4-12 吊扇扇叶的形状

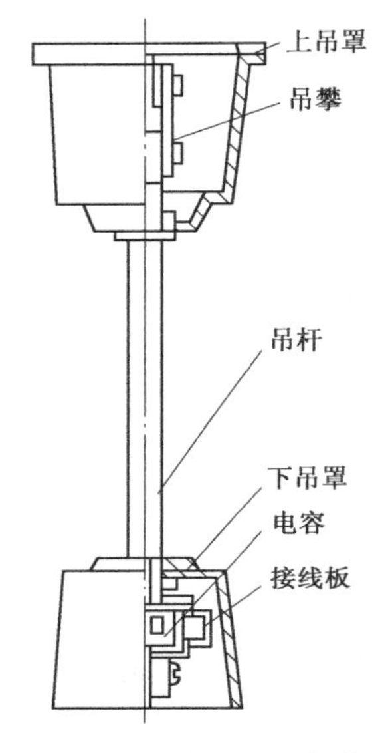

图 4-13 吊扇的悬吊机构

3. 吊扇的悬吊机构

吊扇的悬吊机构主要由吊杆、吊攀、橡皮轮、上/下吊罩等组成，如图 4-13 所示。吊杆、吊攀、橡皮轮是连接电动机与天花板的吊钩。上/下吊罩由金属或塑料制成，主要起装饰和保护作用。

4. 吊扇的调速器

吊扇的调速器主要由电抗器与调速开关等组成。吊扇的调速器主要起开关和调速的作用。串接的电抗器绕组越多，转速越慢，如图 4-14 所示。

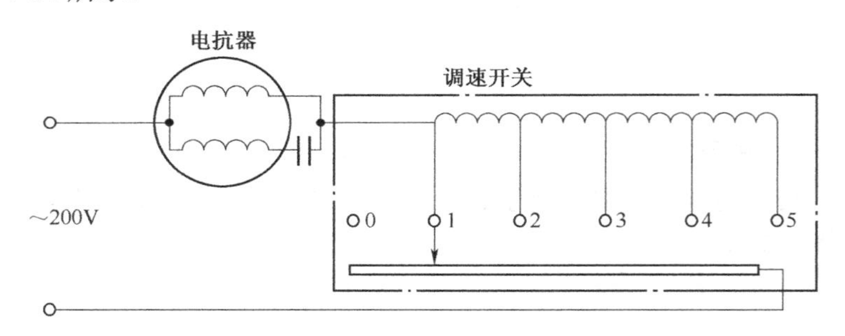

图 4-14 吊扇的调速器

技能训练 2 吊扇的常见故障检修

1. 器材

万用表一只，兆欧表一只，电工工具一套，吊扇及常用修理配件若干。

2. 目的

学习吊扇的故障检测与维修技能。

3. 情境设计

以 4 个吊扇为一组，全班视人数分为若干组。4 个吊扇的可能故障是：

（1）吊扇通电后不工作，吊扇的调速器损坏。

（2）吊扇启动困难，电容器的容量变小。

（3）吊扇工作时有噪声，轴承磨损严重。

（4）吊扇扇叶摆动大，扇叶变形。

根据以上故障现象研究讨论故障的检测方法（参考答案见表 4-2）。

由讨论出的故障原因与研究的检测方法，检修并更换损坏的器件，修理完毕后，进行试用。检测自己的维修结果。完成任务后恢复故障，同组内的同学交换故障吊扇再次进行维修。

表4-2　吊扇常见故障及检测方法

故障现象	可能原因	检测方法
吊扇接通电源后不能工作	（1）外面电源有问题 （2）调速器出现故障或损坏 （3）电容器损坏 （4）定子绕组断路或损坏	（1）检查外面电源，如有问题进行检修 （2）检修或替换同规格的调速器 （3）替换同规格的电容器 （4）检修或更换同规格的绕组
吊扇能工作但有噪声	（1）电风扇的扇叶变形 （2）轴承磨损严重 （3）吊扇的机械部件松动产生振动	（1）检修或替换同规格的扇叶 （2）用同规格的轴承替换 （3）紧固松动的机械部件
吊扇启动困难	（1）轴承磨损或缺润滑油 （2）电容器容量变小 （3）电动机启动绕组有故障	（1）更换同规格的轴承或添加润滑油 （2）用同规格的电容器替换 （3）检修或更换同规格的绕组
吊扇的扇叶摆动大	（1）吊扇的扇叶固定位置有问题 （2）吊扇的扇叶变形	（1）检修轴心或更换同规格的轴承 （2）更换同规格的扇叶
吊扇的调速器失灵	（1）调速器的电抗器出现故障 （2）调速器的开关损坏	（1）更换同规格的调速器的电抗器 （2）更换同规格的调速器开关

项目工作练习2　吊扇通电后转速变慢的维修

<table>
<tr><td>班　级</td><td></td><td>姓　名</td><td></td><td>学　号</td><td></td><td>得　分</td><td></td></tr>
<tr><td>实　训
器　材</td><td colspan="7"></td></tr>
<tr><td>实　训
目　的</td><td colspan="7"></td></tr>
<tr><td colspan="8">工作步骤：
（1）接通吊扇的电源，观察故障现象。
（2）故障分析，说明哪些原因会造成吊扇通电后转速变慢。
（3）制定维修方案，说明检测方法。
（4）记录检测过程，找到故障器件、部位。
（5）确定维修方法，说明维修或更换器件的原因。</td></tr>
<tr><td>工　作
小　结</td><td colspan="7"></td></tr>
</table>

项目 5

电冰箱维修

任务 1　电冰箱制冷系统

维修任务单

序　　号	品 牌 名 称	报修故障情况
1	万宝 BCD_192	电冰箱启动后很快就停机，且反复启动、停机
2	新飞 BCD_245	电冰箱制冷效果越来越差，现在好像不能制冷

技师引领 1　电冰箱反复启动、停机

1. 客户王先生

近日发现冷冻室的食品全化了，经观察发现电冰箱启动一会就停机，隔一会电冰箱又启动，总是不停地启动、停机。

2. 李技师分析

电冰箱启动后很快就停机的故障主要原因有两个，一种是毛细管出现冰堵，使压缩机负荷变大，造成电流过大，电流过大，过载保护器就会自动分断电路，待温度降低后，过载保护器的常用触点就会重新闭合，电冰箱又启动，启动一会又停机，即电冰箱处于反复启动、停机的故障状态；另一种是电源电压过低，造成工作电流过大，或者是过载保护器性能变差，灵敏度过高，造成反复启动、停机的故障。

3. 李技师维修

（1）用万用表检测电源电压，电压正常，检测压缩机输入电压，电压也正常，表明供电电路没有问题，很可能是毛细管出现了冰堵。

（2）启动电冰箱，待毛细管的尾端（与蒸发器接头处）结霜时，用热毛巾捂住毛细管，发现电冰箱能持续正常工作，此现象说明毛细管出现了冰堵。

（3）焊下毛细管、干燥过滤器，焊上同规格新的毛细管、干燥过滤器。割开工艺管，放掉（或回收利用）制冷剂，连接真空泵，抽真空。

（4）按规定量重新灌入新的制冷剂，最后封口。经试用，电冰箱工作正常。

技师引领 2　冰箱不制冷

1. 客户王先生

我家的电冰箱前段时间工作都正常，近来制冷效果越来越差，现在已不能制冷了，冷冻室的食品全都化了。

2. 李技师分析

王先生，根据你的叙述，很可能是制冷循环系统有漏气的地方，需要更换损坏的器件。

3. 李技师维修

（1）启动压缩机，用钳形电流表检测压缩机电源相线电流，电流约为 0.3A，偏小（正常工作时电流为 0.6A 左右），负荷很小，初步判断为制冷剂泄漏。

（2）观察压缩机进、排气管，发现冷凝器与压缩机等连接处有锈蚀情况，用肥皂水涂刷各可疑漏气处，启动压缩机发现冷凝器漏气（有气泡处），且冷凝器锈蚀较严重。

（3）焊下冷凝器，更换同规格的冷凝器。

（4）抽真空，灌注制冷剂。

（5）试运行，制冷恢复正常。

媒体播放

（1）播放各种型号的电冰箱。

（2）播放电冰箱的生产过程。

（3）播放电冰箱的检修过程。

（4）播放电冰箱仿真课件。

技能训练 1　弯管、扩管、气焊技术

1. 器材

弯管器一套，切割刀一把，5～10mm 铜管若干，气焊设备一套，旧冷凝器、压缩机各一个，封口钳一把，钳工工具一套。

2. 目的

（1）学习割管、弯管、扩管技术。

（2）学习铜管的气焊技术。

（3）学习压缩机、冷凝器、毛细管、干燥过滤器的更换技术。

3. 操作步骤

（1）割管

冰箱的制冷循环系统的各个部件都是用铜管连接的，铜管的长短要用切割刀来切割。割刀的结构如图 5-1 所示，调整钮可控制切割轮的进退，刀架上有两个定轮，用于固定铜管，辅助割刀转动。

① 将铜管垂直地放在割刀与定轮之间，旋转调整钮，割刀压紧（不可过紧，不要压扁铜管）铜管，旋转割刀 1～2 周，如图 5-2 所示。

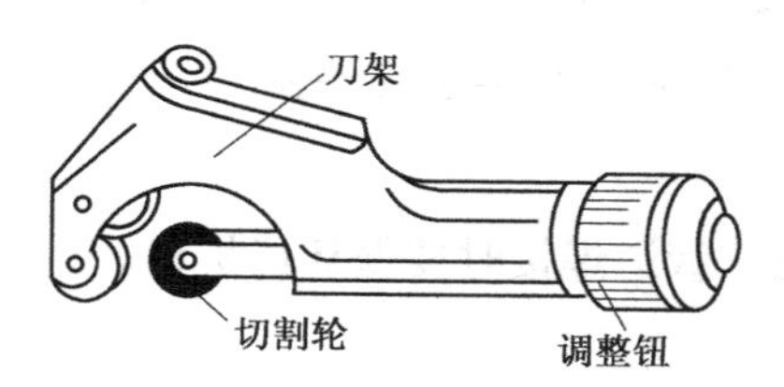

图 5-1　割刀的结构图

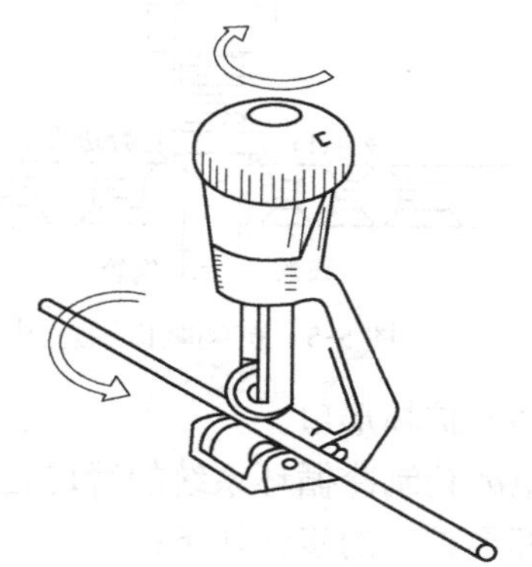
图 5-2　切割铜管示意图

② 再次压紧割刀，旋转割刀 1～2 周，如此反复操作，直至把铜管切断。

③ 用锉刀或刀片清除铜管切口处的毛刺。

（2）切割毛细管

毛细管是连接冷凝器与蒸发器的节流装置，其管径在 2.5mm 左右。切割毛细管可用锉刀沿毛细管一周锉出断痕后，用手上下弯曲，即可折断毛细管。也可用剪刀夹住毛细管，适当用力旋转剪刀，旋剪出断痕后，用手上下弯曲，也可折断毛细管。

（3）弯管

在制冷循环系统中，管道常会转向 90°～180°，这就需要弯管，铜管的弯曲常用弯管器。弯管方法如图 5-3 所示，把铜管插入弯管器的半圆槽中，旋转固定螺栓，压紧铜管，适当转动手柄，铜管就会在手柄上滚轮的压迫下，沿导轮弯曲，弯曲角度最大为 180°。为了防止铜管弯曲时出现裂痕，应对弯曲处加热退火。

毛细管较细，可用手直接弯曲。

（4）扩喇叭口

铜管与螺纹接头（工程中常称纳子）连接时，要把铜管的接头处做成喇叭口。做喇叭口要用扩口器来完成。扩口器的结构如图 5-4 所示。

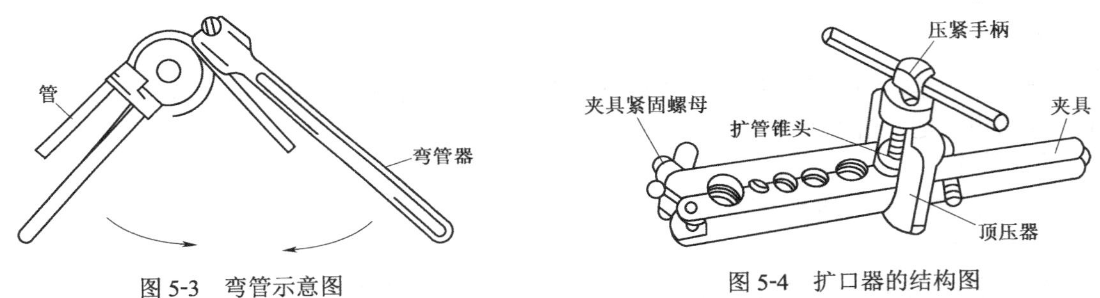

图 5-3 弯管示意图　　图 5-4 扩口器的结构图

扩喇叭口的步骤如下：

① 将铜管加热退火，选择合适的扩口器工作孔，插入铜管，铜管要高出工作孔喇叭口斜面高度的三分之一。

② 旋紧紧固螺母，旋转压紧手柄顶住铜管，压出喇叭口，如图 5-5 所示。

③ 按图 5-6 所示的方法连接螺纹接头。螺纹接头常用于空调、小型冷库的管道连接。

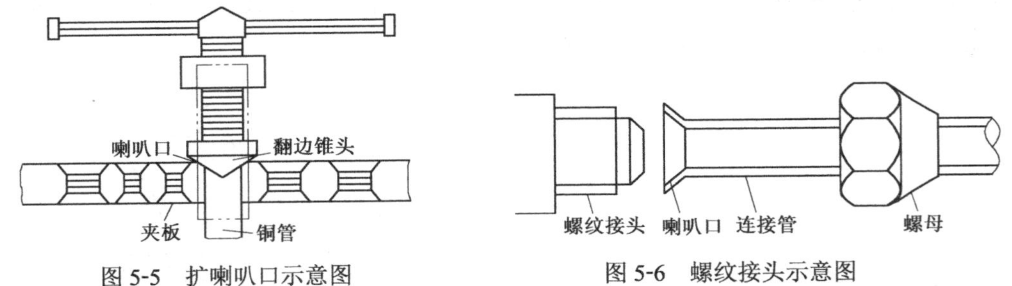

图 5-5 扩喇叭口示意图　　图 5-6 螺纹接头示意图

（5）扩杯形口

电冰箱制冷循环系统的管道连接用的是焊接方法。管道焊接时要做杯形扩口。

杯形扩口的步骤如下：

① 将铜管扩口处加热退火，插入合适的扩口器工作孔内，铜管露出端面 10～15mm，旋

紧紧固螺母。

② 用手工冲头冲制杯形口。制作杯形口还可以将扩喇叭口的顶锥，换上合适的杯形口冲头，旋转压紧手柄，完成扩杯形口，如图5-7所示。

③ 完成杯形连接，为焊接训练做准备，如图5-8所示。

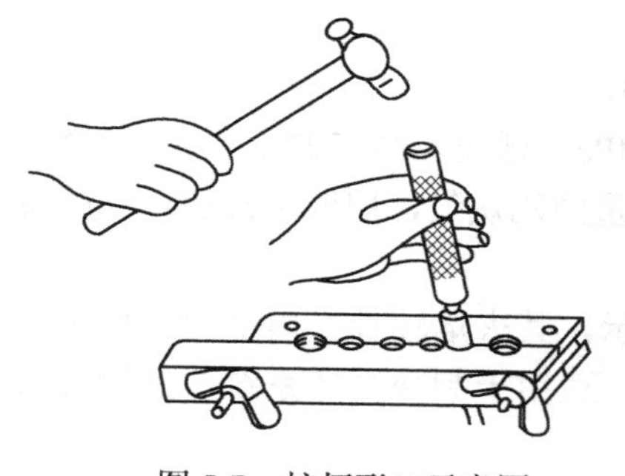

图5-7 扩杯形口示意图

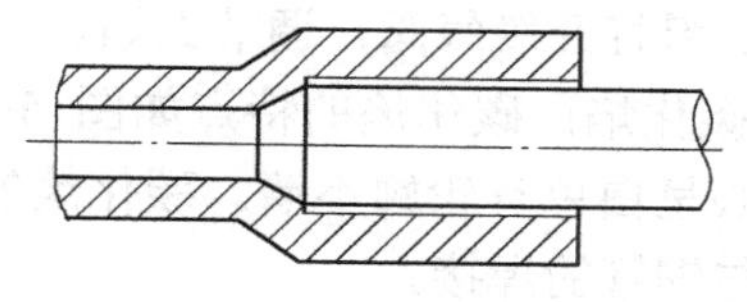

图5-8 杯形连接

扩口时，旋转用力不可过大。做出的喇叭口、杯形口应平滑，无毛刺、无裂痕。做杯形口也可用扩口器，操作方法和扩喇叭口方法相同。

（6）气焊技术

电冰箱、空调制冷（热）循环系统的管道焊接常用的有氧气-乙炔气焊接，氧气-煤气焊接。氧气-煤气焊接用于上门维修。氧气-乙炔气焊接广泛应用于工业生产与定点（维修部）维修。本书仅讲述氧气-乙炔气焊接技术。

1）氧气-乙炔气焊接设备

气焊设备主要由焊炬（枪）、氧气钢瓶、乙炔气钢瓶、压力表等组成，如图5-9所示。

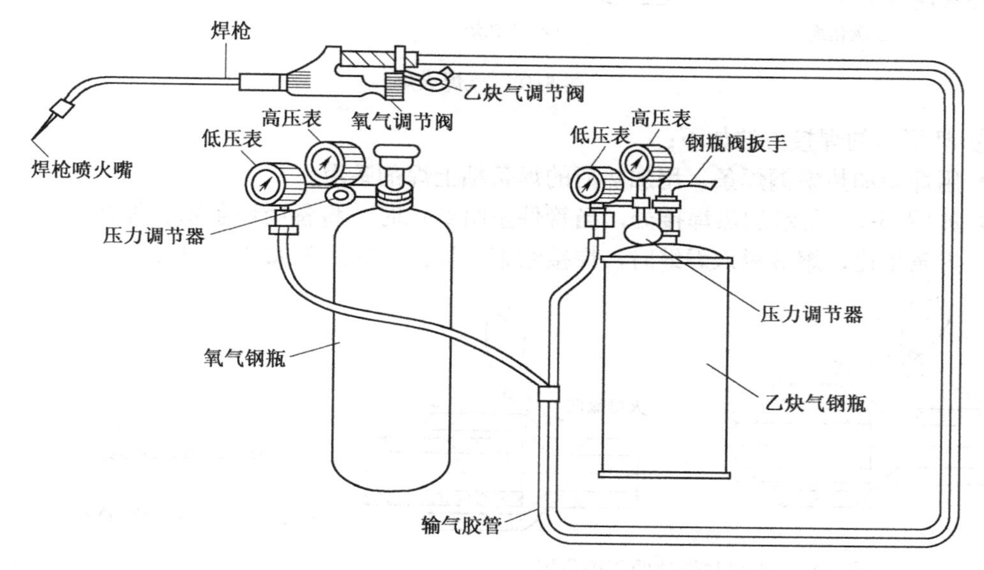

图5-9 氧气-乙炔气焊接设备

氧气瓶满载时，最大表压力为15MPa，由氧气高压表监控瓶内压力。瓶内气体经减压器减压后输出0.15～0.5MPa的低压工作氧气，由低压表监控。输送氧气选用的是耐压为2.0MPa的红色胶管。

乙炔气满载时，最大表压力为 2.5MPa，由乙炔气高压表监控瓶内压力。瓶内气体经减压器减压后输出 0.01～0.05MPa 低压工作乙炔气，由低压表监控。输送乙炔气选用的是耐压为 0.5MPa 的绿色（或黑色）胶管。

2）焊接训练

① 按图 5-9 连接好气焊设备。

② 打开氧气阀、乙炔气阀，观察高压表的表压。

③ 调节压力调节器，使低压氧的压力为 0.2MPa，低压乙炔气的压力为 0.02MPa。

④ 打开乙炔气调节阀，使焊枪喷火嘴喷出少量的乙炔气，用明火点燃，当喷嘴有火焰喷出时，缓慢打开氧气阀，调节火焰。

- 碳化焰：碳化焰的特点如图 5-10（a）所示，其火焰较长，内焰为淡白色，外焰为橙色，焰心呈白色且轮廓不清。碳化焰的温度较低，适用于制冷循环系统中的铜管与邦迪管、邦迪管与钢管的焊接。
- 中性焰：中性焰的特点如图 5-10（b）所示，在碳化焰的基础上适当地增加氧气，就可得到中性焰。中性焰的特点是外焰为紫色，向内变为浅橙色，到了内焰时变为蓝白色，且能看出细橄榄形的蓝线条，焰心呈圆锥形，色白明亮。中性焰可焊接铜管与铜管、钢管与钢管。
- 氧化焰：氧化焰如图 5-10（c）所示，在中性焰的基础上再增加氧气，就构成了只有外焰、焰心的氧化焰，其焰心为白色，外焰为紫蓝色，温度最高，通常不用于焊接。

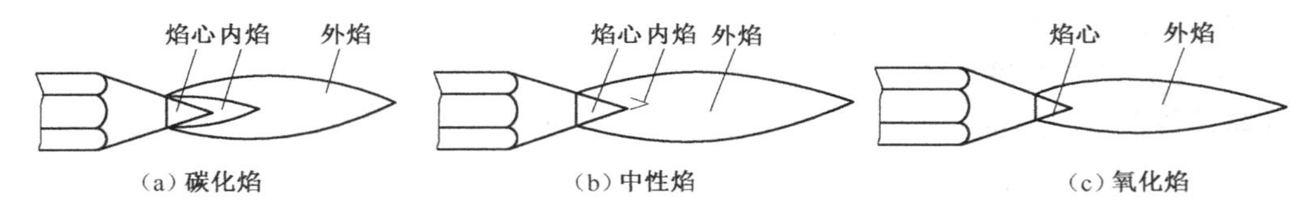

（a）碳化焰　（b）中性焰　（c）氧化焰

图 5-10　气焊火焰

⑤ 杯形口的焊接方法如下：

- 用焊炬加热磷铜焊条，用加热后的焊条粘上焊剂备用。
- 如图 5-11 所示加热焊接处，当管件呈暗红色时，将备用焊条粘在焊接处，让焊剂、焊条熔化，熔液浸入焊缝时，焊接结束，焊接好的接头如图 5-12 所示。

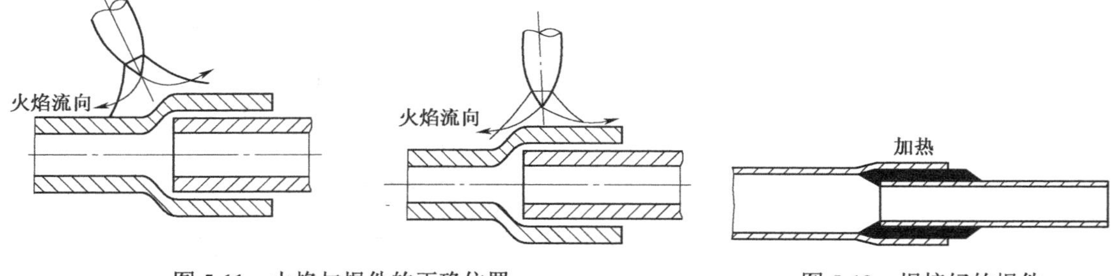

图 5-11　火焰与焊件的正确位置　　图 5-12　焊接好的焊件

- 清洁焊接表面。

⑥ 压缩机与冷凝器的焊接方法如下：

- 将压缩机的高压管（出气管）做杯形扩口。
- 按照杯形口焊接方法进行操作。

知识链接 1　压缩机

1. 电冰箱简介

（1）电冰箱的分类

电冰箱的主要作用是冷冻、冷藏食品。根据结构可分为单门、双门、三门、对开门电冰箱。根据食品表面有无结霜可分为直冷式（有霜）与间冷式（无霜）电冰箱。目前技术含量较高的有微电脑型变频电冰箱、双开门多功能豪华电冰箱。

（2）电冰箱的型号

电冰箱的型号可用下列格式来表示，在 BCD-180C 中，如图 5-13 所示，B 表示冰箱，C 表示冷藏，D 表示冷冻，180 表示容积为 180L，C 表示第三次改进，A 表示第一次改进，B 表示第二次改进。在 BCD-220WA 中 W 表示“间冷无霜”，如图 5-14 所示。

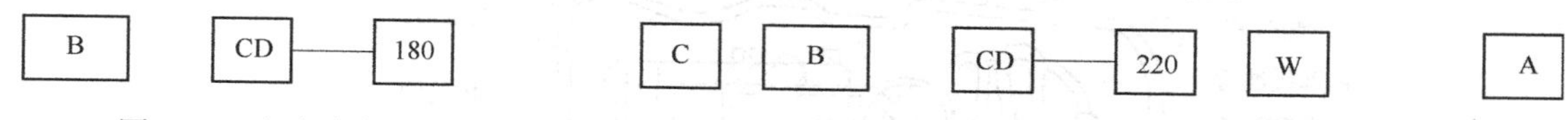

图 5-13　直冷式电冰箱的型号标注法　　图 5-14　间冷式电冰箱的型号标注法

（3）电冰箱的组成

电冰箱主要由制冷系统与电气控制系统组成，在任务 1 中主要研究制冷系统。

制冷系统主要由压缩机、冷凝器、干燥过滤器、毛细管、蒸发器，以及制冷剂等组成。

电冰箱制冷物质循环示意图如图 5-15 所示，制冷剂气体由蒸发器出来进入压缩机，气体经压缩机压缩后，变成高温高压气体到冷凝器，冷凝器与外界空间换热释放热量，使制冷剂气体液化（释放热量），液化制冷剂经干燥过滤器滤下水分和杂质后流入毛细管节流降压，节流降压后的制冷剂（尾部部分汽化）流入蒸发器减压迅速汽化，吸收电冰箱内食品的热量达到制冷的目的。蒸发器流出的气体流入压缩机继续进行制冷循环。

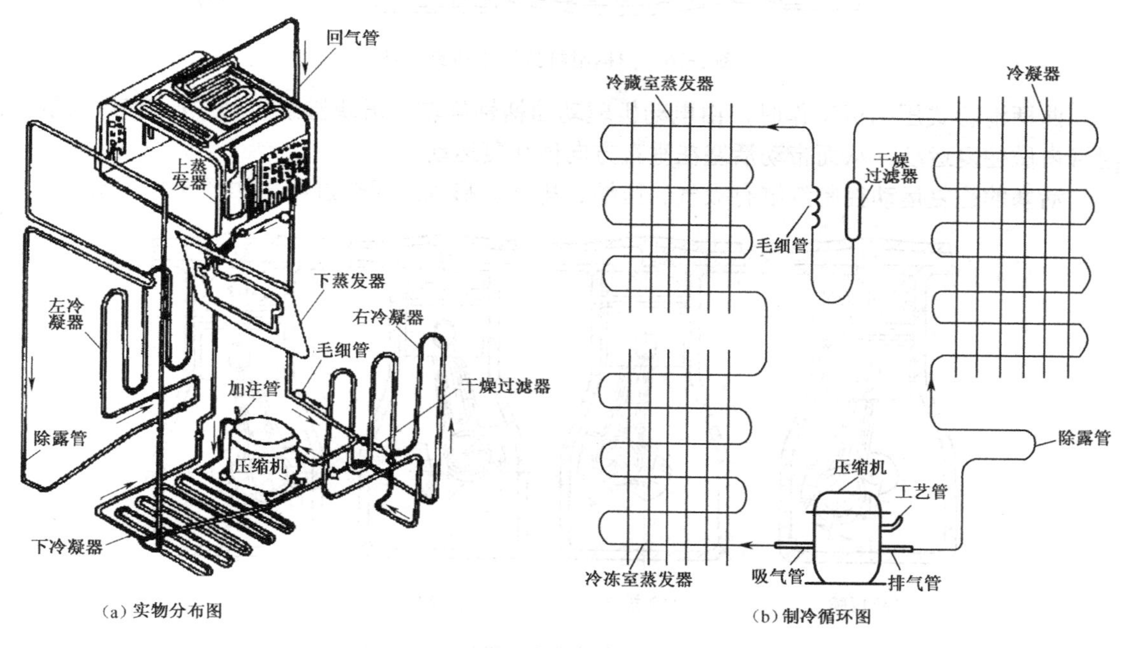

图 5-15　电冰箱制冷物质循环示意图

2. 压缩机

压缩机是电冰箱制冷循环的动力部分，它起着把电能转换成机械能，机械能转换成制冷剂热能的作用。

目前使用的压缩机主要有往复式与旋转式压缩机两大类。往复式压缩机主要用于电冰箱，旋转式压缩机主要用于空调器。往复式压缩机又有曲柄滑管式、曲柄连杆式、曲轴连杆式等多种。旋转式压缩机又有滚动转子式、滑片式、涡旋式等多种。本书仅介绍曲柄滑管式与涡旋式两种压缩机。

（1）曲柄滑管式压缩机

曲柄滑管式压缩机主要由单相异步电动机、滑块、曲柄轴、汽缸、阀座、阀片、机架及滑管活塞等组成，如图 5-16 所示。

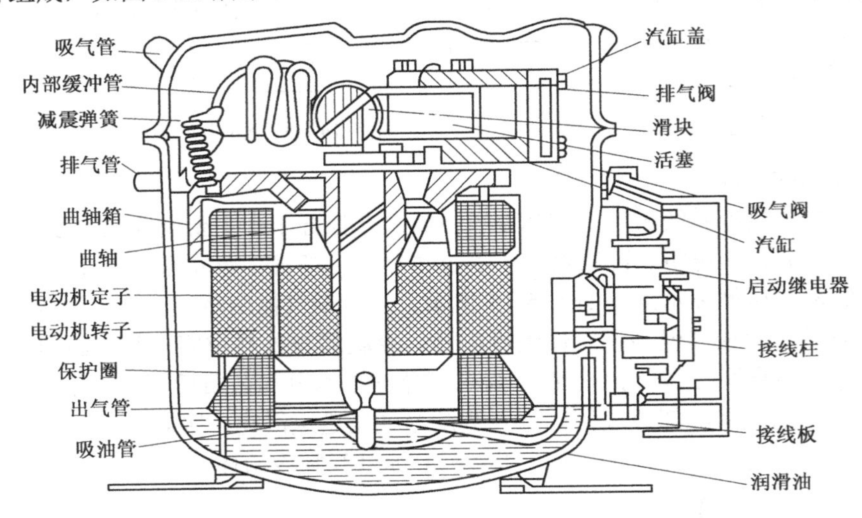

图 5-16　曲柄滑杆式压缩机结构图

曲柄滑管式压缩机工作时，由电动机驱动曲柄轴旋转，滑块围绕主轴中心旋转，同时在滑管内做往复运动，从而带动活塞在垂直方向做往复运动。

活塞的往复运动控制汽缸有吸气、压缩、排气、膨胀的四个过程，如图 5-17 所示。

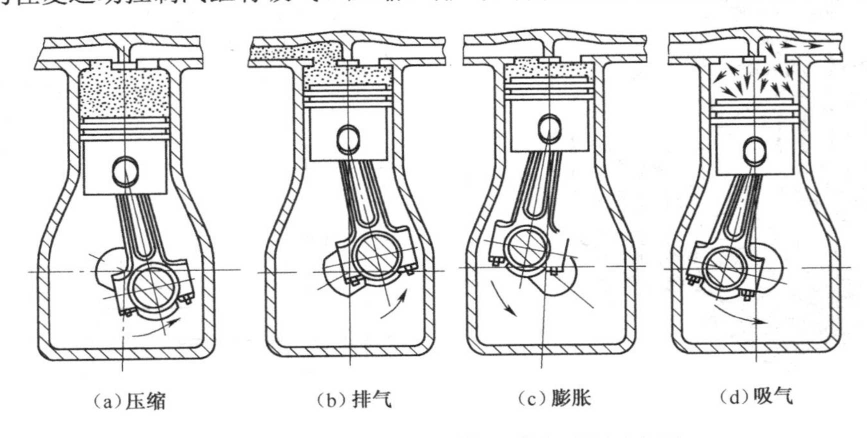

图 5-17　曲柄滑管式压缩机吸排气过程示意图

曲柄滑管式压缩机主要用于功率小于 200W 的电冰箱，功率较大时，则选用曲柄连杆式压缩机。

（2）涡旋式压缩机

涡旋式压缩机主要用于空调器，其结构如图 5-18 所示，它主要由电动机、涡旋转子、涡旋定子、吸气室、排气室、中间压力室、曲轴等部件组成。

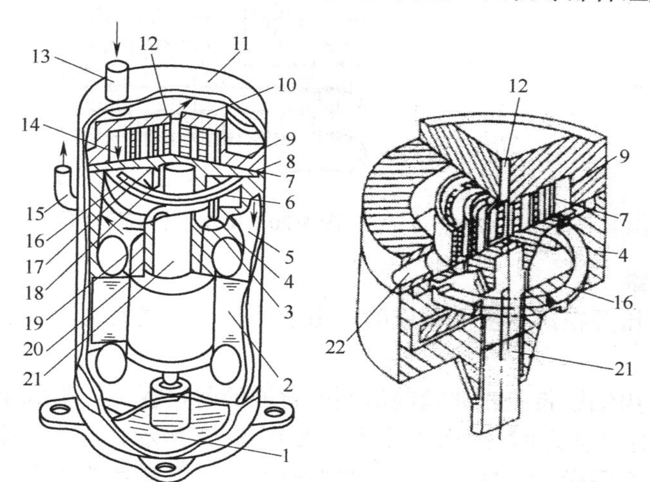

图 5-18 涡旋式压缩机结构图

压缩机工作时，制冷剂气体从涡旋定子涡卷外圈的吸气口被吸入，在定子涡卷与转子涡卷所形成的空间中被压缩，经过压缩后的高压制冷剂气体从涡旋定子中心排气口排出。涡旋式压缩机由两个涡卷组成了两个空间，它们在连续地进行着吸气、压气、排气三个不同的过程，压气、排气没有间断过程。因此，涡旋式压缩机的负载均衡，振动小，电动机、压缩机的工作效率高。现在有些厂家生产的电冰箱也改用了涡旋式或其他旋转式压缩机。

知识链接 2 冷凝器与蒸发器

1. 冷凝器

压缩机排出的高温高压制冷剂气体，要经过冷凝气降温、散热液化，因此，冷凝器要有足够大的面积与合理的结构，以利于散热，同时还要求密闭性能良好，能够承受一定的高压与在高温条件下不易氧化的性能。

根据使用场合的不同，冷凝器常做成平板式、百叶窗式、钢丝盘管式、内藏式冷凝器。

（1）百叶窗式、钢丝盘管式冷凝器

百叶窗式冷凝器是把盘好的冷凝器管道压焊在做有百叶窗的合金薄铁板上制成的，如图 5-19 所示。

钢丝盘管式冷凝器是在盘好的邦迪冷凝管上点焊上直径为 1.6～2.0mm 的细钢丝制成的，如图 5-20 所示。

百叶窗式、钢丝盘管式冷凝器的传热效率高，便于机械化生产，是电冰箱的两种冷凝器。其缺点是因裸露在电冰箱的背面，易积灰尘，易腐蚀。

注：*邦迪管是美国邦迪公司发明的一种冷凝管，它用钢带卷制而成，外表再镀约 3μm 厚的铜膜，其导热性能强，易焊接，液体流动阻力小。

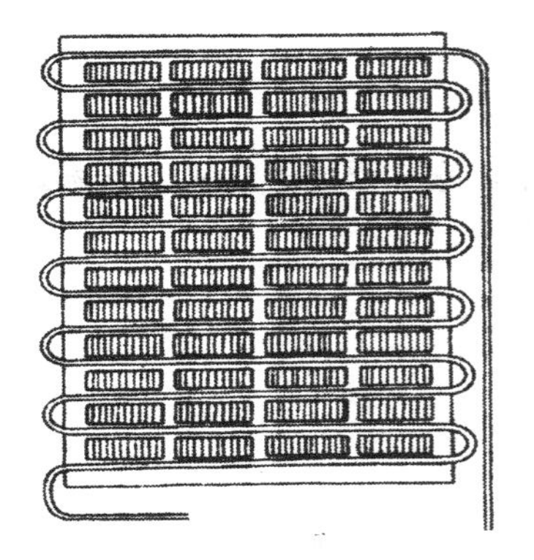

图 5-19 百叶窗式冷凝器

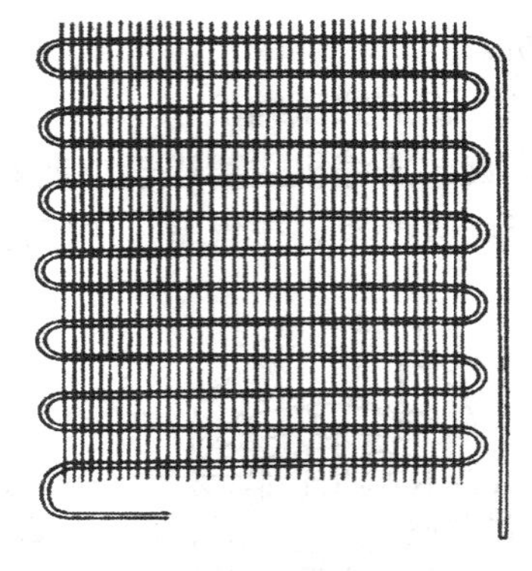

图 5-20 钢丝盘管式冷凝器

（2）平板式冷凝器、内藏式冷凝器

平板式冷凝器是把盘好的冷凝管压焊在薄钢板上制成的。由于不利于空气流动，散热效果差而不单独使用，如图 5-21 所示。

内藏式冷凝器是把盘好的冷凝管用铝胶带胶在冰箱的侧面或背面的薄钢板上，制成平板式冷凝器，再用发泡剂充填在冰箱的内外壳之间形成隔热材料，如图 5-22 所示。内藏式冷凝器散热效果差，但它可用电冰箱的五个面做散热器，通过增加散热面积来提高散热效率。由于内藏式冷凝器具有干净卫生、不易损坏的优点，同时还可用冷凝器的热量防露，蒸发冷藏室的外排水，目前很受市场欢迎。

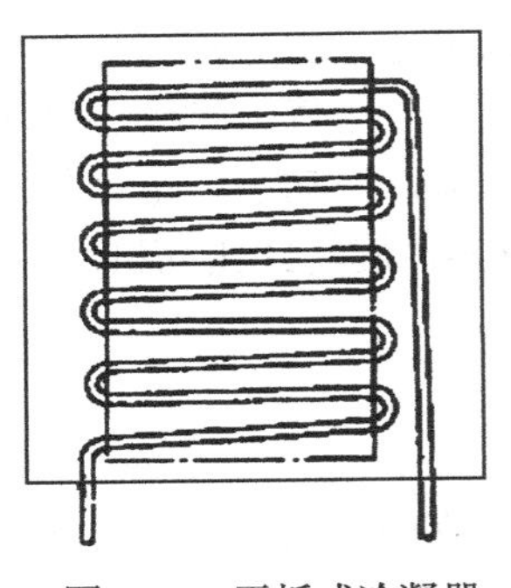

图 5-21 平板式冷凝器

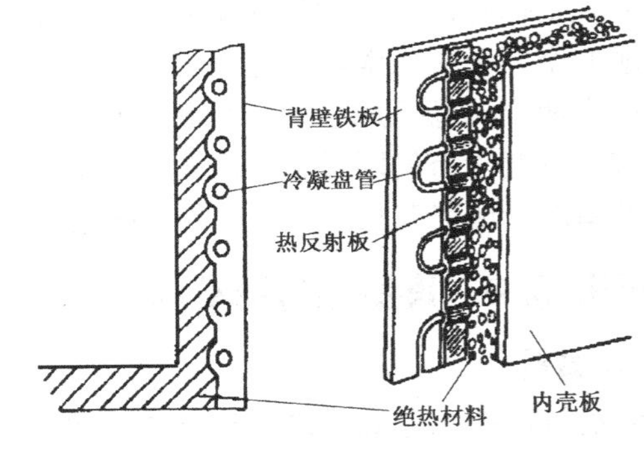

图 5-22 内藏式冷凝器

内藏式冷凝器常做成背藏式与侧藏式冷凝器，如图 5-23、图 5-24 所示。

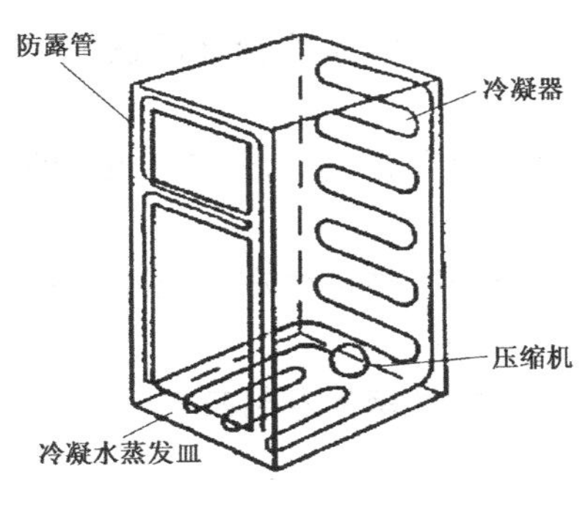

图 5-23 背藏式冷凝器

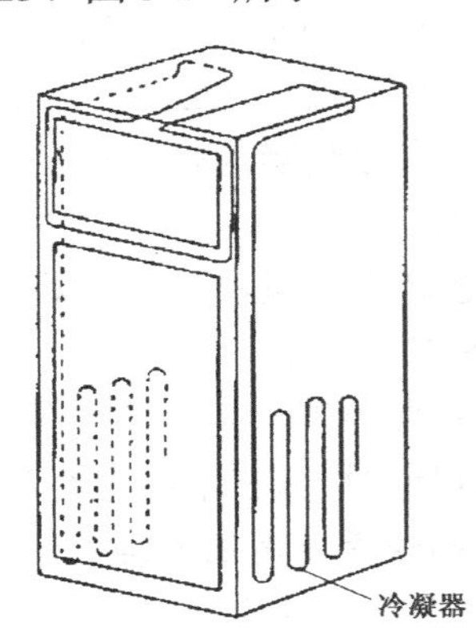

图 5-24 侧藏式冷凝器

2. 蒸发器

蒸发器是将毛细管末的制冷剂液体蒸发成气体。由于毛细管的管径很细，蒸发器的管径较毛细管而言要粗得多，所以制冷剂液体由毛细管进入蒸发器管道后就迅速地膨胀气化，吸收大量的热量，达到制冷的目的。

电冰箱的蒸发器主要有铝复合吹胀式蒸发器、管板式蒸发器、丝管式蒸发器及翅片盘管式蒸发器，如图 5-25（a）、（b）、（c）、（d）所示。其中丝管式用于多层冷冻抽式电冰箱，翅片管式蒸发器用于无霜间冷式电冰箱。

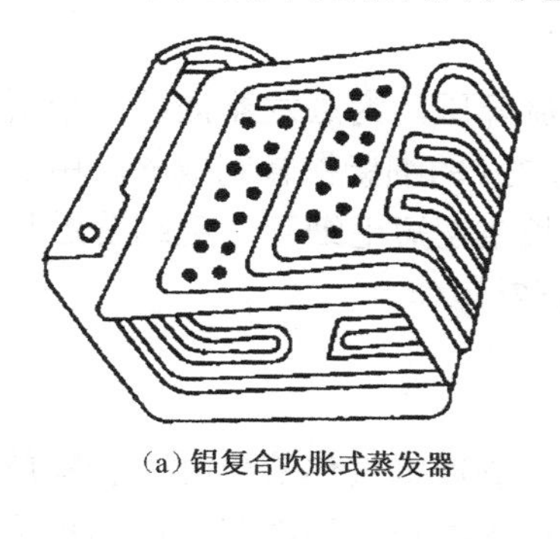
（a）铝复合吹胀式蒸发器

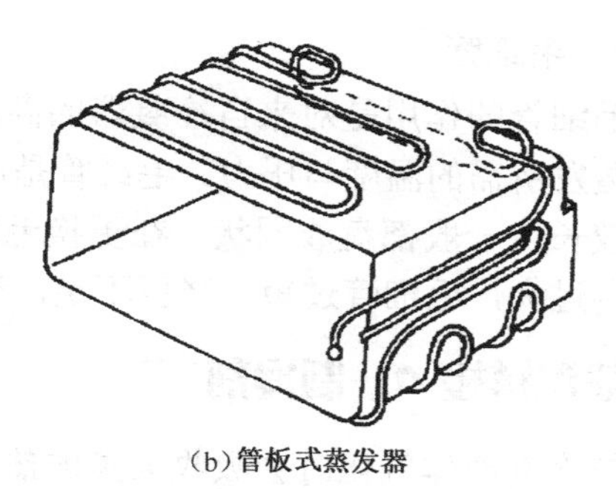
（b）管板式蒸发器

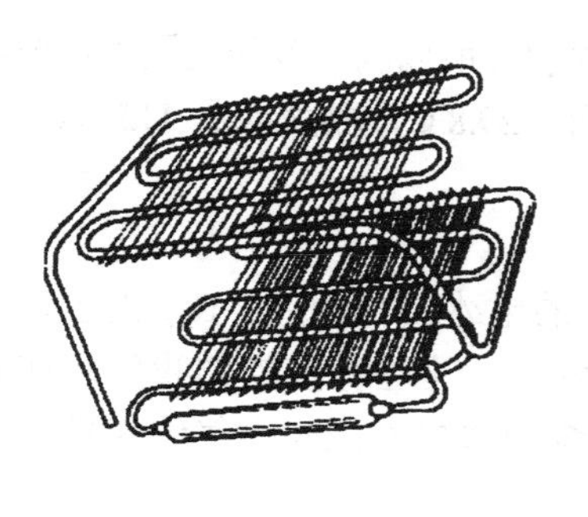
（c）丝管式蒸发器

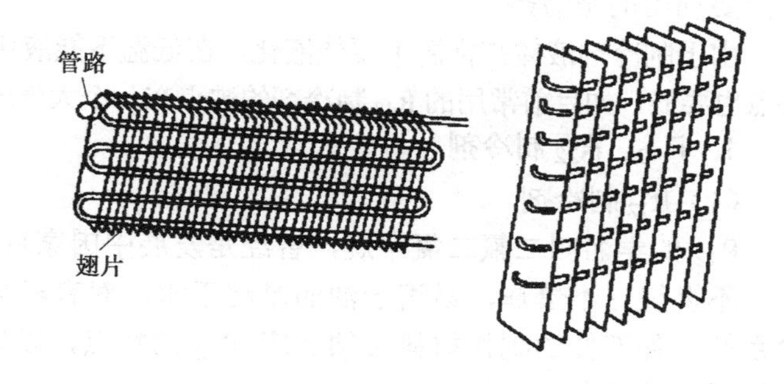

（d）翅片盘管式蒸发器

图 5-25　电冰箱的蒸发器

知识链接 3　干燥过滤器与毛细管

1. 干燥过滤器

电冰箱的压缩机在运行过程中由于机械磨损，会产生金属细小颗粒，制冷剂在生产及灌注到制冷循环系统的过程中，不可避免地会挟带微量的水分。尘埃颗粒会在毛细管中形成脏堵，水汽会在毛细管的尾端形成冰堵，使制冷剂不能循环，电冰箱不能工作。干燥过滤器的作用就是吸附制冷剂中的水分与尘埃颗粒，防止出现脏堵与冰堵的故障。

如图 5-26 所示，干燥过滤器主要由铜质过滤网、分子筛等组成。分子筛是用一种吸水性能很强的泡沸石制成的，也可用硅胶等其他干燥剂制造。铜质过滤网起滤除尘埃的作用。（a）图是单入口干燥过滤器。（b）图是双入口干燥过滤器，其中一个入口可起到抽真空和烘干干燥过滤器中水分的作用。

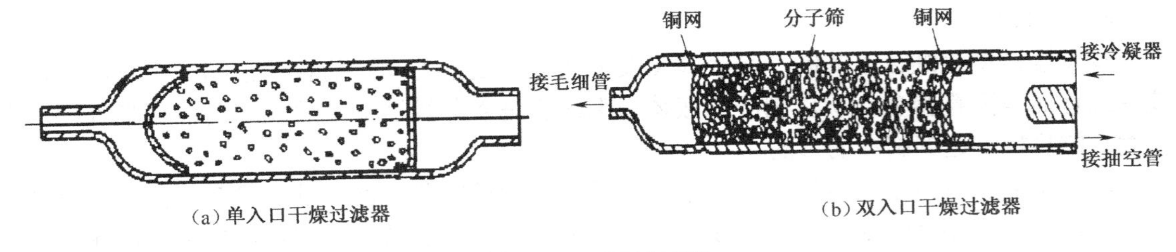

（a）单入口干燥过滤器　　（b）双入口干燥过滤器

图 5-26　干燥过滤器

2. 毛细管

毛细管的作用是对来自冷凝器的高温高压制冷剂液体节流降压，为蒸发器提供一个制冷液体蒸发所需的温度与压力。毛细管是用直径 2.5 mm、长约 3m 的细紫铜管制成的。由于毛细管较长，一般都盘成圈状。在更换毛细管时，不可随意加长或切短毛细管，毛细管过长，降压会过大，毛细管过短，降压不足，这些都会影响蒸发器正常工作。

知识链接 4　制冷剂

制冷剂液体气化时会吸收大量的热量，达到制冷的目的。制冷剂气体液化时，会释放大量的热量，实现制热的目的。制冷剂温度不变、状态变化而产生的热量叫潜热，电冰箱工作时主要利用的是潜热。

由于制冷剂液体在常温下要能液化，在低温下能液化而不凝固，所以制冷剂的凝固点很低，沸点也要低。如目前常用的 R_{12} 制冷剂的沸点在一个大气压下仅有 29.8℃，凝固点是−115℃。

1. R_{12}、R_{22} 制冷剂

（1）R_{12} 制冷剂

R_{12} 的学名叫二氟二氯甲烷，曾经是发展中国家目前常用的电冰箱制冷剂。R_{12} 无色、无味、不燃烧、不爆炸，易溶于油而难溶于水，对有机物有溶解性。这些特点告知我们，在制冷系统中各部件的制作材料必须适应 R_{12} 的特点，以确保系统的密封性能与电气绝缘性能，尽量减少系统中的水分。

（2）R_{22} 制冷剂

R_{22} 的学名叫二氟一氯甲烷，是发展中国家目前常用的空调制冷剂。它的特性与 R_{12} 相近，其蒸发温度与冷凝温度均比 R_{12} 要高。

R_{12}、R_{22} 制冷剂在工程中常称为氟利昂。

2. 新型制冷剂

R_{12}、R_{22} 制冷剂均含有氯元素，这两种制冷剂释放到大气中，其氯元素会对大气层中的臭氧层造成严重的破坏，使紫外线辐射增加，恶化地球的生态平衡。

根据 1992 年哥本哈根国际会议规定：发达国家于 1996 年 1 月 1 日起就禁用 R_{12} 制冷剂，2020 年 1 月 1 日起禁用 R_{22} 制冷剂。发展中国家可延迟 10 年禁用 R_{12} 与 R_{22}，考虑到电冰箱、空调的使用年限为 8～10 年，预计在 2016 年会彻底禁用 R_{12}，在 2040 年彻底禁用 R_{22}。

目前我国新品牌电冰箱已逐步用 R_{134a} 取代 R_{12}，发达国家正在研究，应用 R_{134a}、R_{152a} 和 R_{134} 组成混合制冷剂替代 R_{22}。

采用新型制冷剂后，对制冷系统各部件材料都提出了更高的要求，如密闭性、含水量、耐腐蚀性、润滑油的溶解性等。

技能训练2 抽真空、充灌制冷剂

1. 器材

抽真空与充灌制冷剂实习专用电冰箱、真空泵、制冷剂钢瓶、充气管等2～4组。

2. 目的

学习制冷系统抽真空的方法，掌握充灌制冷剂的技术。

3. 操作步骤

（1）单侧抽真空

1）用吸气管把真空泵与压缩机的工艺管连接好（工艺管上焊上专用螺纹接头），将三通阀调至最大，开启真空泵，抽气1～2小时，如图5-27所示。

2）在压缩机启动时，用电热器或电吹风烘烤干燥过滤器、冷凝器、蒸发器，使吸收的水分蒸发，一起被抽走，烘烤温度不能过高。

3）观察三通阀上的低压表，当压力显示为 0.1MPa 时，停止真空泵工作，开启制冷剂钢瓶，向压缩机充灌制冷剂，当压力升至 0.2MPa 时，关闭制冷剂钢瓶，启动压缩机，工作10分钟左右后停止工作，重新启动真空泵，抽至低压表显示0.1MPa时，继续抽真空1小时。

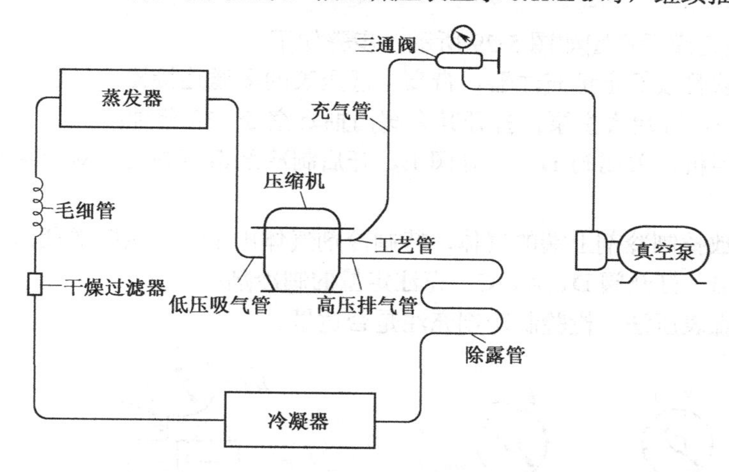

图5-27 单侧抽真空的系统示意图

（2）双侧抽真空

单侧抽真空时，因毛细管的隔离，使得冷凝器高压端的气体不易抽净，要想抽净气体则要加大真空泵的功率或延长抽真空时间。把干燥过滤器换成双入口干燥过滤器，并按图5-28连接好制冷系统，然后按照单侧抽真空的步骤进行抽真空。

（3）充灌制冷剂

1）表压法

关闭三通阀，把真空泵换成制冷剂钢瓶，如图5-27所示。打开制冷剂钢瓶阀门，先放掉管中的空气，旋紧接头，打开三通阀，当压力表显示0.25MPa时，停止加液，启动压缩机2分钟后表压应一直稳定在0.02～0.05MPa之间，工作30分钟后，若蒸发器结满霜，表示制冷剂充灌量适当。若表压过低，说明充灌量不足；表压过高（远大于 1MPa），说明充灌量过多，两者都要调整充灌量。

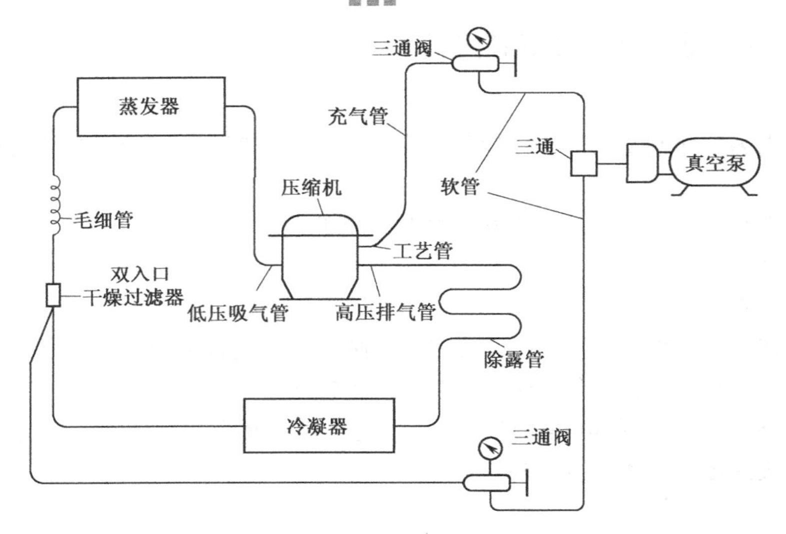

图 5-28 双侧抽真空的系统示意图

2）定量法

制冷剂定量充灌示意图如图 5-29 所示，步骤如下：

① 用高压软管接好定量充注器，带高、低压表的多通连接器；

② 关闭阀 E，开启真空泵，打开其余阀门抽真空 5～10 分钟；

③ 真空泵停机，关闭阀 D，打开阀 E，开启制冷剂钢瓶阀门，对定量充注器充定量的制冷剂；

④ 用阀 F 放掉制冷剂上端的气体，待制冷剂气体出来时，及时关闭阀 F；

⑤ 关闭阀 B，打开阀 D、A、C，充注定量的制冷剂；

⑥ 参照步骤表压法，检验制冷剂充注是否适量。

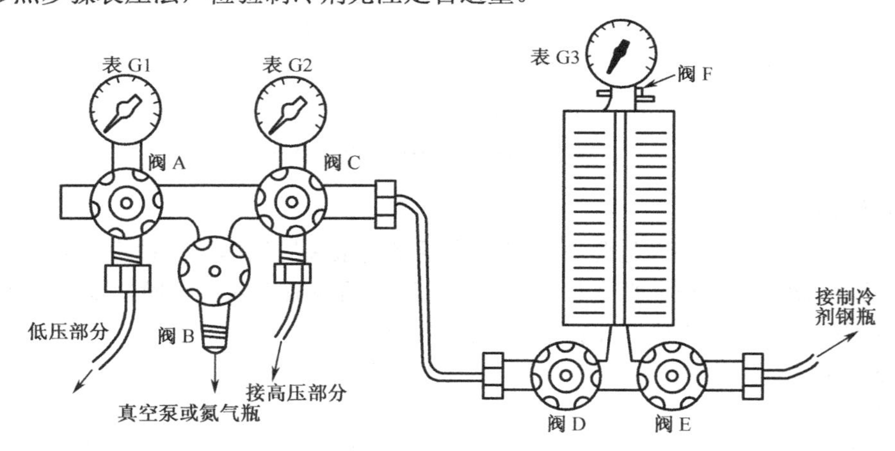

图 5-29 制冷剂定量充灌示意图

技能训练 3 电冰箱制冷系统的维修一

1. 器材

维修专用电冰箱 4 台（可设置故障的电冰箱 4 台，需更换的毛细管、干燥过滤器、冷凝器、压缩机等均用螺旋式接头连接，其中工艺管串接低压表，排气管串接高压表，干燥过滤器出气口串接高压表，以监视制冷剂的压力），维修工具4套，制冷剂钢瓶4个。

2. 目的

观察、分析电冰箱不能制冷的故障，学习检修方法。

3. 情境设计

学生分成4组，学习4个故障的维修方法，并轮流交换维修。

（1）毛细管冰堵。

（2）毛细管脏堵。

（3）干燥过滤器脏堵。

（4）压缩机高压漏气。其制冷系统连接如图5-30所示。

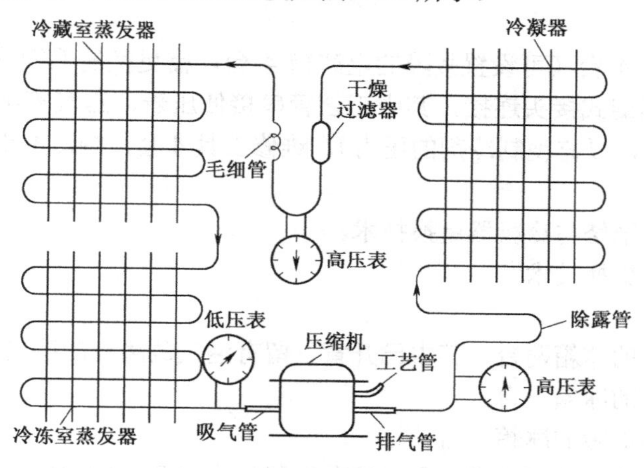

图5-30 制冷系统连接示意图

4. 操作步骤

（1）每个小组启动运行电冰箱，观察故障现象。

（2）分析故障，找出故障点。

（3）更换故障器件，启动电冰箱，检测维修效果。

（4）恢复故障，每个组交换维修，直至4个故障轮修完。

5. 故障分析参考

（1）毛细管冰堵

电冰箱启动正常，运行一会毛细管尾端结霜，高压表表压力迅速上升，冰箱很快停机。过一会儿，毛细管霜化后冰箱又启动。启动后又出现以上故障，用热毛巾捂住毛细管结霜处，冰箱能正常工作。根据此现象可以判断电冰箱出现了冰堵。

更换新的干燥过滤器可以暂缓冰堵故障，正常的维修方法应更换制冷剂。

（2）毛细管脏堵

电冰箱启动后不制冷，且很快停机。检查电源正常，压缩机启动运行声音发闷，初步可判断出现了脏堵。观察压力表，发现排气管与干燥过滤器后的高压表压力都偏高（远大于1MPa），说明毛细管出现了脏堵。更换毛细管后，电冰箱工作恢复正常。

（3）干燥过滤器脏堵

故障现象同上，但压力表显示排气管压力过高，干燥过滤器尾端压力很低。此现象说明干燥过滤器出现了脏堵。更换干燥过滤器后，电冰箱工作恢复正常。

（4）压缩机内部高压（排气阀片或排气管连接处等）漏气

电冰箱启动后，制冷效果较差，长时间工作达不到设定温度。此故障可能是制冷剂慢漏、毛细管等部分堵塞、压缩机效率下降等。经观察压力表发现，排气压力偏低，吸气压力偏高，显然是压缩机内高压漏气，使低压升高。更换压缩机，并抽真空，充灌制冷剂。启动电冰箱，工作恢复正常。

在实际维修时，并没有安装压力表，故障分析要难得多，这就要求我们在维修过程中不断地积累经验，实现快速、准确地维修电冰箱。

技能训练4　电冰箱制冷系统维修二

1. 器材

维修专用电冰箱 4 台（可设置故障的电冰箱 4 台，需更换的毛细管、干燥过滤器、冷凝器、压缩机等均用螺旋式接头连接，其中工艺管串接低压表，排气管串接高压表，干燥过滤器出气口串接高压表，以监视制冷剂的压力），维修工具 4 套，制冷剂钢瓶 4 个。

2. 目的

（1）学习蒸发器维修与冷凝器更换技术。

（2）掌握制冷剂更换技术。

3. 情境设计

（1）蒸发器漏气的冰箱两台，其中已开背、留有漏气故障点的冰箱一台。

（2）冷凝器漏气的冰箱一台。

（3）压缩机机械故障的冰箱一台。

（4）可更换蒸发器的故障冰箱一台，该蒸发器的进出两端用螺旋接头连接。

学生分成 4 组，启动冰箱，发现故障现象，分析查找故障点，提出检修方案并维修。维修结束后，恢复故障，4 个小组交换维修任务，直至 4 个故障轮修完。

4. 课时

由于维修完要更换制冷剂，每个故障维修要 1～2 课时。充灌制冷剂需待下次课进行。

5. 故障分析参考

（1）蒸发器进出两端连接处漏气

蒸发器漏气常发生在进出气的连接端。开启压缩机，运行正常，但听不到制冷剂的流动声，冷凝器没升温，电冰箱不制冷，该现象基本可判断制冷剂泄漏。

经观察，冷凝器、毛细管等外露器件无油迹处（有油迹处往往就是泄漏点）。向压缩机注入少量制冷剂，用检漏仪检测也没发现漏气点。怀疑蒸发器漏气。打开后背，取出发泡隔热层（事先设置好），用检漏仪检测，发现毛细管与蒸发器接头处有漏气点。蒸发器的漏气点常用耐高温、高压的环氧树脂粘补，常用的有 SR102、A101 等。粘补时，先清洁故障处，然后裹一层砂布，再用胶粘补即可。

（2）蒸发器中间管道漏气

运行、检测方法同上，但没找到漏气点，怀疑蒸发器中间部位有漏气点。用检漏仪检测到蒸发器附近有制冷剂气体，说明蒸发器中间部分漏气。该故障用重新盘好、同规格的铜管更换比较适宜。更换方法如图 5-31 所示。

（3）冷凝器漏气

启动电冰箱观察现象同（1）。

经观察，发现冷凝器锈迹斑斑，多处有油迹（冷冻油溶于制冷剂一同泄漏时的典型现象），用肥皂水涂于油迹处，启动电冰箱，发现有气泡，说明漏气点就在该处。

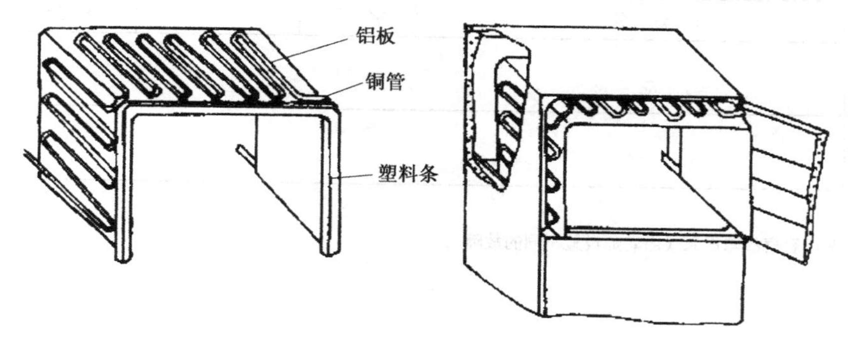

图 5-31 更换蒸发器铜管示意图

维修方案：建议更换冷凝器。

冷凝器与压缩机、干燥过滤器的接头处也是漏气故障的多发部位，检修时要重点观察。与冷凝器相关的漏气点都在冰箱外部，通常启动压缩机后，涂上肥皂水就可找到故障点。

（4）压缩机机械故障

压缩机运行时有闷声，说明高压回气；有金属摩擦或刺耳声，说明内部机械零件损坏；有哐铛声，说明防震弹簧损坏或脱钩。

启动电冰箱，听到压缩机发出铛铛的金属碰撞声，说明三个防震弹簧的一根折断或脱钩。

维修方案：建议更换同规格的压缩机。

项目工作练习 1 电冰箱不制冷（循环系统故障）的维修

<table>
<tr><td>班 级</td><td></td><td>姓 名</td><td></td><td>学 号</td><td></td><td>得 分</td><td></td></tr>
<tr><td>实 训
器 材</td><td colspan="7"></td></tr>
<tr><td>实 训
目 的</td><td colspan="7"></td></tr>
<tr><td colspan="8">工作步骤：
（1）启动电冰箱，观察故障现象（由老师设置不同的故障）。

（2）故障分析，说明哪些原因会造成电冰箱不制冷。

（3）制定维修方案，说明检测方法。

（4）记录检测过程，找到故障器件、部位。

（5）确定维修方法，说明维修或更换器件的原因。</td></tr>
<tr><td>工 作
小 结</td><td colspan="7"></td></tr>
</table>

项目工作练习2　电冰箱制冷不良（循环系统）的维修

班　级		姓　名		学　号		得　分	
实　训 器　材							
实　训 目　的							
工作步骤： （1）启动电冰箱，观察故障现象（由老师设置不同的故障）。 （2）故障分析，说明哪些原因会造成电冰箱制冷不良。 （3）制定维修方案，说明检测方法。 （4）记录检测过程，找到故障部位、器件。 （5）确定维修方法，说明维修或更换器件的原因。							
工　作 小　结							

任务2　电冰箱电气控制系统

维修任务单

序　　号	品 牌 名 称	报修故障情况
1	万宝 BCD_192	电冰箱能制冷，但效果差
2	新飞 BCD_245	电冰箱不制冷，冷冻食品已化冻

技师引领1 电冰箱制冷效果差

1. 客户王先生

我家电冰箱前段时间工作正常，近来感觉制冷效果变差，冷冻室食品已化冻了，温度偏高。

2. 李技师分析

制冷效果差原因是多方面的，压缩机性能下降、制冷系统局部堵塞、制冷剂不足、不能化霜等都有可能造成电冰箱制冷不足。

3. 李技师维修

打开冷藏室门，结霜很厚，门灯亮，温控器打到 7 挡强行启动，压缩机运转正常。怀疑化霜电路断路，经检查，化霜温控器及化霜定时触点正常，测得化霜电热器电阻为无穷大，说明化霜电热器断路，更换同规格的化霜加热器，电路工作恢复正常。

技师引领2 电冰箱不制冷

1. 客户王先生

我家电冰箱前段时间工作正常，近来感觉制冷效果变差，不能制冷，冷冻室食品已化冻了，温度偏高。有两三天听不到压缩机工作的声音了。

2. 李技师分析

直冷式电冰箱电气控制原理图如图 5-32 所示，压缩机不工作，有可能压缩机损坏，也有可能温控器、过载保护器等电器出现了断路。

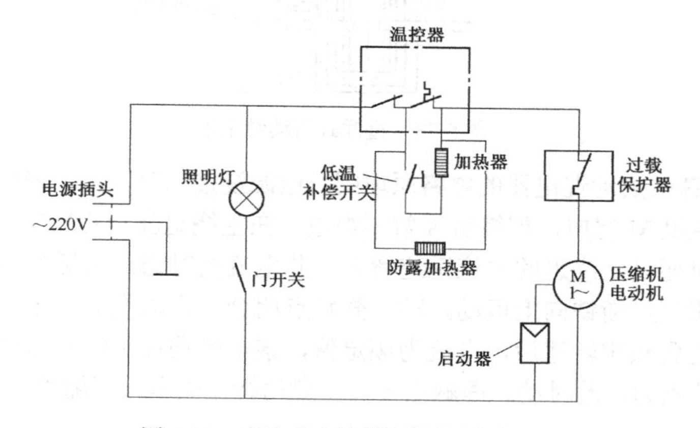

图 5-32 直冷式电冰箱电气控制原理图

3. 李技师维修

打开冷藏室门，门灯亮，说明电源正常，测得压缩机的电动机主、副绕组电阻正常，过载保护器、启动器为通路，测温控器常闭触点为断路。说明温控器出现故障，使压缩机不能启动，更换同规格的温控器，冰箱恢复正常工作。

媒体播放

（1）播放电冰箱控制电路的仿真课件。

（2）播放李技师维修实例。

电冰箱的同一个故障现象其原因是错综复杂的。要学会李技师的维修技能，除了会分析制冷系统外，还必须学习冰箱的电气控制知识及电气控制电路的维修技能。

（3）播放电冰箱仿真控制电路课件。

知识链接 1　电冰箱的电气控制元件

1. 压缩机启动继电器与过载保护器

压缩机的电动机是单相异步电动机，必须配有启动装置才能通过主、副绕组产生旋转磁场，使压缩机电动机启动。电冰箱的启动装置常用的有重锤式与 PTC 元件启动继电器。

（1）重锤式启动继电器

重锤式启动继电器主要由继电器线圈、衔铁、动/静触点等组成，如图 5-33 所示。线圈没通电时，衔铁在重力的作用下使动、静触点自然分断，线圈通电后，在电磁力的作用下衔铁向上运动，动、静触点闭合，压缩机启动运行。衔铁的运动与重力密切相关，故电流启动继电器也称重锤式启动继电器。

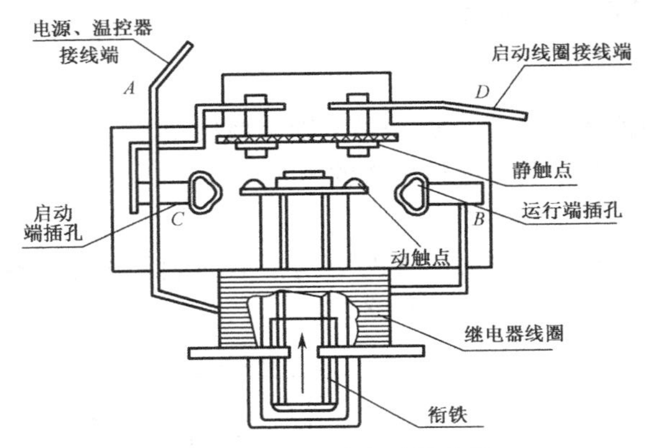

图 5-33　重锤式启动继电器

图 5-34 是重锤式启动继电器的电路原理图。电源没接通时，动、静触点是自然分断的。接通电源后，主绕组 M 得电，副绕组 S 暂不得电，在主绕组脉动磁场的作用下，压缩机电动机不能启动。此时通过主绕组的电流迅速增大，此电流同时通过重锤式启动继电器线圈，在线圈电磁力的作用下，衔铁向上运动，动、静触点闭合，启动绕组得电，压缩机启动运行。当压缩机电动机达到额定转速后，电流为额定值，该电流通过重锤式启动继电器线圈产生的电磁力小于衔铁的重力，此时动、静触点分断，启动绕组失电，压缩机稳定运行。

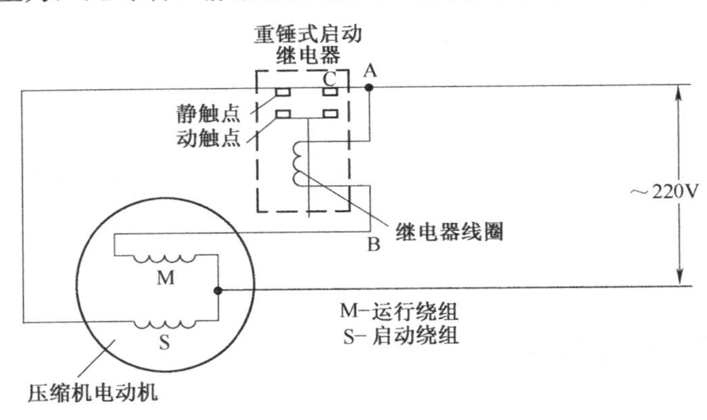

图 5-34　重锤式启动继电器的电路原理图

（2）PTC 元件启动继电器

1）PTC 元件

PTC 元件是以钛酸钡（$B_aT_iO_3$）掺入微量稀土元素，经陶瓷工艺制成的一种具有正温度系数的半导体元件。

图 5-35（b）所示是 PTC 元件的温度特性。由（b）图可知在室温 20℃左右至 90℃的温度区间内电阻随温度增加而减小的，在 90℃之后电阻随温度的增加而急剧地变大。根据这一温度特性，制造出了无触点 PTC 继电器，即低温时电阻小，相当于导通，高温时电阻很大，相当于断路。PTC 继电器的外形如图 5-35（a）所示。

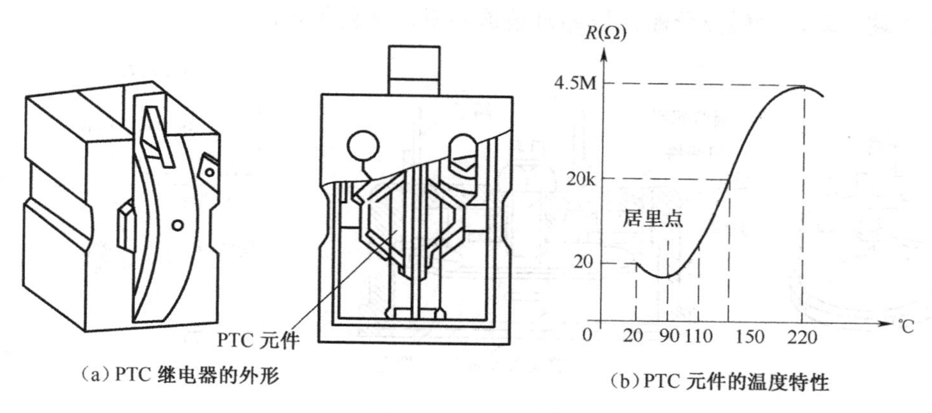

（a）PTC 继电器的外形　（b）PTC 元件的温度特性

图 5-35　PTC 元件

2）PTC 继电器的启动原理

图 5-36 是 PTC 继电器的启动电路图。（a）图是电阻启动电路，在通电的瞬间，PTC 电阻很小，约为 20Ω，主绕组与启动绕组得电，压缩机启动，随着电流的增加，PTC 的电阻迅速增加，此时压缩机电动机接近额定转速，启动完毕，而启动绕组及 PTC 通有较小的电流，使 PTC 温度保持在 150℃左右，电阻在 20kΩ左右，启动绕组近似于断路。

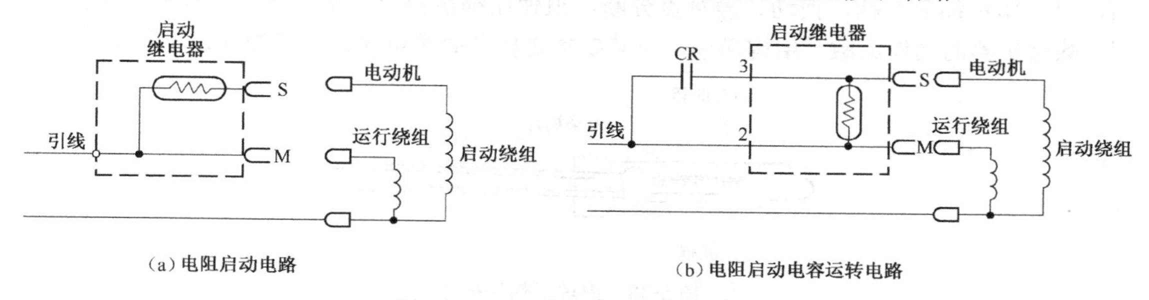

（a）电阻启动电路　（b）电阻启动电容运转电路

图 5-36　PTC 继电器的启动电路图

图 5-36（b）是电阻启动电容运转电路。在启动的瞬间，电容的容抗大于 PTC 的电阻，电流主要经 PTC 到启动绕组，启动完毕后，PTC 的电阻要远大于电容的容抗，PTC 仅分得较小的电流，保持其高阻状态，大部分电流经电容流经启动绕组。电阻启动电容运转式电动机较电阻启动式电动机所运行的转矩大。

PTC 继电器启动的时间约为 1 秒，启动时间短、无触点、无噪声、运行可靠、寿命长，在电冰箱启动电路中应用较多。

PTC 元件在使用时要注意防潮，否则电阻会迅速降低，还要注意工作时不应超过其最大工作电流与最大工作电压，防止永久性损坏。

PTC启动继电器的主要参数如下：

25℃时，R=22±4.4Ω，耐压330V，最大工作电流为7～8A，工作电流为10～20mA。

2. 过载保护器

（1）碟形热保护器

碟形热保护器主要由电热器、双金属片及动、静触点组成，如图5-37所示。过载保护器安装在压缩机的接线盒内，且它的开口处紧贴在压缩机的外壳上。在正常情况下，动、静触点闭合，电路导通。若压缩机温升过高，或者电流过大，使电热丝产生较大的热量，都会使双金属片下翻，动、静触点分断，压缩机被迫停机，达到保护的作用。

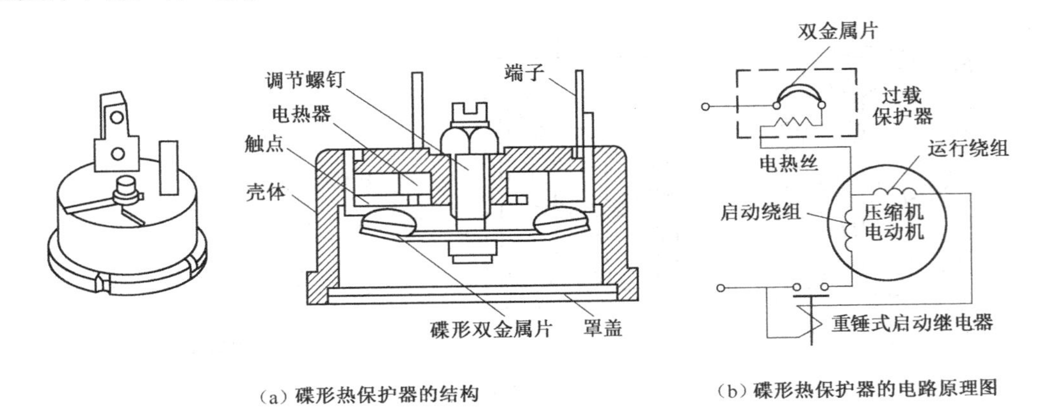

（a）碟形热保护器的结构　（b）碟形热保护器的电路原理图

图5-37　碟形热保护器

（2）内埋式热保护器

内埋式热保护器由动、静触点，双金属片及外壳等组成，如图5-38所示。它串接在压缩机的定子绕组中，直接感受绕组的温度与电流变化，当电流过大或压缩机连续工作温升过高，双金属片都会上翻，使动、静触点分断，迫使压缩机停机，达到保护压缩机的目的。内埋式热保护器的动作灵敏、结构简单，对其要求是质量必须可靠，一旦损坏，不易维修。

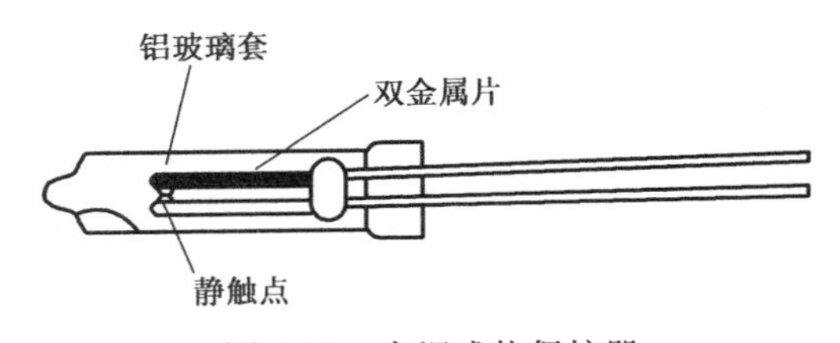

图5-38　内埋式热保护器

（3）一体式启动与过热保护器

现在多数电冰箱采用一体式启动与过热保护装置。它把启动器与过热保护器根据电路原理安装在一起，有两根电源线，一个三眼插孔，这样便于生产安装。压缩机有三个接线柱，与组装好的启动器与过热保护器的三眼插孔对接即可，另有两个电源引入线接电源，使用非常方便。

一体式启动与过热保护器中的启动器（重锤式或PTC元件）与过热保护器可分别维修更换。图5-39是一体式启动与过热保护器的电路原理图。

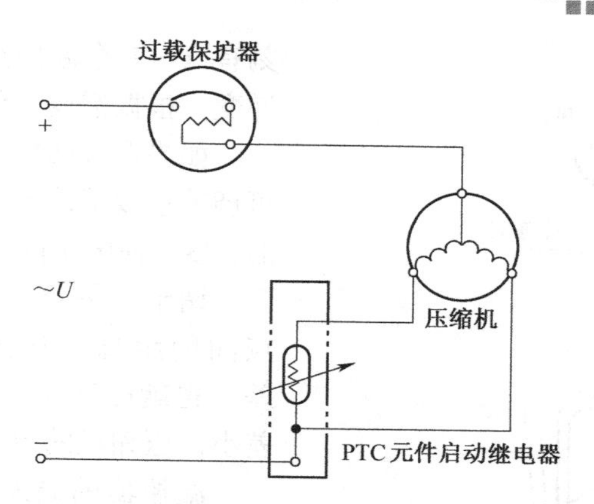

图 5-39 一体式启动与过热保护器的电路原理图

值得一提的是，启动器、热保护器都是互相匹配的，更换元件必须选用同规格的产品替代，否则压缩机不能启动，甚至损坏。

当电冰箱发生故障出现电流过大时，要用到过载保护分断电路，保护压缩机与其他电器不受损坏。

知识链接 2 电冰箱的温控器

1. 蒸气压力式温控器

（1）普通温控器

蒸汽压力式普通温控器的工作原理图，如图 5-40 所示。它的感温管紧贴冷藏室蒸发器。当冷藏室温度升高时，感温管内压力升高，推动传动膜片向左运动，此传动压力的力矩大于弹簧拉力的力矩时，动、静触点瞬间接触，压缩机工作，制冷。当温度降低到一定数值时，弹簧拉力力矩大于传动压力力矩，动、静触点瞬间分开，压缩机停机。当温度再次上升到启动温度时，压缩机再次启动。

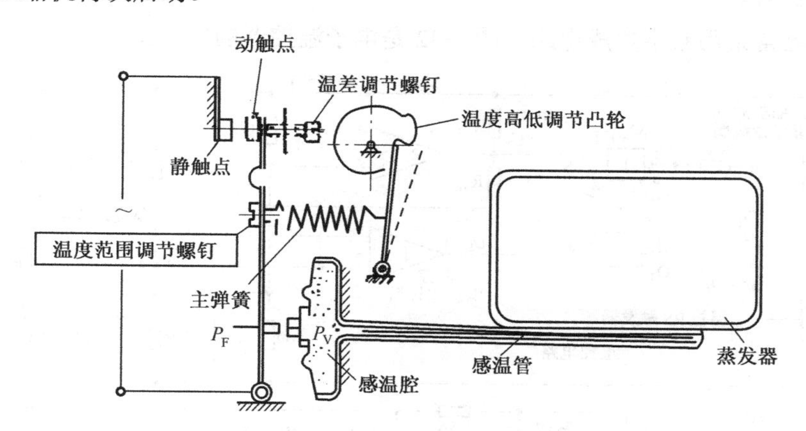

图 5-40 蒸汽压力式普通温控器的工作原理图

电冰箱的工作温度范围与启停时的温差是由温差调节螺钉、温度高低调节凸轮来完成的。转动凸轮，就改变了杠杆与凸轮的切点半径，切点半径变大，弹簧被拉长，反之，弹簧缩短。弹簧变长，拉力 P_F 增加，电冰箱启动时所需的膜片压力 P_V 增加，即感温管内气体温度变高。电冰箱启动，温度变高。反之，电冰箱的启动，温度变低。手动转轮与凸轮同轴，

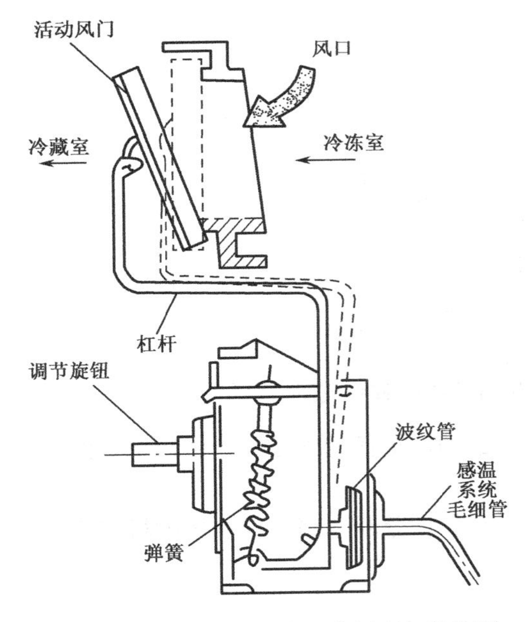

图 5-41 风门式温控器的工作原理与结构图

刻有 1～7 个温控点，温度由弱冷到强冷依次递变，根据需要，供使用者选调。

如果调节凸轮仍不能达到所需的温度，则可调节温度范围调节螺钉，来拉长或缩短弹簧的长度，使电冰箱内的温度升高或降低。

调节温差调节螺钉，可以改变动、静触点间的距离，从而改变感温系统的动作压差，也就改变了温控器的启停温差。启停温差小，压缩机的启停时间短，启动频繁。

温控器的温差调节、温度范围调节，在其出厂时已调好，使用时不可随便调节。

（2）风门式温控器

风门式温控器用于间冷式电冰箱冷冻室、冷藏室的冷气量控制，翅片盘管式蒸发器的强迫风冷常采用风门式温控器。

风门式温控器的工作原理与结构图如图 5-41 所示。当冷藏室的温度升高时，感温系统内的压力增加，其压力通过波纹管传递给杠杆，使活动风门开启度变大，进入冷藏室的冷气量增加。当温度逐渐降低时，在弹簧力的作用下，风门逐渐关闭，进入冷藏室的冷气量逐渐减小。

调节旋钮的作用是调控冷藏室的温度，标有 1～7 个温控点，数字越大，弹簧的作用力越小，温度越低。通常设定 1 为 8℃，4 为 2℃，7 为 0℃。风门式温控器只控制冷藏室的温度，而压缩机的启停由冷冻室的蒸气压力式温控器控制。

2. 电子温控器

电子温控器常采用数字集成电路。图 5-42 是电子温控器的原理图。

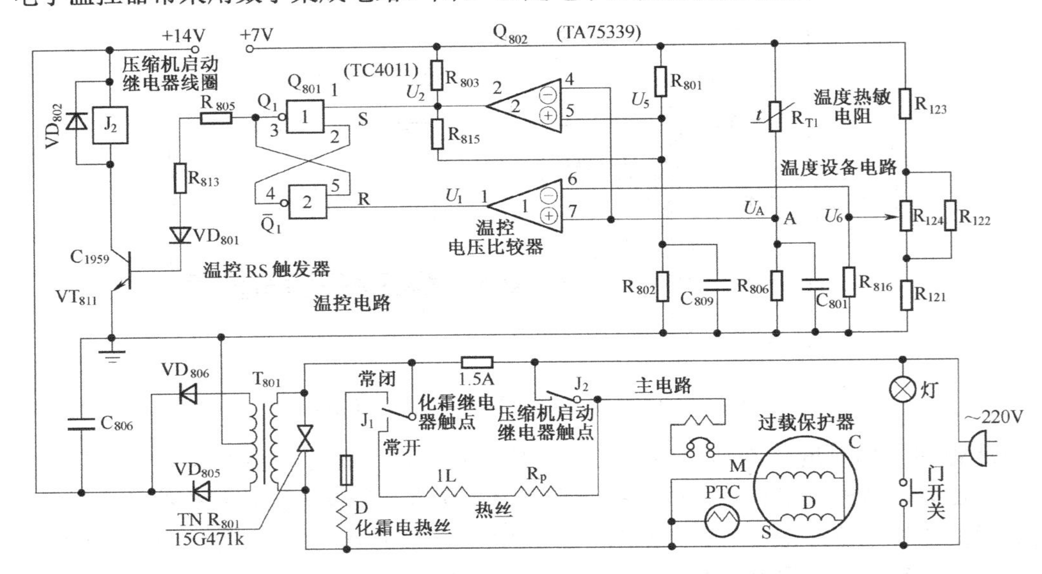

图 5-42 电子温控器的原理图

电子温控器由温度设置电路、温度传感器、电压比较器、温控触发器及压缩机启动继电器组成。

R_{124}是温度控制的取样电阻。滑动端在最上端时，U_6=2.4V，在最下端时U_6=1.6V，中间位置时U_6=2V；R_{801}、R_{802}分压使U_5=4.2V，电压比较器的$U_4=U_7$为热敏电阻R_{T1}与R_{806}的分压电压。

温度升高时，R端电压减小，$U_A>U_5$=4.2V后，电压比较器2的U_2=0（低电平）；$U_7=U_A> U_6$（1.6～2.4V），电压比较器1的输出U_1=1（高电平）。此时S=0（低电平），R=1（高电平），Q_1=1（高电平），输出高电平，三极管VT_{811}导通，继电器线圈J_2得电，其常开触点闭合，压缩机启动制冷。

温度降低时，热敏电阻R_{T1}变大，U_A变小，当$U_A<U_5$=4.2V后，U_2=1（高电平），此时RS触发器的S=1（高电平），R=1（高电平），Q_1保持不变，压缩机继续工作制冷。

温度继续降低时，当$U_7<U_A<U_6$（1.6～2.4V）后，U_1=1（高电平），R=0（低电平），S=1（高电平），RS触发器翻转，Q_1=0（低电平），输出低电压，使VT_{811}截止，继电器J_2失电，压缩机停机。

压缩机停机后温度上升，R_{T1}变小，U_A变大，只要$U_6<U_A<U_5$，RS触发器就处于保持状态，压缩机就不会工作，只有温度升高，使$U_4=U_A>U_5$后，U_2=0（低电平），RS触发器再次翻转，Q_1=1（高电平），使压缩机再次启动制冷。

知识链接3　化霜控制

制冷循环时，蒸发器表面会结霜，结霜过厚会影响制冷效率。霜层越厚，制冷效率越低，耗电量越大。电冰箱、热泵空调必须要定期除霜。常用的除霜方法有人工除霜、半自动除霜、全自动除霜。

人工除霜时，只要使电冰箱停机，电冰箱内温度就会自然升高，然后用霜铲清除霜层，除霜完毕后，接通电源，电冰箱就重新工作。自动化程度高的冰箱一般采用半自动化霜或全自动化霜。

1. 半自动化霜

（1）电子式半自动化霜

图5-43是电子电冰箱中的半自动化霜电路图，在使用时，它和图5-42电子温控器相互关联，其工作原理如下文所述。

R_{T2}与R_{810}分压，提供冷冻室化霜比较电平U_8，R_{808}与R_{809}分压，提供化霜电压比较器同相端电平U_9；化霜启动、停止按钮是化霜控制部分；化霜RS触发器控制化霜继电器J_1；VD_{803}是钳位电路，起VT_{812}、VT_{811}互锁作用，即化霜与制冷互锁。

化霜时，按下化霜启动按钮S_{101}，化霜RS触发器的S_2=0（低电平），Q_2=1（高电平）输出高电平，VT_{812}导通，化霜继电器J_1得电，其常开触头闭合，化霜电热丝工作，开始化霜。VT_{811}的基极被VD_{803}钳位在VT_{812}的饱和导通电位上，此时约为0.45V，即VT_{811}被锁住，压缩机不会制冷。

松开化霜按钮S_{101}后，S_2接R_{119}与C_{804}之间，S_2=1（高电平），只要化霜电压比较器的$U_9>U_8$，R_2也为1（高电平），RS触发器处于保持状态，继续化霜。

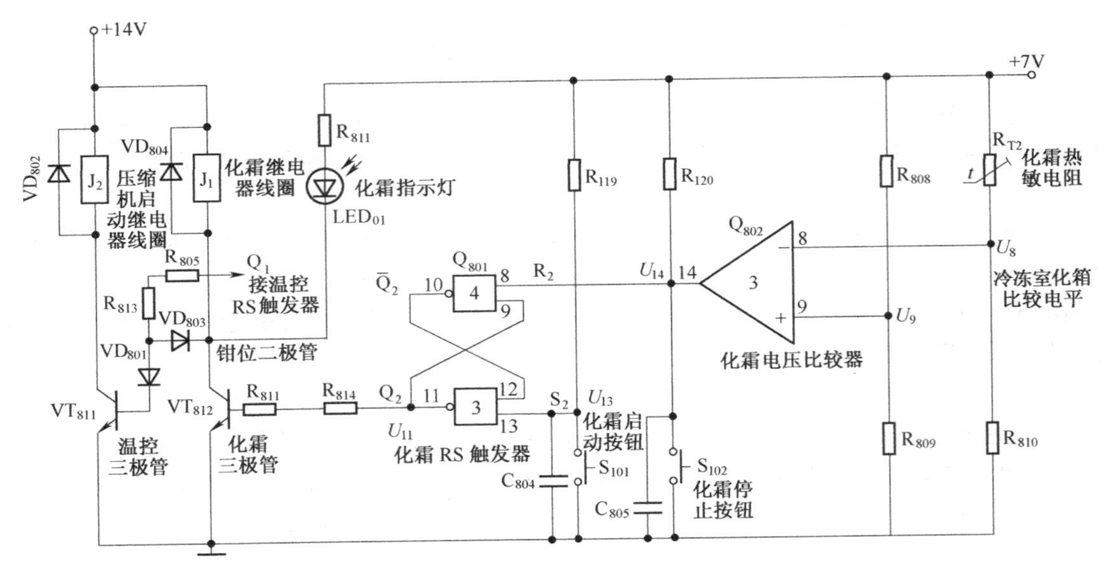

图 5-43 半自动化霜电路图

化霜结束时，温度逐渐升高至电冰箱启动温度时，R_{T2} 减小到使 $U_8>U_9$ 的值，$R_2=U_{14}=0$（低电平），化霜 RS 触发器翻转，$Q_2=0$（低电平），VT_{812} 截止，化霜继电器 J_1 失电，停止化霜。此时的 VT_{812} 集电极电位升高，VT_{811} 导通，电冰箱启动制冷。

需强制停止化霜时，只要按下化霜停止按钮 S_{102}，使 $U_{14}=R_2=0$（低电平），即可终止化霜，其原理同前所述。半自动化霜操作简单，化霜结束后，可自动回到制冷状态。

（2）按钮式半自动化霜

图 5-44 是半自动化霜温控器的工作原理图。按下化霜按钮后，化霜控制板以 O 点顺时转动，使动、静触点分断，压缩机停机，温度自然上升，开始化霜，当蒸发器表面温度到约为 5℃时（预定的化霜停止温度），感温管内的压力作用大于化霜弹簧力的作用，使拉板向左运动，联动主架板使化霜控制板绕 O 点逆时针转动，压下 A 点，使动、静触点闭合，压缩机启动，重新制冷。化霜终止温度由化霜温度调节螺钉来设定。压紧弹簧，停止温度降低，反之停止温度则高。化霜平衡弹簧与主弹簧相平衡，使化霜停止温度不受电冰箱启动温度的影响。

2. 全自动化霜

全自动化霜从化霜到化霜停止，压缩机重新启动都是自动完成的。电冰霜常采用积算式全自动化霜控制器。

图 5-45 是积算式全自动化霜控制电路的原理图。电冰箱制冷运行时，除霜计时电动机 M 与压缩机电动机同时运转，电冰箱温控器长闭触点分断时，两个电动机同时停止工作。计时电动机运行的时间就是冰箱制冷工作的时间，计时电动机控制一个凸轮，凸轮每转一周，常闭触头 ab 分断，常开触头 ac 闭合一次。常开触头 ac 闭合后，压缩机断路停机，计时电动机短路停机，化霜电热丝、排水电热丝通电，开始化霜。

计时电动机的阻抗较大，化霜电热器、排水电热器的阻抗较小，所以计时电动机 M 工作时，电热器的温升很小。

化霜后，当箱内温度升到 10℃左右时，化霜温控器常闭触点分断，停止化霜。计时电动机 M 工作，常开触点 ac 分断，常闭触点 ab 闭合，压缩机工作制冷，计时电动机与之同步计时。随着温度的降低，化霜温控器触点重新闭合，为下一次化霜做好准备。

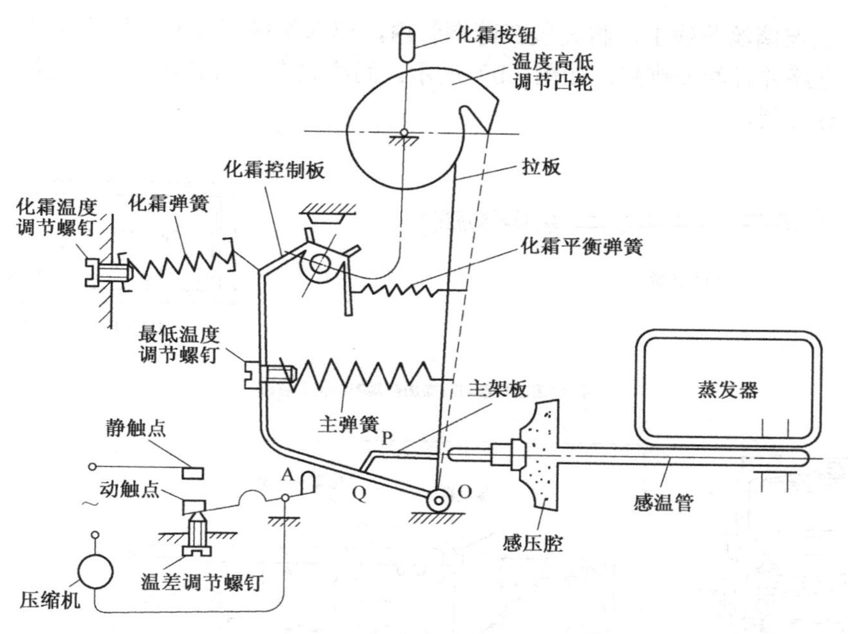

图 5-44 半自动化霜温控器的工作原理图

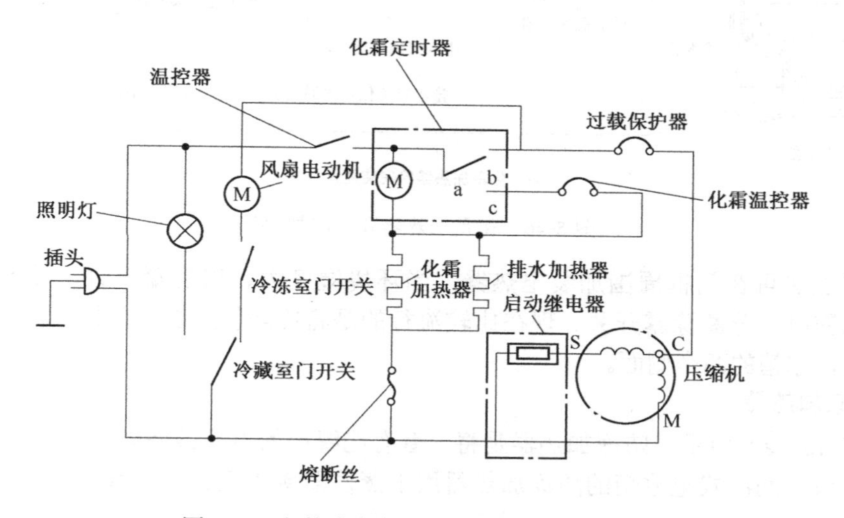

图 5-45 积算式全自动化霜控制电路的原理图

该电路具有化霜时确保压缩机不工作、积霜较薄时化霜时间短、化霜温升过高自动分断化霜电路的控制保护功能。

知识链接 4 电冰箱辅助加热器

制冷循环系统的加热器的作用主要有化霜、防露、防冻、温度补偿三种。加热器的工作主要由温控器控制。

1. 化霜加热器

图 5-46（a）是化霜加热器与防冻加热器的结构示意图。化箱加热器是将一根细长的镍

铬丝绕在多股玻璃丝芯线上，将其装在薄铜管内，填入绝缘石英砂，做好绝缘封口而成。它与蒸发器的管路并行间隔排列，如图（b）所示。间冷式电冰箱的化霜常用积算式全自动化霜控制电路进行控制。

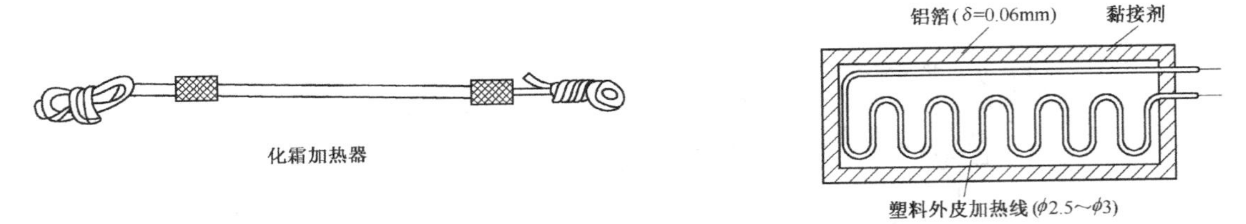

（a）化霜加热器与防冻加热器的结构示意图

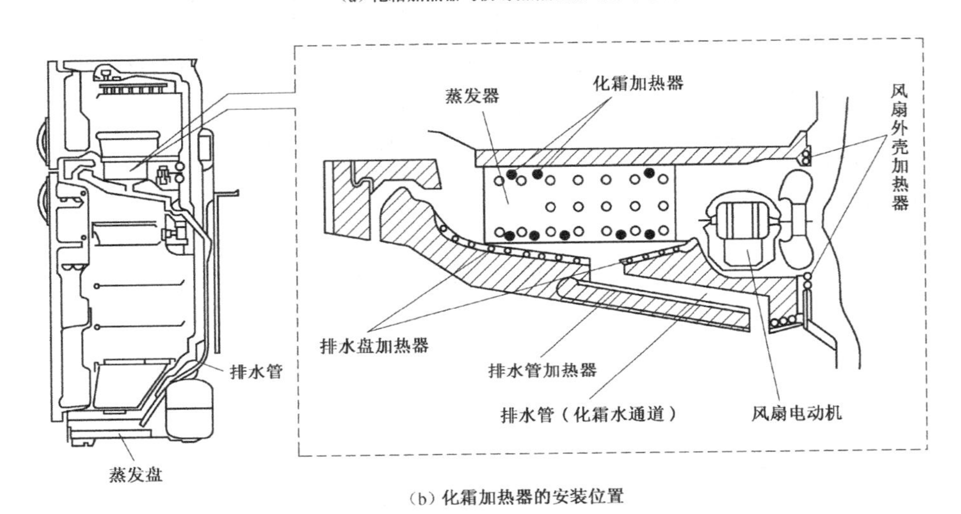

（b）化霜加热器的安装位置

图 5-46 化霜加热器和防冻加热器

防凝露加热可在门框周围加装电热器，当环境湿度大、出现凝露时，接通除露开关即可，不需除露时，分断除露开关。现在比较流行的是将冷凝管路装在门框周围，或者将内置式冷凝器装在冰箱的两个侧面。

2. 防冻加热器

如图 5-46（a）所示，防冻加热器是将一套有绝缘层的电热丝绕成多个 S 状，夹装在两层铝箔间而成。间冷式电冰箱的防冻加热器用于蒸发器接水盘、排水管路及风扇排风口的加热防露。

3. 温度补偿加热器

（1）冷藏室加热器

当环境温度低于压缩机的启动温度（冷藏室温度约为 5℃）时，温控器处于常开状态，压缩机不制冷，造成冷冻温度过高。冷藏室加热器可对冷藏室感温器微微加热，使环境温度较低时，压缩机也有一定的工作时间。

（2）风门感温管加热器

风门感温管加热器用于加热风门式温控器的感温管，使感温管的温度略高于感温管尾部温度，确保风门式温控器正常工作。

图 5-47 是常用加热器的电路原理图。由图可见出水管加热器、风门感温温控器加热器是长期工作的。化霜时接水盘加热器、化霜加热器、风扇口圈加热器工作，压缩机工作（计时电动机同时工作）时，这三个加热器的阻抗远小于计时电动机的阻抗，所以，这三个加热器的功率很小。

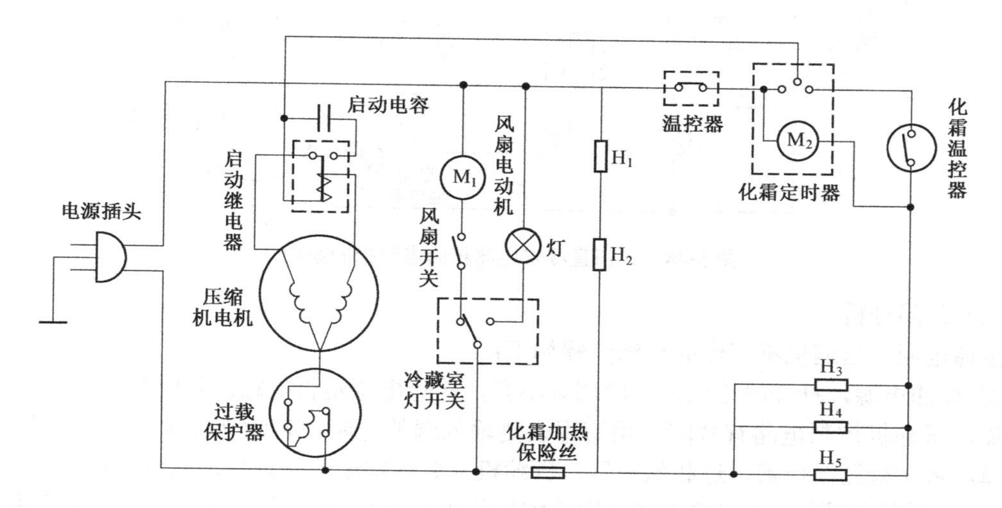

H_1—风门感温温控器加热器；H_2—出水管加热器；H_3—接水盘加热器；H_4—化霜加热器；H_5—风扇口圈加热器

图 5-47　加热器的电路原理图

技能训练 1　双门直冷式电冰箱电气故障的检修

1. 器材

制冷维修工具若干套，压缩机绕组故障、温控器故障、启动器与过载保护器故障的电冰箱各一台。温控器、启动器、过载保护器若干。

2. 目的

学习、掌握双门直冷式电冰箱电气故障的检修技术。

3. 情境设计

地点在理实一体化教室。4 组学生分别研究双门直冷式电冰箱控制电路，对 4 台均不能启动的电冰箱，提出检修步骤，查找故障点，更换故障器件。完成维修任务后，恢复故障，小组间交换修理，把 4 个故障轮修一遍。

4. 检修方法参考

（1）电气控制分析

双门直冷式电冰箱的电气控制原理图，如图 5-48 所示。接通电源，冰箱内温度达到启动温度后，HL、LC 触点均闭合，电流经过载保护器、压缩机主副绕组、启动继电器构成回路，压缩机启动制冷。达到停机温度时，LC 触点分断。若加热开关闭合，则加热器与压缩机串联，由于加热器绕组远大于压缩机电动机的绕组，所以加热器产生较少的热量提供温度补偿（温度补偿可用于冬季低温时冰箱能够启动制冷，也可用于化霜，防止蒸发器排水管冰堵等）。

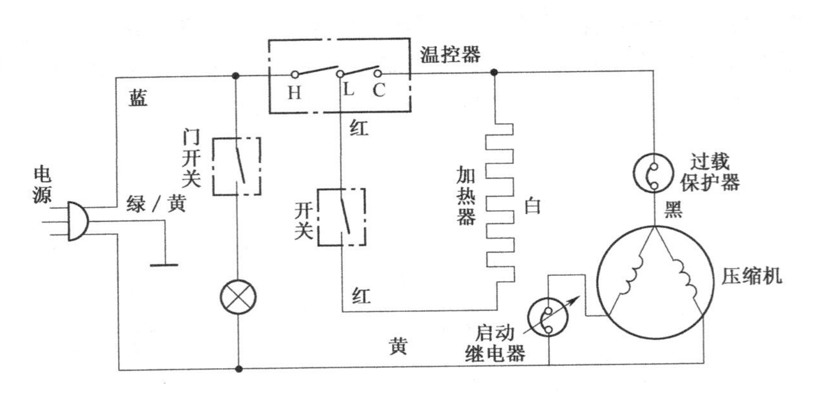

图 5-48　双门直冷式电冰箱的电气控制原理图

（2）故障分析

接通电源，压缩机不工作的检修步骤如下：

① 接通电源，打开冰箱门，若照明灯不亮，检查电源是否断路。若照明灯亮，说明电源无故障，压缩机控制电路有故障。用万用表测输入端的电阻，若为无穷大，说明电路中有断路故障。依次检测温控器，过载保护器、压缩机、启动继电器是否出现断路即可。

② 若测得电阻在 5～30Ω之间，则压缩机的电动机可能出现了局部短路。用万用表检测主绕组电阻，若只有几欧姆，说明主绕组有短路故障，若电阻在 30Ω左右，则说明正常。电阻若为无穷大，则说明有断路故障。

③ 检测副绕组电阻，电阻在 100Ω左右为正常，电阻在 20Ω左右为局部短路，电阻为无穷大则发生了断路故障。

根据检测到的故障部位，更换同规格的器件即可。

技能训练 2　无霜电冰箱化霜，温度补偿电路的检修

1. 器材

制冷维修工具若干套。化霜定时器、化霜温控器、化霜加热器、排水加热器故障的间冷式电冰箱各一台。化霜定时器、化霜加热器、排水加热器、化霜温控器各一个。

2. 目的

学习、掌握无霜电冰箱化霜控制电路的检修技术。

3. 情境设计

地点在实习室或理实一体化教室。4 组学生对有化霜定时器、化霜温控器、化霜加热器及排水加热器故障的电冰箱提出检修方案，查找故障点，更换故障器件，通电检验维修是否成功。按此过程把 4 个故障轮修一遍。

4. 检修方法参考

（1）间冷式电冰箱简介

间冷式电冰箱采用通过空气强迫对流制冷。用电风扇对着蒸发器吹风，得到干冷空气（水蒸气在蒸发器表面结霜，把空气中的水分吸收），而干冷空气吹到冷冻、冷藏食品上制冷。由于干冷空气基本上无水蒸气，食品表面不会结霜，所以间冷式冰箱也叫无霜冰箱。如图 5-49 所示，间冷式电冰箱的冷藏与冷冻室间有一可调风门，用于控制进入冷藏室的冷风量。间冷式电冰箱的冷气循环如图 5-49 所示，间冷式电冰箱比普通电冰箱多用了一个风扇、

一个风门式温控器，蒸发器用的是翅片盘管式蒸发器。

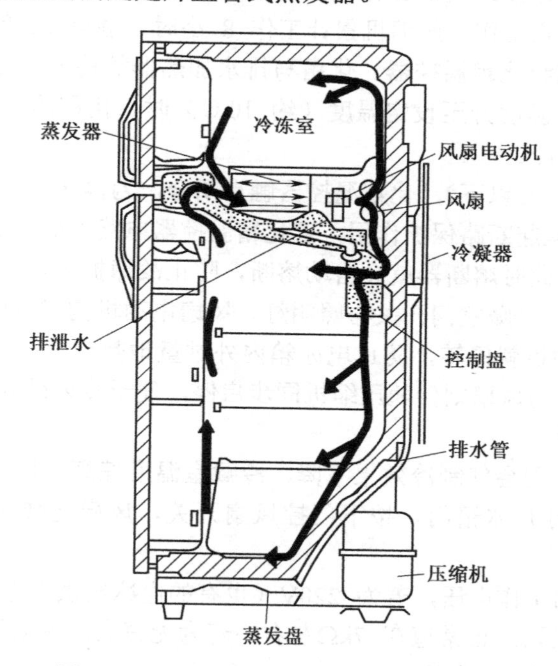

图 5-49 间冷式电冰箱的冷气循环示意图

（2）间冷式电冰箱控制电路分析

要想维修间冷式电冰箱的电气控制故障，就必须读懂其电气控制电路。图 5-50 所示为双门间冷式电冰箱的电气控制原理图。

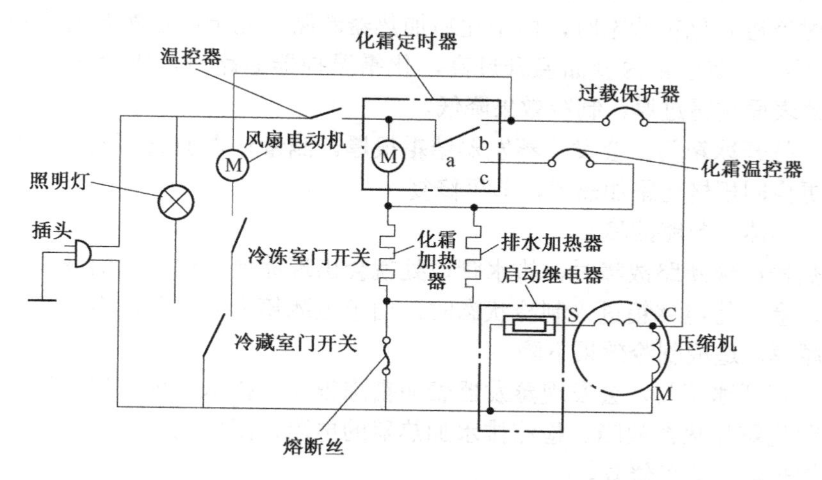

图 5-50 双门间冷式电冰箱的电气控制原理图

1）接通电源后，电流经温控器触点，化霜定时器触点 ab、过载保护器、压缩机、启动继电器构成回路，压缩机启动制冷。

2）化霜定时器电动机与化霜加热器、排水加热器并入压缩机电路，计时电动机电阻（约 7500Ω）远大于化霜、排水加热器电阻（约 350Ω），所以加热器的加热可以忽略，计时电动机与压缩机同步工作，记录压缩机的工作时间。当制冷达到设定温度时，温控器触点分断，定时器、压缩机就同时停止工作。压缩机累计工作 8 小时，触点 ac 闭合，定时器电动机被短路，压缩机断路，电流经化霜温控器、化霜与排水加热器等构成回路，冰箱进入化霜排水工作状态。当化霜完毕，温度升至设定温度（约 10℃）时，化霜温控器触点分断，ab 触点闭合，压缩机重新开始制冷。

随着温度的降低（0℃以下），化霜温控器触点闭合，为再次化霜做好准备。

图 5-50 中的熔断丝起断路保护作用，若化霜温控器电路不能分断，化霜加热器、排水加热器就不会停止工作，此时熔断器就会自动熔断，防止故障扩大。

图 5-50 中的冷冻、冷藏室门开关与照明灯、风扇电动机构成单向连锁关系。只要有一个门开关打开，风扇电动机就停转，防止电冰箱内外过量地热交换；同时门灯点亮。门开关一旦关上，门灯就熄灭，而风扇则伴随压缩机同步启停，便于冷风循环或关闭。

（3）风门故障分析

风门若不能开启，则会使制冷效果下降，冷藏室温度偏高，原因是干冷风不能进入冷藏室。检查方法如下：打开冰箱门，按下门控风扇开关，风扇运转正常，而风门电动机不工作。

测量风门电动机的工作电压，若为 220V（也有的电冰箱供电电压为 110V）则正常，检测风门电动机绕组的电阻，正常值在 7kΩ左右，若为无穷大，说明绕组开路；若阻值为 0 或很小，说明全部短路或局部短路。

如图 5-49 所示，若采用风门温控器控制风门，风门不能打开时，则要检查调节旋钮位置是否正常，活动风门是否卡死，波纹管是否漏气等。

（4）化霜加热器断路故障

化霜加热器断路时，冰箱内部会出现很长一段时间的温升过高、制冷时效果降低的现象。化霜定时器进入化霜状态时，由于化霜加热器断路，完全靠自然升温化霜，化霜时间很长，且化霜不净，使冰箱内食品温升过高。化霜温控器断路时，霜没化净就恢复到制冷状态，使蒸发器表面结霜过厚，制冷效果降低。

检测时，打开冰箱门，会发现蒸发器结霜很厚。测量化霜加热器电阻阻值为无穷大，说明已断路。更换同规格化霜加热器，即可修复。

（5）排水加热器断路故障

排水加热器出现断路故障时，排水管口处就会出现冰堵，化霜时的液化水就不能排出冰箱体外到接水盒。待电冰箱进入制冷状态时，由于电冰箱内的水分过多，蒸发器与排水口处的霜会越结越厚，造成制冷效果下降。

检测时，打开冰箱门，会发现蒸发器表面霜冻很厚，排水口处冰堵。检测化霜加热器电阻正常，排除化霜加热器故障。检测排水加热器的电阻，阻值为无穷大，说明已断路，更换同规格排水加热器，即可修复。

（6）化霜温控器故障

1）化霜温控器的触点不能分断

化霜温控器常开触点不能分断，会使压缩机出现不能启动制冷的故障，当电冰箱进入化霜状态，化霜完毕后，化霜温控器应自动分断，过渡到制冷状态。化霜温控器若不能分断电路，化霜加热器将继续加热升温，当熔断丝的温度达到 75℃左右时，就会熔断，使定时器停止在 ac 触点闭合状态，即压缩机处于停机状态。

2）化霜温控器的触点不能闭合

检测时，压缩机电路的电阻值正常，化霜、排水加热电路的电阻为无穷大，进一步可查得熔断丝断路，化霜温控器触点通路不能闭合。说明化霜温控器触点熔焊或双金属片可能因机械问题自动分断，更换同规格的化霜温控器与熔断器，即可修复。

（7）化霜定时器故障

1）如图 5-50 所示，若化霜定时器的 ab 触点不能闭合，则压缩机不能启动，电冰箱不能制冷。检修时，可采用测电阻的方法，逐个元件依次检测，就可找到断路点，此时，ab 两点间的电阻为无穷大。

2）如图 5-50 所示，若化霜定时器的 ac 两点不能闭合，则电冰箱不能进入化霜状态，蒸发器结霜很厚，制冷效果很差。检修时，可用测电阻的方法依次测量化霜电路的各个元件。此时，ac 两点间的电阻为无穷大。

3）如图 5-50 所示，若化霜定时器的电动机损坏，检测时就较复杂。

① 化霜定时器电动机断路时，电冰箱的工作状态不会自动转变，若在化霜状态，ac 触点闭合，电冰箱反映的故障是不制冷，易测得 ab 触点为断路状态，ac 触点为闭合状态，分析原因，可能是定时电动机断路使 ab 不闭合，ac 不分断。

若化霜定时器 ab 点闭合，冰箱不会自动进入化霜状态，蒸发器结霜很厚，用测电阻法易测得化霜电动机处于断路状态。

② 化霜定时器电动机短路时，由于化霜加热器处于过压、过流状态，熔断丝很快熔断，造成电冰箱不能化霜，使蒸发器表面霜很厚。检测时，易测得定时电动机的电阻约为 0Ω，熔断丝处电阻为无穷大。

化箱定时器电动机损坏时，更换同规格的电动机，即可修复。

知识链接 5　制冷基础知识简介

1. 工质

在制冷循环过程中，传递热量的制冷剂叫工质。制冷剂的状态变化要吸收或释放热量，从而达到制冷（制热）的目的。

2. 汽化与液化

（1）汽化

物质由液体转变成气体的过程叫汽化。汽化的过程有两种，一种是蒸发，如放在容器内的水会变少，变少的过程就是液体蒸发成了气体；另一种是沸腾，如水烧开了以后有大量水从水的内部与表面变成水蒸气，这一过程就是沸腾。

（2）液化

物质由气体变成液体的过程即是液化。在冬季的早晨，我们会经常发现家中玻璃窗上结有很多水珠，这是房间热空气中的水蒸气碰到很冷的玻璃后凝结液化成了水。

3. 显热与潜热

（1）显热

物质由于温度变化而状态没发生变化所吸收或释放的热量叫显热，如电烙铁通电后温度由 20℃上升到 750℃所吸收的热量就是显热。

（2）潜热

物质由于状态变化而温度没有变化所吸收或释放的热量叫潜热。如 100℃的水沸腾，汽化变成 100℃的水蒸气所吸收的热量即是潜热。液体变成同温度的气体叫汽化潜热，气体变成同温度的液体所释放的热量叫液化潜热。

4. 压力

电冰箱、空调循环系统中制冷剂的压力要用压力表来测量，制冷剂的压力可以反映出电冰箱、空调的正常与故障工作状态，当系统内的工作压力大于大气压力时，表压力为

$$P_{表}=P_{绝}-P_{atm}$$

其中 $P_{绝}$表示系统内的工作压力，称为绝对压力，P_{atm} 表示大气压力。当系统内压力小于大气压力时，表压力为：

$$P_{表}=P_{绝}-P_{atm}$$

此时的 $P_{表}$表示系统内的真空度，其显示值为负数。压力的单位为 Pa（帕），一个大气压为 0.98×10^5Pa。

知识拓展 1　电子温控电冰箱

1. 自主研究性学习

全班分成 4 个组，在研究学习东芝 GR204E 型温控电路时，每个组重点研究如下问题中的一个：

（1）电源电路，TC4011BP、TA75339P 的功能作用。

（2）启动电路。

（3）保护电路。

（4）化霜电路。

2. GR204E 型温控电路分析参考

电子温控电冰箱在运行时，温度控制准确、性能稳定、操作方便、自动化程度高。集成电路是电冰箱控制电路的核心器件，目前电冰箱则采用了 CPU 芯片自动控制。

图 5-51 是东芝 GR204E 型电冰箱的控制原理图。它由电源电路、温控电路、化霜电路等组成。

（1）电源电路

电源电路由变压器 T_{801}、整流二极管 VZ_{805}、VD_{806}、稳压管 VZ_{808}、滤波电容器等组成。输入电压为交流 220V，输出的电压为直流 12V 与 6.8V，12V 的直流电压为继电器电路的驱动电压，6.8V 的直流电压为各级电子电路电源。

（2）集成电路与温度传感器简介

1）TC4011BP 集成电路

TC4011BP 集成电路主要由 4 个与非门组成 2 个 RS 触发器，如图 5-52 所示。与非门的逻辑表达式请参考《数字电路》。

该集成电路用于压缩机启动、停机翻转及运行保持控制。

2）TA75339P 集成电路

TA75339P 集成电路主要由 4 个电压比较器组成，如图 5-53 所示。电压比较器的正极性端为高电位时，输出高电平，正极性端的电位低于负极性端的电位时，输出低电平或处于截止状态。该集成块的作用是为 TC4011BP 提供触发器信号。

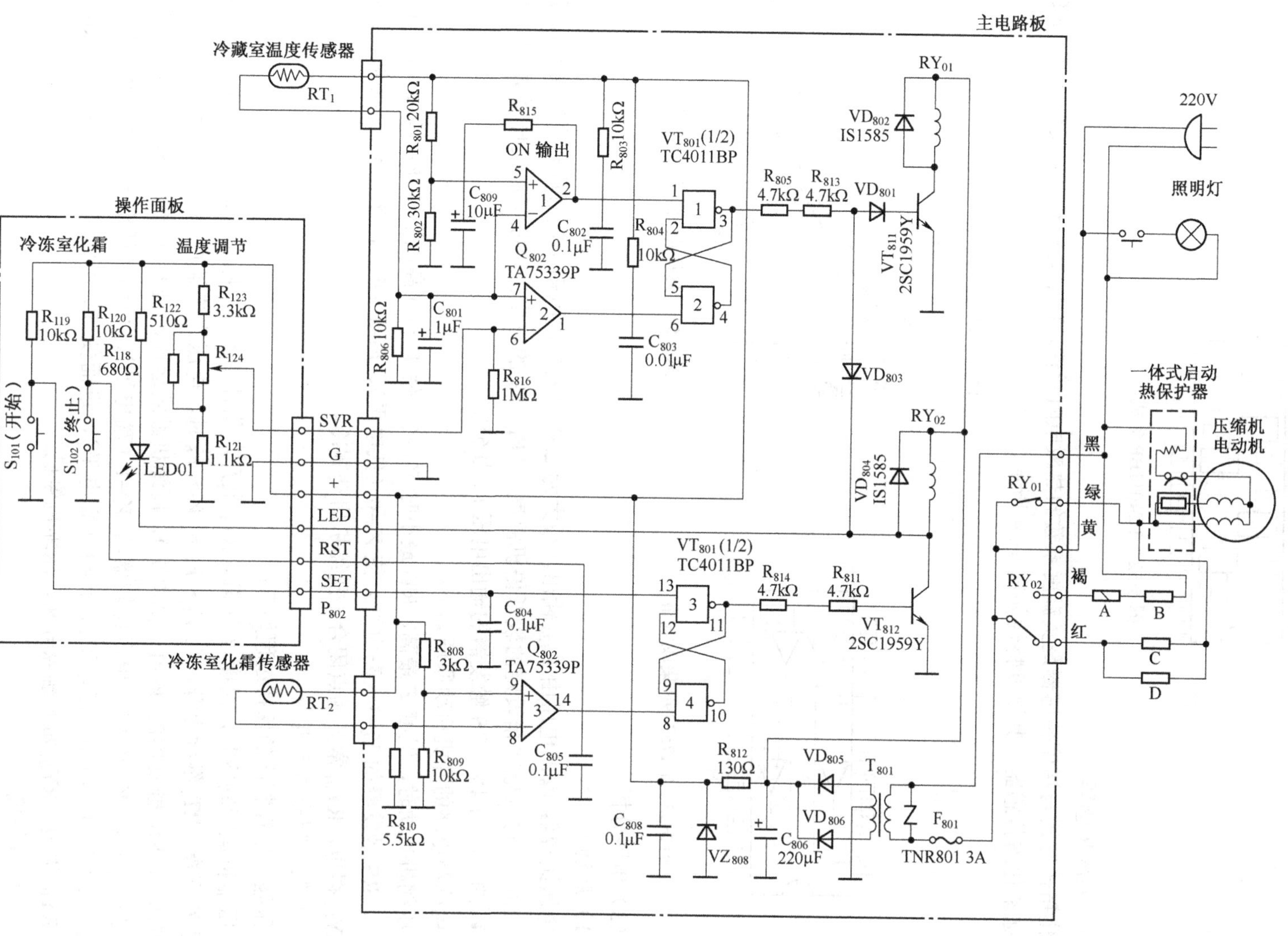

图5-51 东芝GR204E型电冰箱的控制原理图

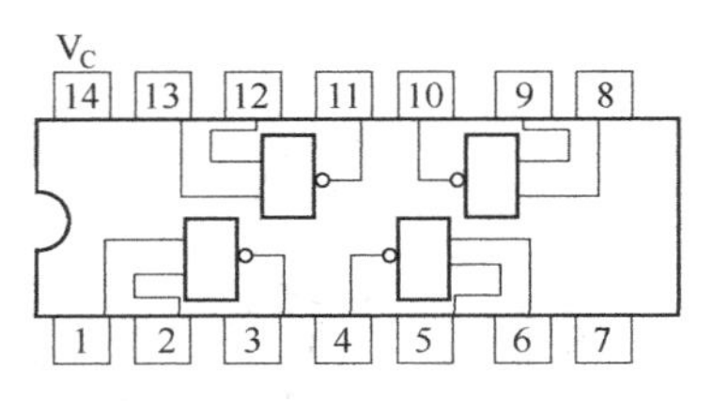

图 5-52　TC4011BP 集成电路

3）温度传感器

化霜传感器与温度传感器是负温度系数的热敏电阻元件，RT_1 是冷藏室温度传感器，RT_2 是冷冻室化霜传感器，其温度特性如图 5-54 所示。

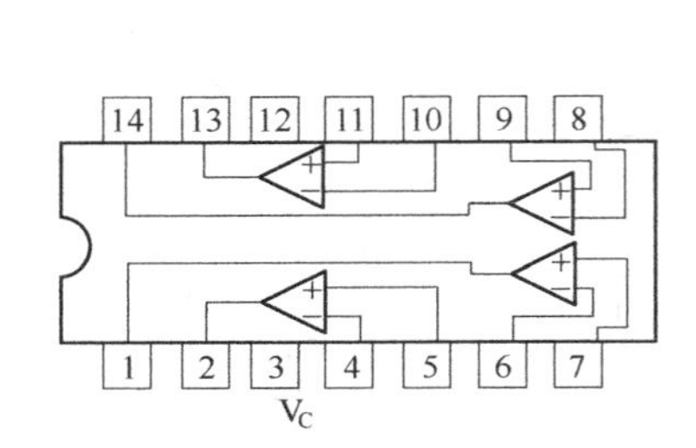

图 5-53　TA75339P 集成电路

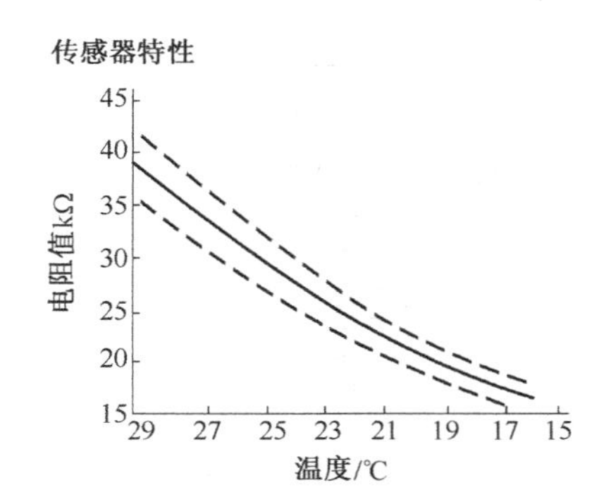

图 5-54　热敏电阻的温度特性

（3）电路分析

1）启动

电压比较器 V_6 的电压由 R_{124} 输出，最大为 2.3V（对应电冰箱设定的较高停机温度），最小为 1.6V（对应电冰箱设定的较低停机温度）。V_4、V_7 的电压由冷藏室温度传感器 RT_1 控制。V_5 的电压为 4V，RS 触发器的输出电压 V_3 为 6V。

电冰箱电路的开机启动原理如下：

压缩机启动时，温度 T 最高，RT_1 最小时 $V_7>V_6$，使 $V_1=1$（高电平），$V_4>V_5$ 使 $V_2=0$（低电平），RS 触发器的 $V_6=1$（高电平）使 $V_1=0$（低电平）、$V_3=1$（6V），此时 VT_{811} 导通，继电器 RY_{01} 得电，RY_{01} 常开触点闭合，压缩机启动制冷。

2）保持制冷与停机

压缩机运行制冷的保持过程如下：

压缩机运行制冷时，温度 T 下降，RT_1 上升，此时 $V_7=V_4>V_5$，压缩机继续运行制冷，温度 T 下降，RT_1 继续上升，在 $V_5>V_4=V_7>V_6$ 时，电压比较器的 $V_1=1$（高电平）、$V_2=0$（低电平），RS 触发器的 $V_3=1$（高电平），压缩机继续运行，温度 T 继续下降，RT_1 继续变大，当 $V_5>V_4$，$V_7<V_6$ 时，电压比较器的 $V_2=1$（高电平），$V_1=0$（低电平），使 RS 触发器 $V_1=1$（高电平），$V_6=0$（低电平），$V_2=1$（高电平），进而使 $V_3=0$（低电平），此时 VT_{811} 截止，RY_{01} 失电，RY_{01} 常开触点分断，压缩机停机。

3）保持停机

电冰箱温度升高的保持过程如下：

压缩机停机，冰箱内的温度 T 升高，RT_1 下降，电压比较器输入端 $V_7=V_4$，电位上升，

此时 $V_7>V_6$、$V_4<V_5$，压缩机保持停机，温度 T 继续升高，当 $V_7>V_6$，$V_4>V_5$ 时，RS 触发器的 $V_6=1$（高电平），$V_1=0$（低电平），其输出 $V_3=1$（高电平），压缩机启动（读者自行分析）。

4）化霜启动

电冰箱制冷启动后，数字计时装置自动同步计时，记录电冰箱制冷时间累计满 8 小时时，微电脑全自动遥控电冰箱自动进入全自动化霜。半自动化霜可以根据霜层的厚度确定是否化霜，化霜结束后，电冰箱会自动启动。

半自动化霜启动、工作过程如下：

按下化霜按钮 S_{101}，RS 触发器的 $V_{13}=0$（低电平），$V_{11}=1$（高电平），VT_{812} 导通，钳位二极管 VD_{803} 导通，VT_{811} 截止，使压缩机停机。

同时 RY_{02} 继电器得电，RY_{02} 常开触点闭合，RY_{02} 常闭触点分断，化霜加热器 C 工作、副加热器 B 断电，电冰箱开始化霜。

5）化霜过程

化霜电热丝工作温度 T 上升，化霜传感器 RT_2 减小，电压比较器 V_8 上升，但 $V_8<V_9$，$V_{14}=1$（高电平），RS 触发器的 $V_{10}=0$（低电平），继续化霜（V_{13} 在 C_{804} 的作用下为“1”高电平），RT_2 继续减小，V_8 继续上升，电压比较器的 $V_8<V_9=4.4V$ 时，RS 触发器的 $V_8=0$（低电平），使 $V_{12}=1$（高电平），$V_{11}=0$（低电平），至此，VT_{812} 截止，化霜结束（读者自行分析），同时压缩机启动制冷。

6）强迫终止化霜

需要强迫终止化霜时，只需按下 S_{102} 开关，使 RS 触发器 $V_8=0$（低电平）即可，工作过程读者可自行分析。

化霜时，LED_{01} 发光二极管随 VT_{812} 一起导通发光，停止化霜，LED_{01} 随 VT_{812} 一起截止。

温度调节电路中的 R_{124} 是用来控制电冰箱内停机温度的。滑动端向下调，停机温度低，反之温度高。在冰箱冷藏室内的温度调节旋钮，调节的就是 R_{124}，旋至“1”时温度最高。

知识拓展2 变频微电脑冰箱

随着人们生活水平的提高与科学技术的发展，对电冰箱的功能、性能提出了新的要求，现在所生产的新型冰箱具有容积大、能耗低、功能全的特点。

1. 变频微电脑冰箱的特点

1）通过变频技术，实现低频小功率恒温控制，保持冷冻、冷藏室温度，启、停温差变小，同时还有速冻功能，使食品保鲜、保质期更长。

2）用微电脑对存储食品进行管理，让主人及时知道电冰箱内有哪些、有多少食品，提醒主人哪些食品快到或已超过保质期。

3）加工冷饮，设置解冻室等功能。双开门电冰箱配置了冷饮机，可生产适量的冷饮。设置了解冻室，使冷冻食品吸收冷藏室的热量，达到节能的目的。

4）具有网络管理功能（我国已开始使用）。把电冰箱及其他家用电器与家用计算机联机，这样就可以在远端通过互联网控制家用电器，如可查找、了解电冰箱内食品的存储情况，让主人知道下班后是否要买食品等，同时对其他家用电器进行远程精确控制。

5）模糊控制功能。直冷式电冰箱仅用冷藏室温控器决定电冰箱的启停，而新型电冰箱是通过冷藏、冷冻温度，吸气、排气温度，以及电冰箱制冷工作时间综合分析判断，来决定电冰箱的启动、停机及是否化霜。这样，电冰箱的工作更加科学合理，利于食品的保鲜与节能。

6）微电脑控制的电冰箱还具有自动检测电冰箱故障的功能。如电冰箱的化霜电热丝，或排水电热丝长时间不工作，会造成积霜过厚，使电冰箱的制冷能力下降，微电脑控制的电冰箱具有自动检测、报警这些故障的功能。

2. 微电脑模糊控制的电冰箱

变频微电脑冰箱在日本、西方国家已推广使用，我国的海尔、海信等品牌也已走向市场。其特点是根据电冰箱内温度的变化来确定压缩机的工作频率与输出功率。低频工作时，具有节能、低噪声的优点。高频工作时，大功率制冷具有速冻保质、保鲜功能（速冻时，细胞结构受损很少，达到保质、保鲜的作用）。

变频微电脑冰箱的模糊控制框图，如图5-55所示。

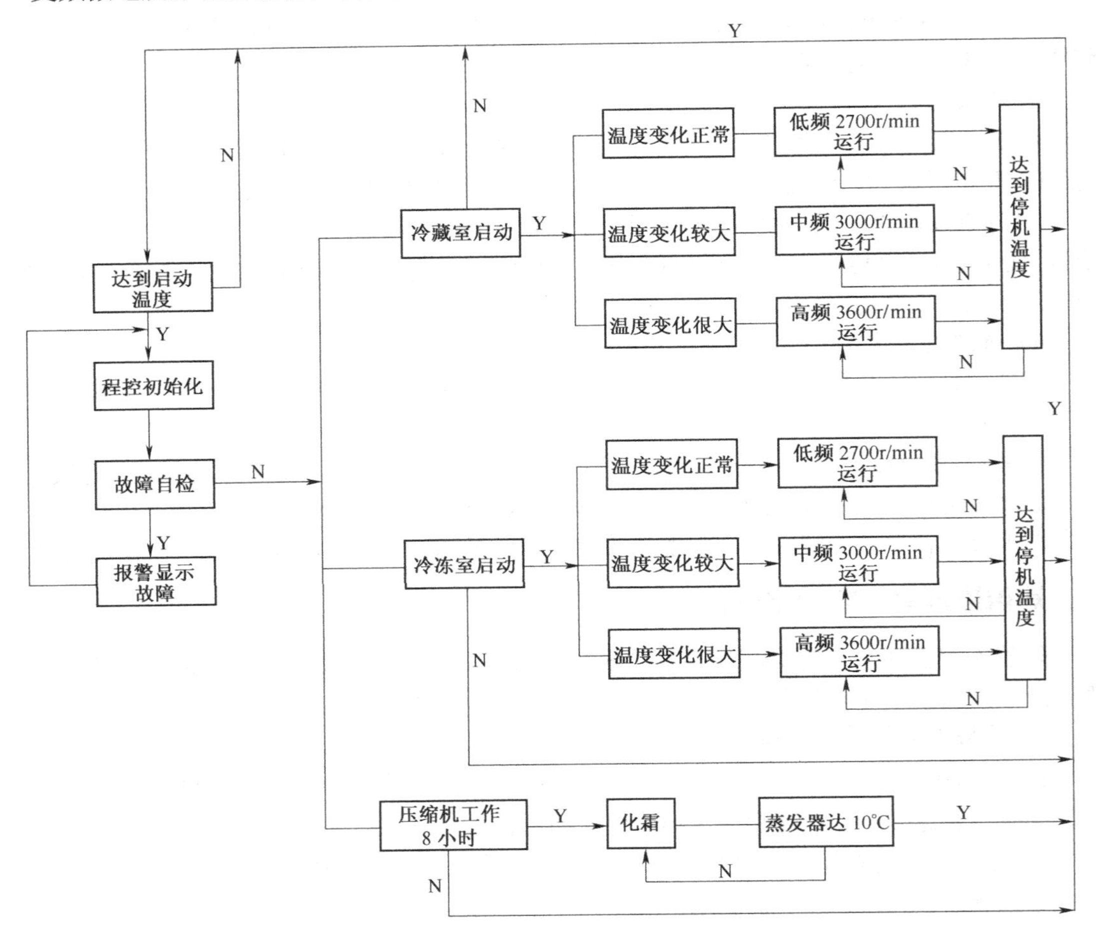

图5-55 变频微电脑电冰箱的模糊控制框图

电冰箱没开门而达到启动温度时，这时压缩机工作在较低频率，转速为2700r/min，此时的工作特点是静音、节能。

电冰箱开门取食品或存放较少冷藏食品时，压缩机工作频率为中频，转速为3000r/min，冰箱内温度可在较短时间内恢复到停机温度。

在冷冻室存放食品或化霜结束后，压缩机高频工作，转速为3600r/min，此时的工作状态为大功率、速冻。

变频微电脑冰箱的制冷系统如图5-56所示。

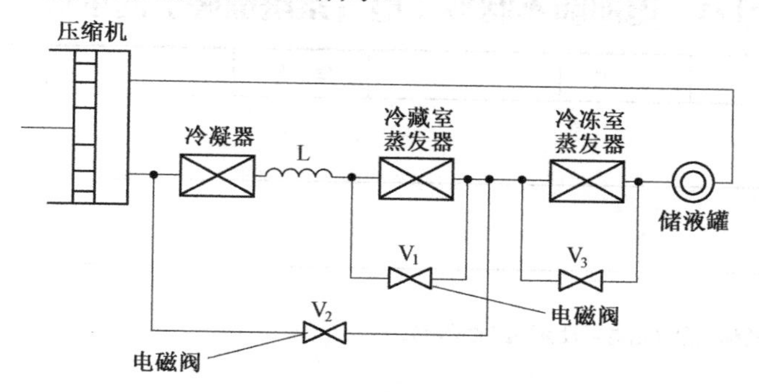

图5-56　变频微电脑电冰箱的制冷系统图

仅冷藏室工作时，电磁阀 V_1 关闭、V_3 打开，这时大部分制冷剂经 V_3，冷冻室仅有少量制冷剂流过。多余的制冷剂液体留存在储液罐中，气体则进入压缩机继续循环。

仅冷冻室工作时，V_1 打开、V_3 关闭即可。

冷冻室、冷藏室同时工作时，V_1、V_3 同时关闭即可。

化霜时，V_2 打开，高温制冷剂气体直接通过冷冻室蒸发器对其化霜。

项目工作练习3　拆装电冰箱的主控电路

班　级		姓　名		学　号		得　分	
实　训 器　材							
实　训 目　的							
工作步骤： （1）拆卸电冰箱的温控器、启动器、过载保护器、照明灯，以及辅助加热器。 （2）测量压缩机绕组、温控器、启动器、过载保护器，以及辅助加热器的电阻，记录各参数。 （3）安装电冰箱的温控器、启动器、过载保护器、照明灯，以及辅助加热器。 （4）说明电冰箱的温控器、启动器、过载保护器、照明灯，以及辅助加热器的安装位置及其作用，为维修做好准备。							
工　作 小　结							

项目工作练习4　电冰箱不制冷（电气系统故障）的维修

班　级		姓　名		学　号		得　分	
实　训 器　材							
实　训 目　的							

工作步骤：

（1）启动电冰箱，观察故障现象（由老师设置不同的故障）。

（2）故障分析，说明哪些电气原因会造成电冰箱不制冷。

（3）制定维修方案，说明检测方法。

（4）记录检测过程，找到故障器件、部位。

（5）确定维修方法，说明维修或更换器件的原因。

工　作 小　结	

项目工作练习5　电冰箱制冷不良（电气系统）的维修

<table>
<tr><td>班　级</td><td></td><td>姓　名</td><td></td><td>学　号</td><td></td><td>得　分</td><td></td></tr>
<tr><td>实　训
器　材</td><td colspan="7"></td></tr>
<tr><td>实　训
目　的</td><td colspan="7"></td></tr>
<tr><td colspan="8">工作步骤：
（1）启动电冰箱，观察故障现象（由老师设置不同的故障）。

（2）故障分析，说明哪些原因会造成电冰箱制冷不良。

（3）制定维修方案，说明检测方法。

（4）记录检测过程，找到故障部位、器件。

（5）确定维修方法，说明维修或更换器件的原因。</td></tr>
<tr><td>工　作
小　结</td><td colspan="7"></td></tr>
</table>

项目 6

家用空调维修

任务 1　分体冷空调的安装与调试

安装任务单

品牌与型号	海尔 KFR-35GW		
安装地址	中山路 132 号		
安装工签名		客户签字	

媒体播放

（1）播放空调安装过程。

（2）播放空调调试运行过程。

技师安装操作

1. 安装位置选择

室内机组安装位置应考虑以下因素：

（1）保证室内机组气流进出流畅。

（2）室内外机组配管长度遵守最短且适用的原则（配管越短，效率越高），且室内外机组高度差应小于 5m。

（3）便于排冷凝水。

（4）距离电视、DVD 等电子产品的距离要大于 1m，避免相互影响。

（5）便于安装与保养。

2. 室内机挂墙板的固定

室内机挂墙板是用来安装空调的。如图 6-1 所示，黑色箭头所示位置，必须用冲击钻打墙孔，埋入穿墙管（膨胀管），然后用螺栓固定。

在固定挂墙板时，要保证其水平（不水平会使冷凝水流入室内，出水口略低 1～2mm），找水平的方法可用水平尺。常用找水平的方法如图 6-1 所示，用线锤找准中心点与标记点即可。

图 6-1 中空心箭头所指位置为辅助固定点，起辅助加固作用。这些点可固定，也可不固定。

3. 室外机组安装位置的选择

室外机组安装位置的选择要考虑以下几点因素：

（1）避开腐蚀气体。

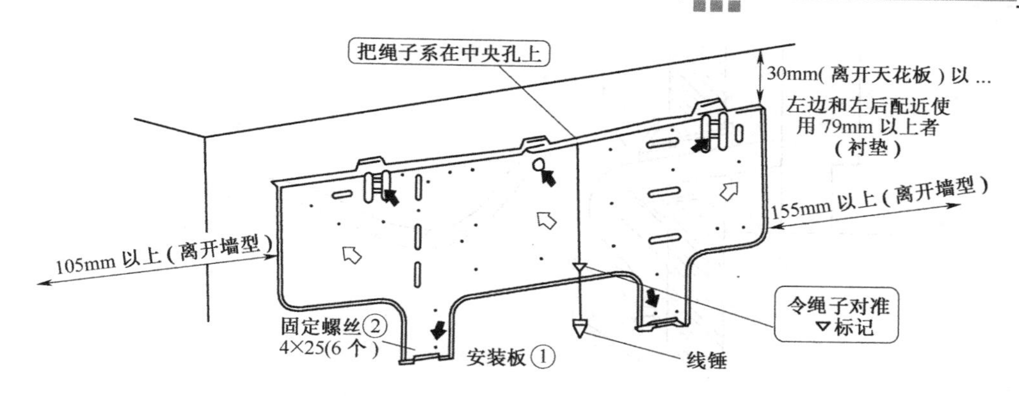

图6-1 分体空调室内机组安装示意图

（2）避开人工强电、磁场直接作用的地方。

（3）便于安装、维修，气流通畅。

（4）离地面应在2m以上，防止儿童触摸或伤及他人。

（5）和室内机组的连接管道最好要小于5m。

（6）室外机组背面靠墙距离要在10～15cm之间与上下障碍物要大于1cm，正面出气端50cm内不应有障碍物（但有隔栅a的除外）。

4. 空调室外机组的安装

近年新建的高层建筑都有空调隔架，既防雨雪，又气流通畅，安装空调室外机组时，只要把室外机组平稳地摆放在指定位置即可。

如没有现成的隔架，则要安装室外机支架。其安装步骤如下：

（1）系好安全带。

（2）量好支架打孔位置（视室外机重量，打6～10个眼）。

（3）如图6-2所示用冲击电钻打墙眼，用膨胀螺栓（用ϕ10×100mm或以上规格的螺栓）固定支架，调节水平（若墙体是石灰砂土黏砌的，强度较低，应采用穿墙螺栓固定支架，确保支撑强度，防止空调坠落）。

（4）安装固定好室外机组。

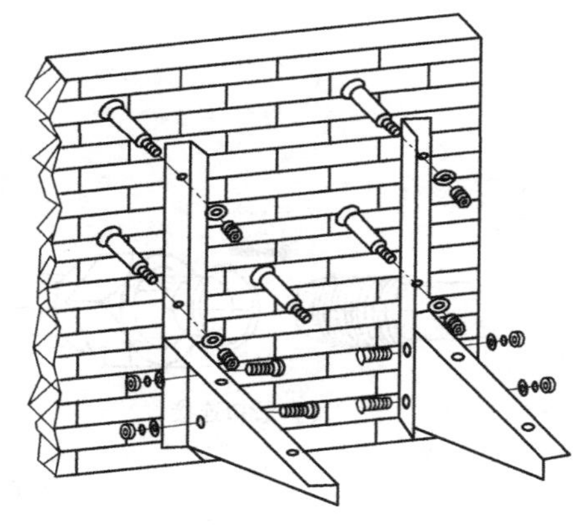

图6-2 用冲击钻打墙眼

5. 管线的连接

（1）室内的冷凝水排水管应插入室外的排水管道中。

（2）排水管的正确安装方法如图6-3所示，排水管要在冷媒管的下端，且要避免下凹含水。

（3）室内外机组的管道连接

① 喇叭口与螺帽正对室内外机组管道螺纹接口，用扳手与力矩扳手配合旋紧螺帽接口，如图6-4（a）所示。

② 当力矩扳手听到喀哒声时，即旋紧到位，不可再用力旋转力矩扳手，如图6-4（b）所示。

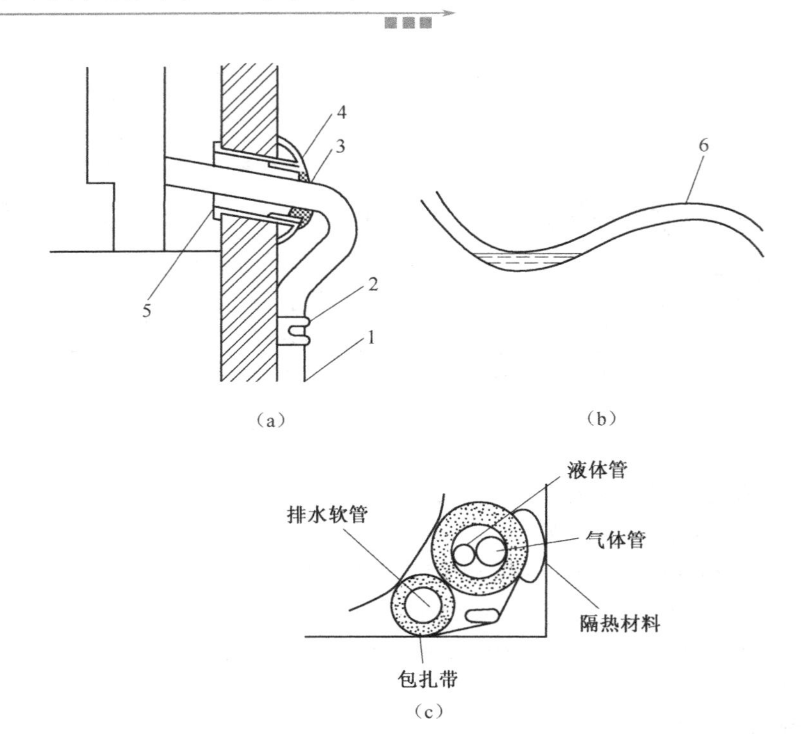

图 6-3　排水管正确的安装方法

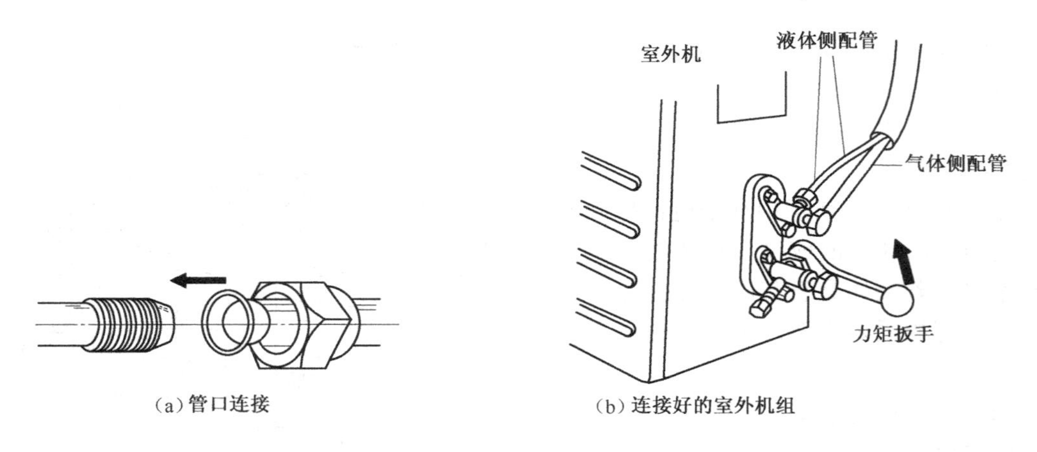

图 6-4　室内外机组配管的连接

（4）排真空

排真空的步骤如图 6-5 所示。

① 将低压气体管密封螺母旋松 1/4～1/2 圈。

② 打开二通、三通阀上的保护螺帽。

③ 用内六角扳手将液体阀打开，此时气体管道的接口处可听到、见到有气体排出，经 10s 左右的时间即可排净管道内的空气。

（5）配管作业要注意以下几点：

① 在封口螺帽接头处涂上冷冻油，可使冷媒管道接头密封更可靠。

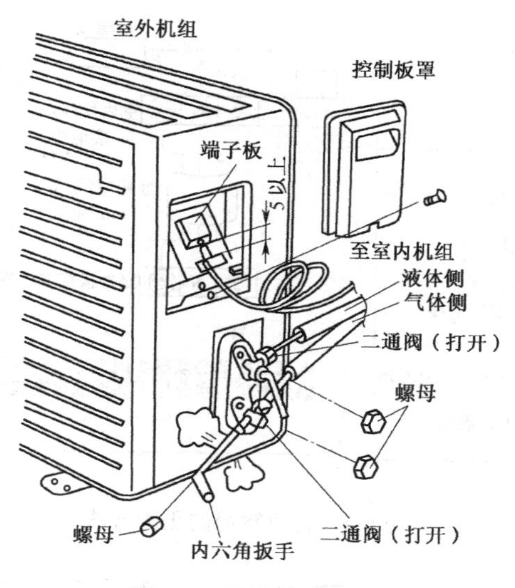

图 6-5　配管排除空气

② 排真空不彻底会影响制冷效果，并有可能造成冰堵故障，制冷剂排放过多，会因制冷剂不足造成制冷能力下降，实际操作时，手在放气口的冷感较强时，即可旋紧接口，是否已排真空须在工作中不断地总结。在进行管道连接时，还要避免灰尘与杂物进入冷媒管内，以免造成脏堵的故障。

（6）管道连接好，检查无漏气后用隔热材料与包扎带把冷媒管、排水管、专用导线等包扎好，管道包扎如图 6-6 所示。

配管（背后，左侧，左背后）

• 管道配置

将冷媒管道和排水软管汇总在一起，使用包扎带进行缠绕。

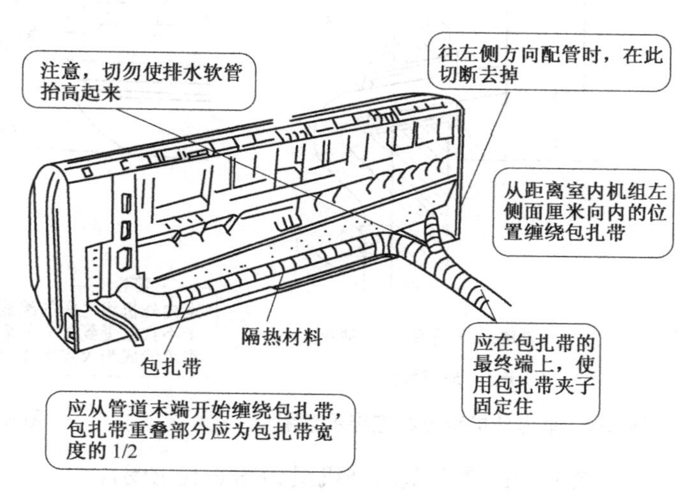

图 6-6　管道的包扎示意图

（7）管道的穿墙处理：管道穿墙时要内高外低，防止雨水向室内渗透。正确的安装方法如图 6-7 所示。

（8）电线连接：安装冷媒管道后，还要安装导线。室内外机组之间要连接的有相线、零线、接地线。只要按照图 6-8 所示的要求，按回路标号一一对应接好就可以了。图 6-9 所示的是已连接好导线的室内机组。通信线路采用插头插座连接，只要把室内外机组通信线的插头插好就可以了。

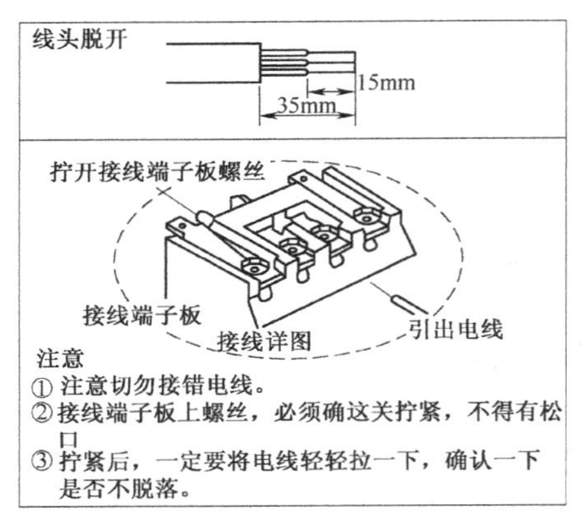

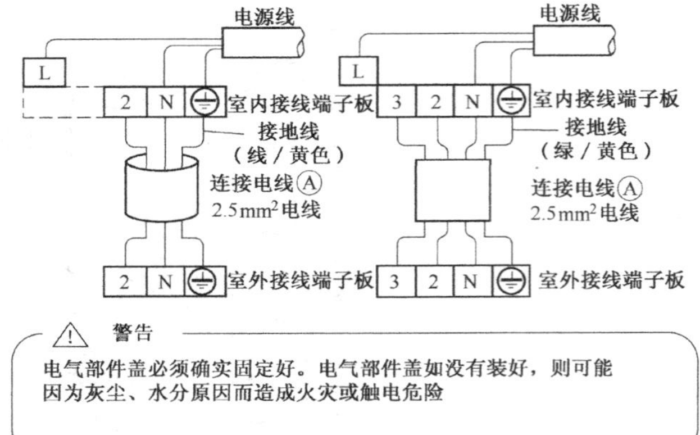

图 6-7 管道穿墙的正确方法

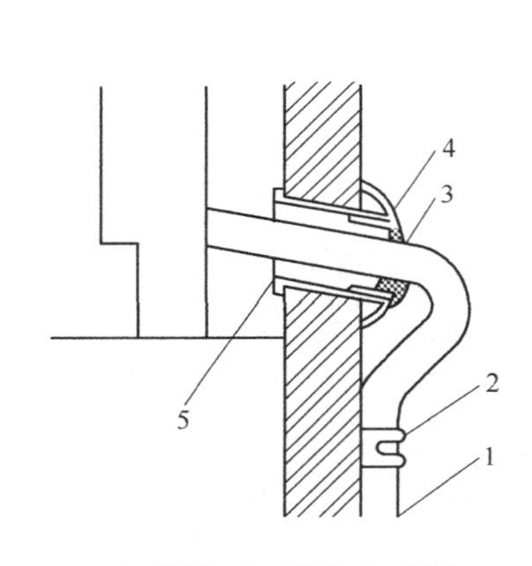

1—管道；2—管夹；3—油灰；

4—卡子；5—套筒

图 6-8 室内外机组导线连接示意图

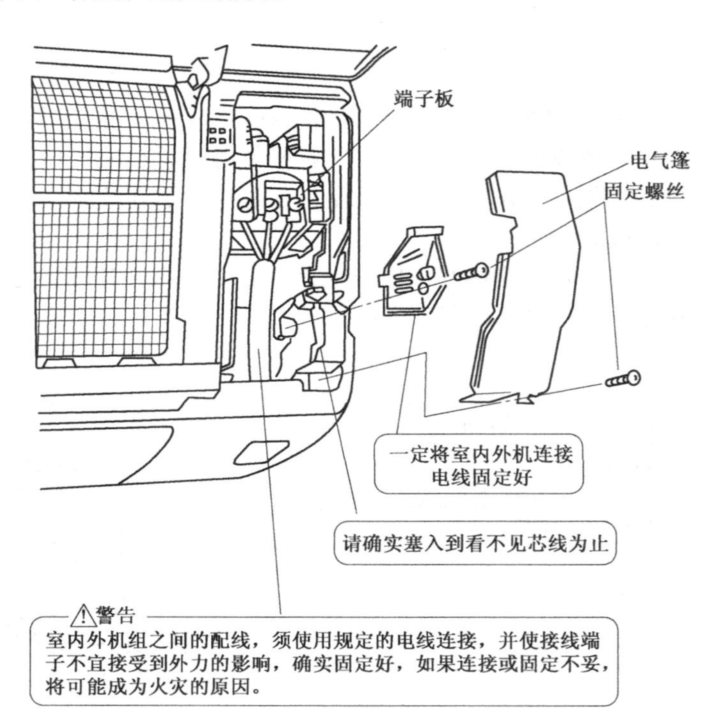

图 6-9 已连接好导线的室内机组

安装完毕的空调室内外机组如图 6-10 所示。

（9）空调安装好后，应进行以下调试检测。

如图 6-11 所示，检查空调是否漏水。

① 在室内机组冷凝水接水盘中倒一小杯水，水在室内不滴漏，能排到室外下水管道中，说明排水正常。

② 用电笔检验室内、外机组供电线路是否正常。

③ 通电检测空调制冷或制热情况。

④ 教客户按说明书使用空调。

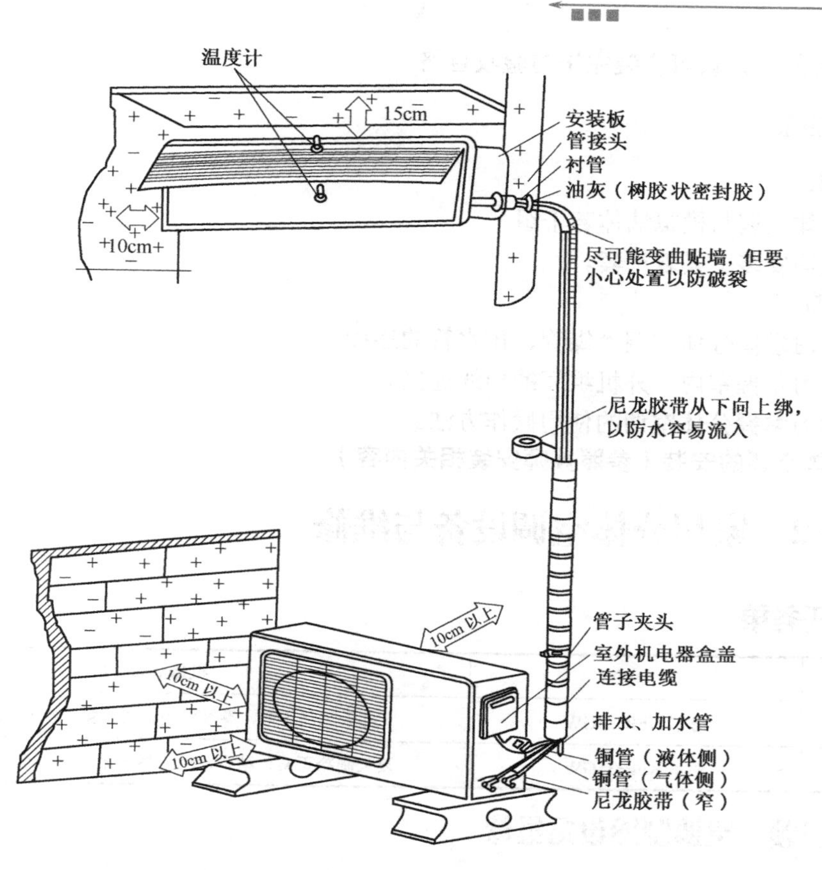

图 6-10　已安装的空调室内、外机组

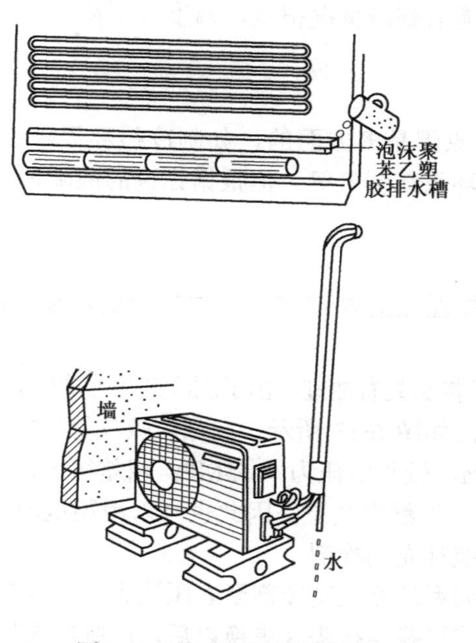

图 6-11　检查空调是否漏水

⑤ 双方签字，认可安装完毕与验收合格。

技能训练

1. 器材

（1）分体空调与模拟墙体若干组。

（2）空调安装工具若干套。

2. 目的

（1）学习掌握分体空调冷媒管、排水管的连接。

（2）学习掌握室内、外机组间的导线连接。

（3）学习掌握分体空调的使用操作方法。

3. 分体空调的安装（参照技师安装相关内容）

任务2 家用分体空调设备与维修

维修任务单

序　　号	品牌型号	报修故障情况
1	海尔 KFR-35GW	冬天制热正常，春季没用，夏天第一次开机制冷很差
2	海尔 KFR-35GW	夏天制冷正常，秋季没用，冬天第一次用不制热

技师引领　空调制冷设备维修

1. 客户王先生

这两天比较热，开空调后制冷情况很差，温度几乎降不下来。我把防尘罩拆下来清洗过后，还是制冷很差。

2. 李技师分析 1

夏天制冷效果较差，原因是多方面的，如制冷循环局部脏堵，压缩机性能变差，冷凝器、蒸发器积尘很厚，循环系统漏气等。但根据你说的故障现象来看，很可能是循环系统漏气所致。

3. 李技师维修 1

分体空调循环系统连接图如图 6-12 所示，制冷剂的泄漏点往往是配管的连接部位，四通阀、二通阀等连接部位。

经观察，室内机组配管接头处有油迹。由于制冷剂与冷冻油有互渗性，漏气处会有油迹。

分体空调制冷剂的充注如图 6-13 所示，在低压吸气管处接上三通修理阀，接上低压表，发现静止压力只有 0.2MPa，较正常压力 0.55MPa 相差很多，说明制冷剂泄漏较多。发生该故障时，工作电流会明显小于额定电流，因此也可以用测电流的方法判断制冷剂是否泄漏。若有泄漏，需要对循环系统补充制冷剂。

打开制冷剂瓶阀门，向系统充注制冷剂至表压达到 0.55MPa 为止。对配管连接部位进行修复处理，压紧连接螺帽或更换连接头（更换以后，用制冷剂排除管内空气）即可。

修复后，启动空调，室内蒸发器表面结满霜即表示修理成功。在运行时，用检漏仪对各连接处检漏，没有漏气即可。

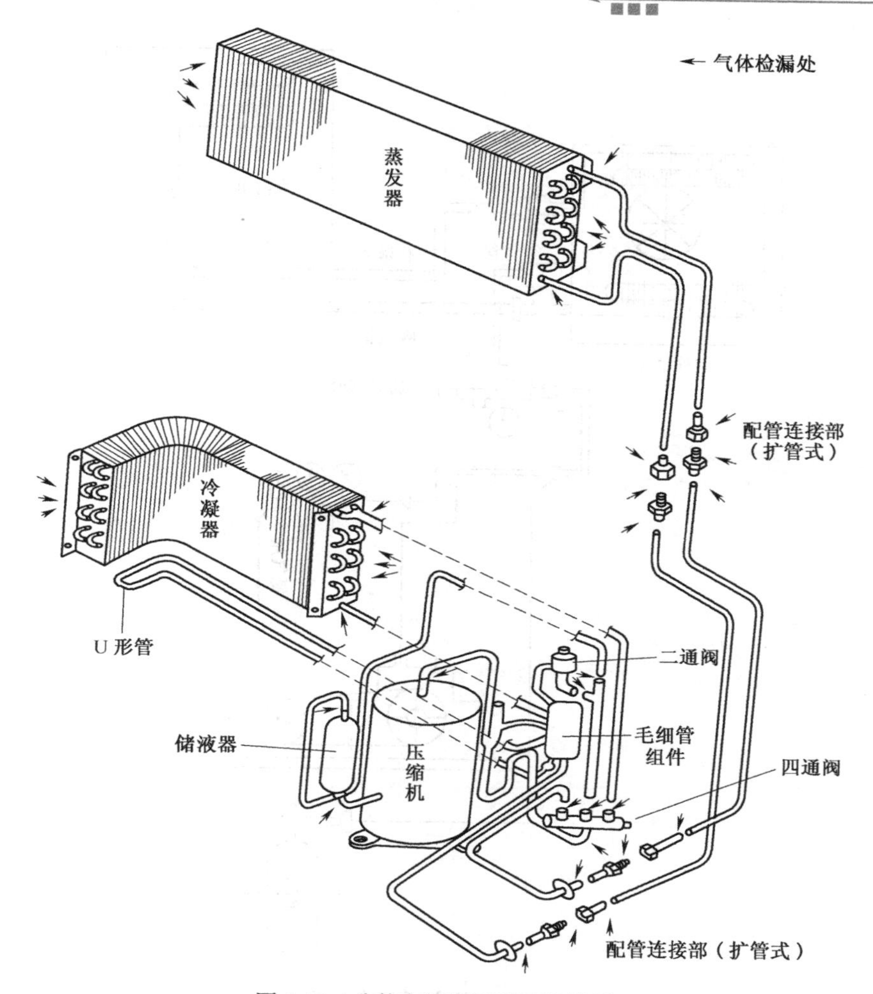

图6-12 分体空调循环系统连接图

4. 李技师分析2

空调夏季制冷正常，说明循环系统、压缩机等工作均正常。经过一个秋季没用，现不能制热，可能原因有制冷剂泄漏，四通阀、节流阀不通，压缩机故障等。但重点检查四通阀和节流阀。

5. 李技师维修2

启动空调压缩机能运行，室内冷凝器温度没上升，说明循环系统有故障。用钳形表测压缩机的电流，发现电流大于正常电流5A，且很快因过载停机。说明循环系统高压侧堵塞。拆下四通阀，发现排气孔堵塞。更换同规格的四通阀，用四氯化碳清洗后再用高压氮气反复冲洗。四通阀修理完毕后，要用高压氮气冲洗循环系统，然后对系统抽真空，重新灌装制冷剂，如图6-13所示。

媒体播放

（1）播放维修过程或仿真课件。

（2）播放抽真空，冲灌制冷剂过程。

（3）播放空调器仿真课件。

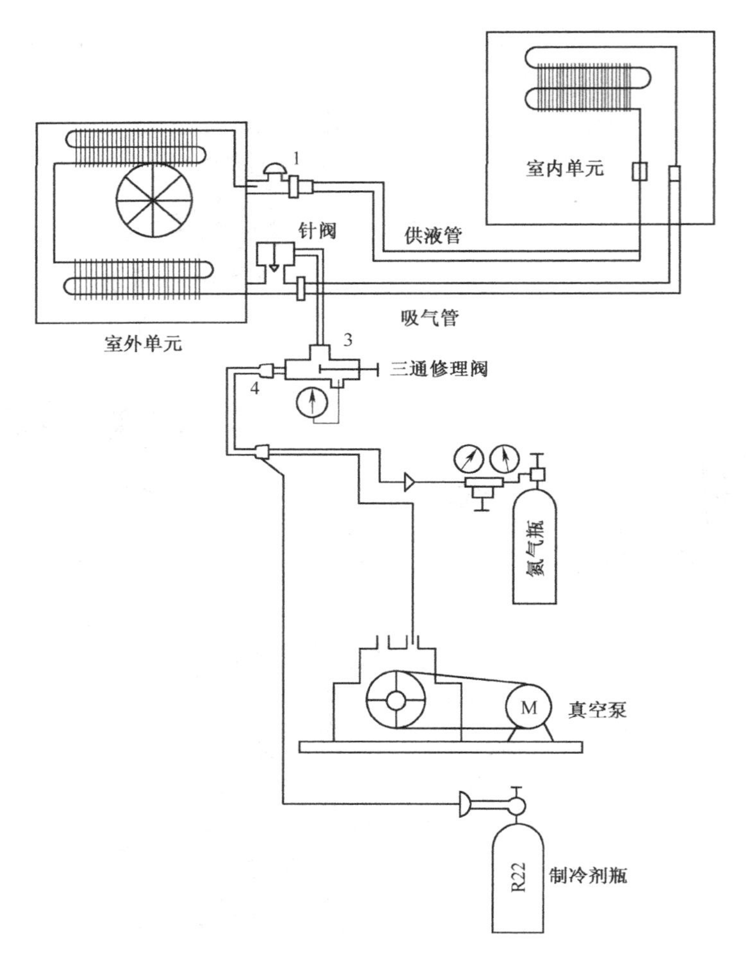

图 6-13 分体空调制冷剂的充注

知识链接 1 空调制冷设备

1. 空调器简介

家用空调器的作用主要有调温、调节湿度，对室内外空气换气等。家用空调器主要有窗式（现已很少用）、分体挂壁、分体柜式空调。有些家庭已用上了家用中央空调。目前比较先进的空调为变频恒温空调，其特点是恒温、节能、环保（采用了新型制冷剂）。家用分体挂壁式空调器的结构如图 6-14 所示。各器件的作用在下文中将逐一叙述。

2. 换热器

（1）换热器的作用

热泵型冷暖分体挂壁式空调的换热器，在冬季，室内是冷凝器，室外是蒸发器；在夏季，室内是蒸发器，因此，空调器的冷凝器、蒸发器是随着制冷、制热工况的转换而转换的。

（2）对家用空调换热器的要求

1）有足够的传热能力。

2）空气流动阻力要小。换热器的结构要利于空气流动，风阻要小，这样有利于换热器与空气的热交换。

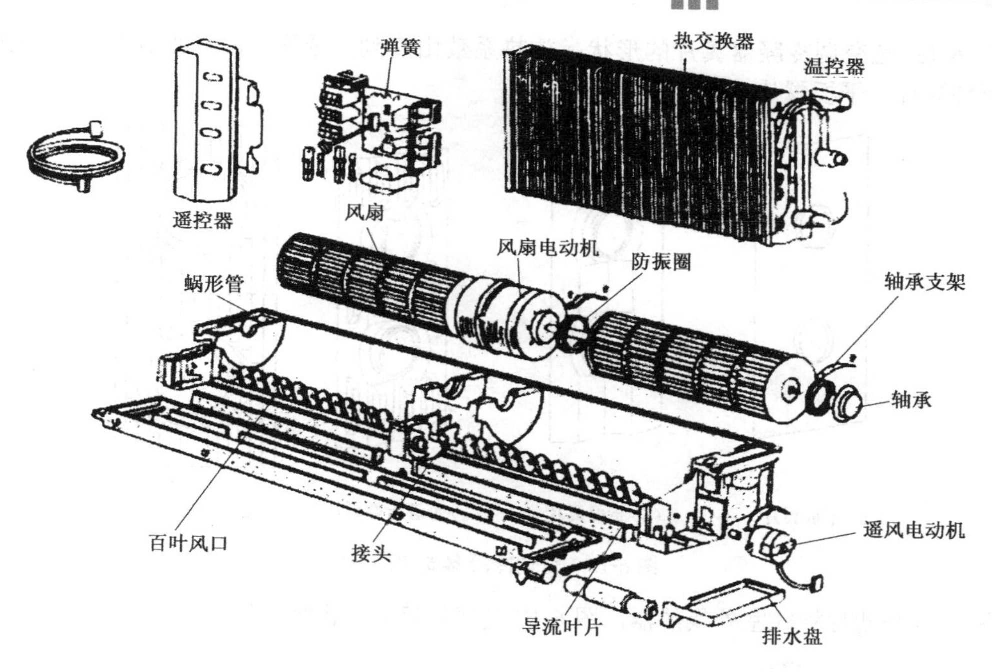

（a）室内机组

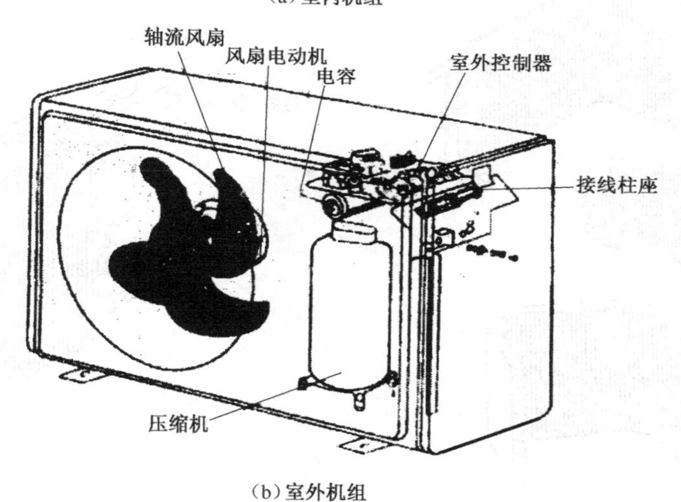

（b）室外机组

图6-14 分体挂壁式空调器的结构

3）润滑油不应滞留在换热器管内。

4）换热器夏季工作在室外，应具备一定的机械强度与抗腐蚀性。

5）热泵型空调由制冷转换成制热时，冷凝器变为蒸发器，因此，换热器应能适应反复熔霜的工作，具有耐高、低温的能力。

（3）家用空调换热器的结构

家用风冷式空调换热器是将 0.15～0.2mm 的铝箔冲压成所需的形状，套在冷凝管上，再经机械胀管，使铝箔与冷凝管紧紧相接，然后用“U”形管把每根冷凝管连成一根冷凝管。

窗式空调冷凝器的形状为长方形，分体空调室外换热器的形状常制成“L”形，柜式空调的功率较大，室外换热器常制成圆形或方形。

图 6-15 是空调冷凝器翼片的形状。放热系数由高到低依次是阶梯形翼片、带缝折叠翼片、折叠翼片、平板翼片。

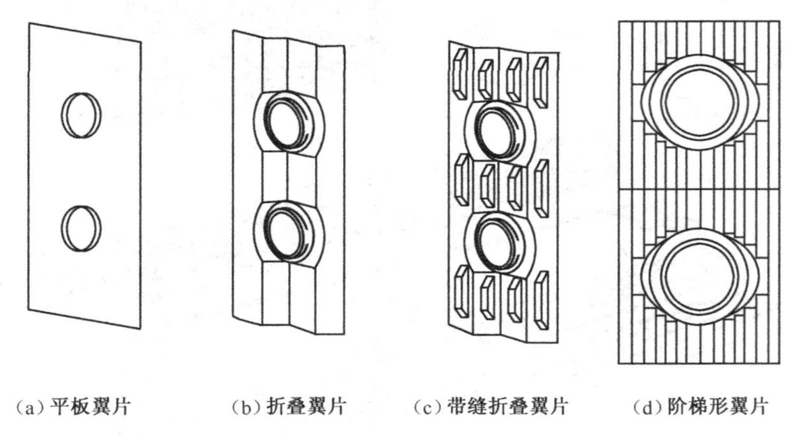

（a）平板翼片　（b）折叠翼片　（c）带缝折叠翼片　（d）阶梯形翼片

图 6-15　空调冷凝器翼片的形状

图 6-16 是翅片管式室外换热器，图 6-17 是翅片管式室内换热器。

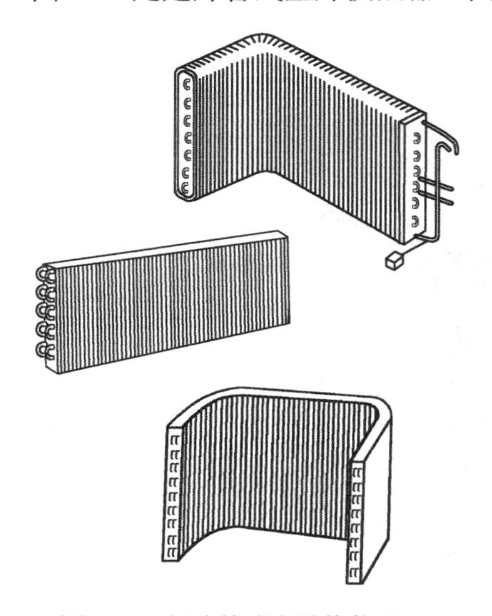

图 6-16　翅片管式室外换热器

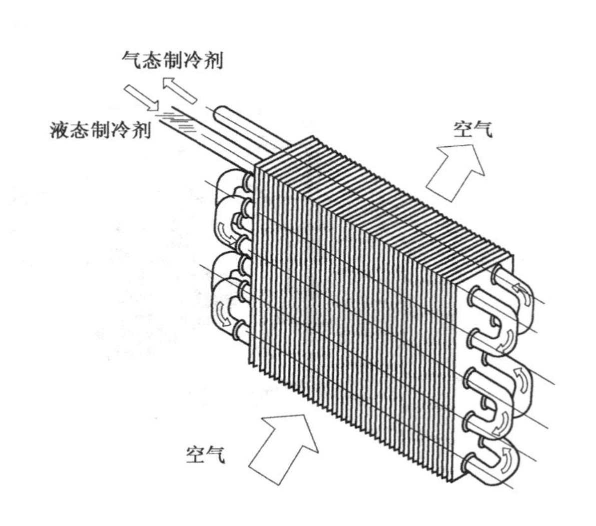

图 6-17　翅片管式室内换热器

3. 分体空调压缩机

空调压缩机常采用高吸气压力（0.55MPa 以上）、高效能的滚动转子或涡旋式压缩机。

滚动转子压缩机的结构如图 6-18 所示，它利用偏心转子转动压缩机气体，具有效率高、噪声小的优点。

涡旋式压缩机的结构如图 6-19 所示，它的工作特点是吸排气过程同时进行，具有负载均衡、效率高的优点，是小功率热泵空调的常用压缩机。

4. 热力膨胀阀

热力膨胀阀是一种可根据负荷大小而自动调节制冷剂流量的节流装置，它常用于家用空调器。热力膨胀阀可分为内平衡、外平衡式热力膨胀阀两种。

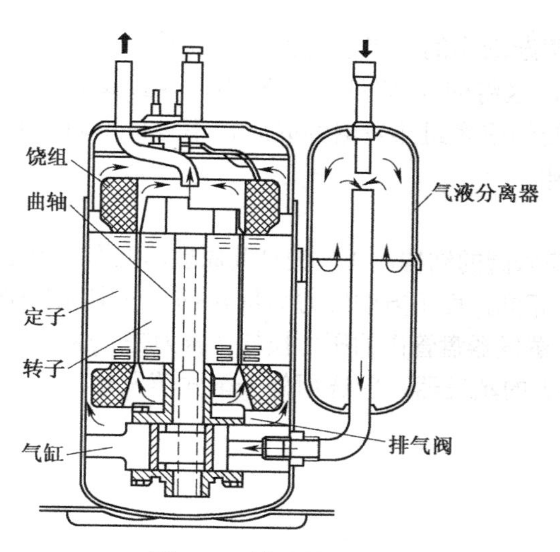

图 6-18　滚动转子压缩机

图 6-19　涡旋式压缩机

（1）内平衡式热力膨胀阀

图 6-20 是内平衡式热力膨胀阀的结构与原理示意图。感温包内装有液态制冷剂，它通常和制冷系统的制冷剂相同。感温包装在回气管上，当蒸发器出口的过热蒸气温度 t_1 较高时，感温包内的压力 p_1 较大，阀体会向下运动，制冷剂流量变大，反之，t_1 变小时，制冷剂流量会变小。阀体的开启度是随 t_1 的变化而自动调节的，即制冷量是可以自动调节的。

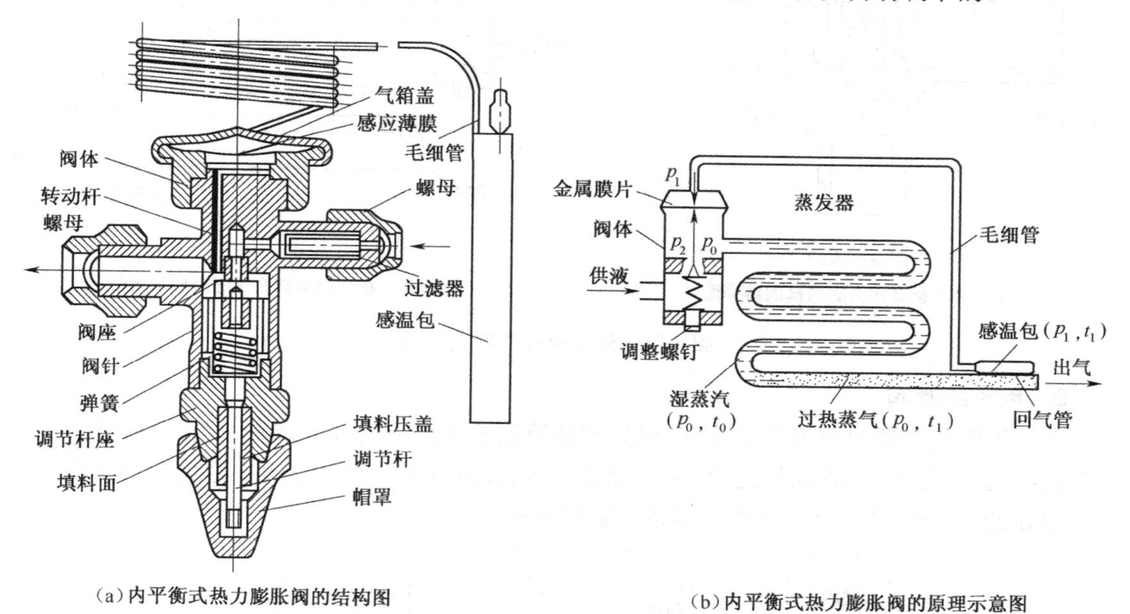

（a）内平衡式热力膨胀阀的结构图

（b）内平衡式热力膨胀阀的原理示意图

图 6-20　内平衡式热力膨胀阀

在图 6-20（b）中，p_1 是来自感温包的压力，p_0 是蒸发器的压力，p_2 是弹簧的张力。p_2 可通过调整螺钉调节。在稳定的工况下，金属膜片受到的压力 $p_1= p_0+ p_2$ 处于平衡状态，制冷剂流量保持不变。开机时，阀体开启较大，然后慢慢减小，直至稳定工作时，阀体位置就基本不再变化。

实际工作时，蒸发器内制冷剂的压力是逐渐减小的。当蒸发器盘管较长，管径较细时，制冷剂的流动阻力较大，压力减小尤为明显，这将使 t_1 降低，p_1 减小，导致阀体开启度减小，造成供液量不足。当蒸发器盘管过长、较细或多组蒸发器并联时，不宜采用内平衡式热力膨胀阀，替而代之的是外平衡式热力膨胀阀。

（2）外平衡式热力膨胀阀

如图 6-21 所示，(a) 图是外平衡式热力膨胀阀的结构，(b) 图是其原理示意图。由原理示意图可知，金属膜片上方的压力 p_1 与内平衡式相同，而下方的压力则是 p_2+p_c。p_c 是来自平衡管的过热蒸气的实际压力，而不是近似压力 p_0。蒸发器盘管内的压力损耗（压力差）p_0-p_c 对阀体的开启度没有影响。对于制冷剂流动压力损失大的蒸发器，应选用外平衡式蒸发器。

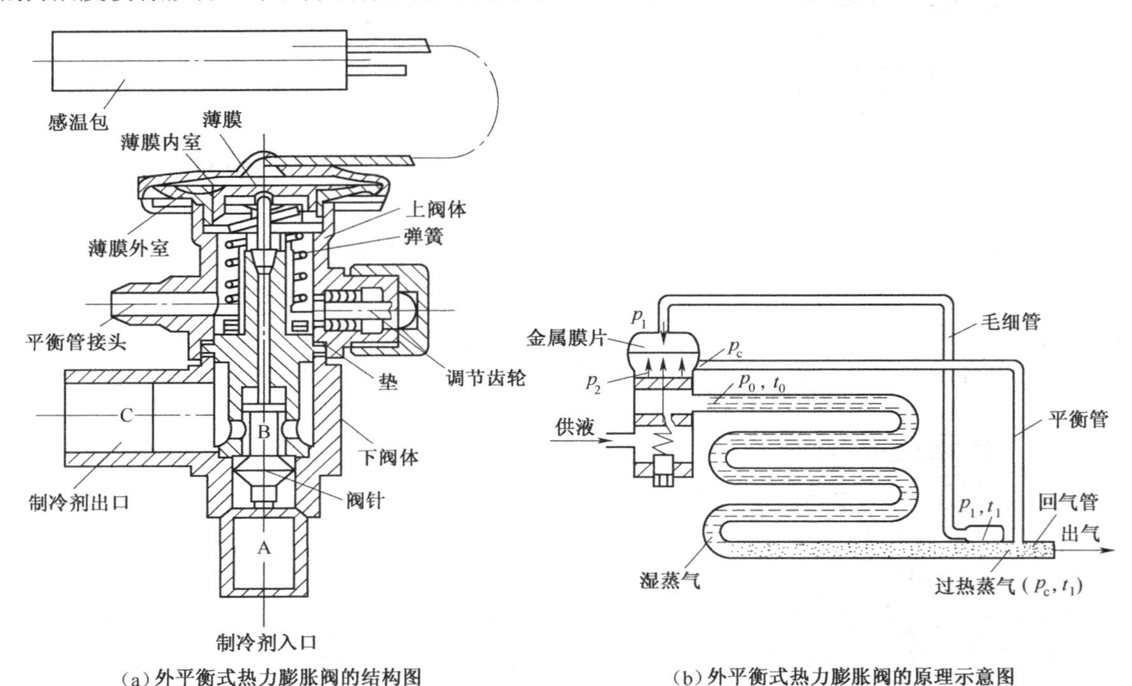

(a) 外平衡式热力膨胀阀的结构图　　(b) 外平衡式热力膨胀阀的原理示意图

图 6-21　外平衡式热力膨胀阀

5. 电子膨胀阀

电子膨胀阀广泛地应用于 CPU 中央处理器控制的空调、变频空调及一个室外机组带多个室内机组的空调。它具有动作迅速、控制准确、调节范围大、制冷剂可往返流动等优点。

图 6-22 是一种脉冲式电子膨胀阀的控制原理图。

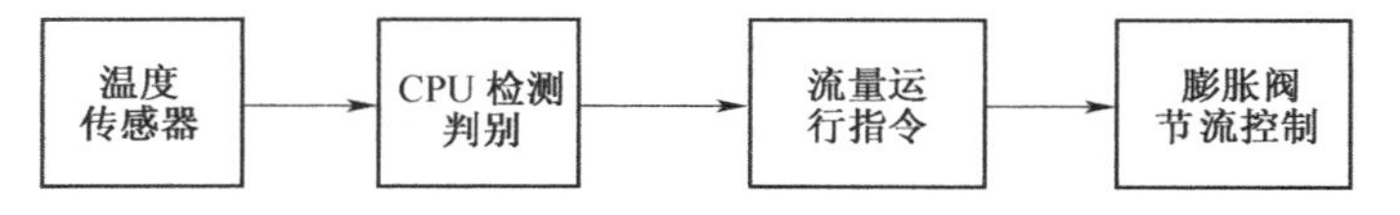

图 6-22　脉冲式电子膨胀阀的控制原理图

温度传感器的作用是把蒸发器排气口的过热气体温度转变成电信号传递给中央处理器。中央处理器把这一信号与原来信号进行比较，发出是增加还是减少制冷剂的流量的脉冲信号，该脉冲信号就可控制脉冲电动机的转速。脉冲来的快，电动机转的快，制冷剂流量大；

反之制冷剂流量就小。

图 6-23 是脉冲式电子膨胀阀的结构图。其工作流程如下：

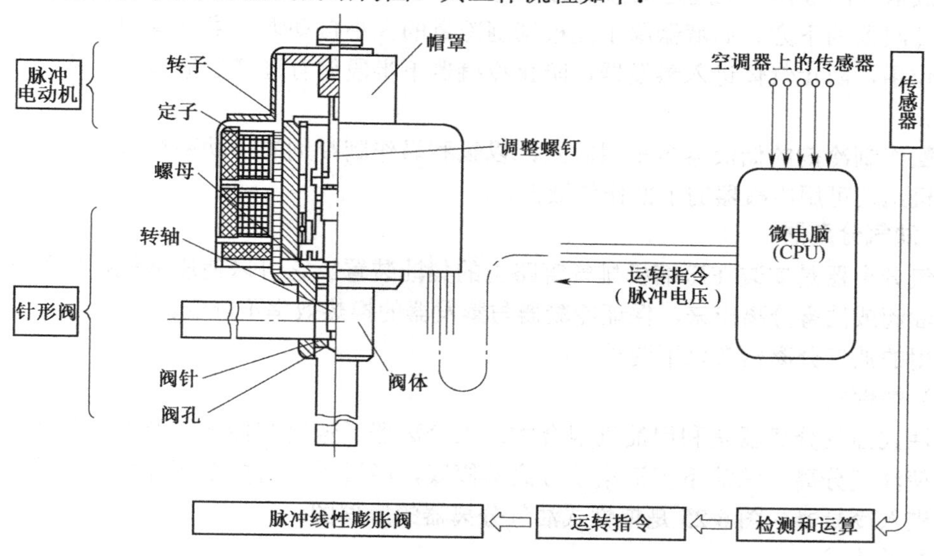

图 6-23　脉冲式电子膨胀阀的结构图

CPU 发出脉冲电压指令。脉冲电动机工作，转轴通过螺母控制阀体上（下）运动，阀针的运动控制阀孔变大或变小，从而改变制冷剂流量。CPU 判别工况处于平衡时，脉冲电压指令停止，脉冲电动机停转。

当蒸发器出口的过热气体温度发生变化时，CPU 会再次发出脉冲电压指令，脉冲电动机会重新工作。

6. 储液器

在制冷量可调的制冷循环中，制冷剂流量是变化的，在这样的制冷循环中心需配置储液器。当制冷量减小时，多余的制冷剂液体可储存在储液器中；制冷量增加时，储液器可提供增加的制冷剂。

（1）储液器的结构

图 6-24 是一种卧式储液器的结构示意图。进液口与冷凝器相连，出液口与节流装置相连，安全阀起过压保护，放气口用于排出空气。平衡管与冷凝器平衡管相通，保证储液器与冷凝器间的压力平衡，使冷凝器中的液体顺利流入储液器。小功率家用空调常用如图 6-12 所示的立式储液器。

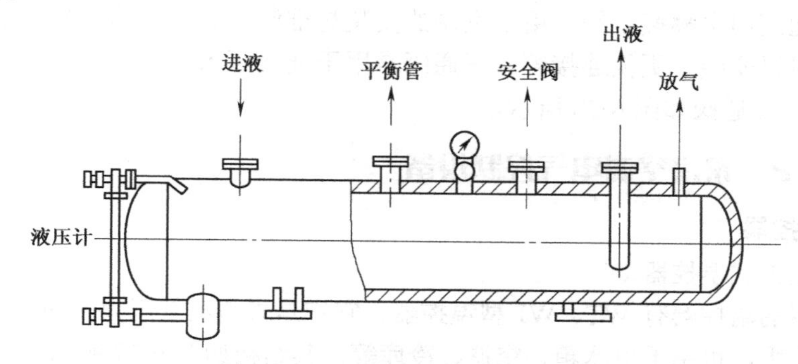

图 6-24　卧式储液器的结构示意图

（2）储液器的使用

储液器中的液体不应超过储液器容积的 80%，出液管的下端必须埋于液体中，储液器应安装在冷凝器的下方。储液器除了能根据制冷量的大小自动调节供液量的大小外，还起气液分离的作用，防止气体进入蒸发器，防止冷凝器下半段储有过多的液体，使冷凝器的传热效率变低。

以氨作制冷剂的储液器多采用卧式，以氟利昂作制冷剂的小功率空调多采用立式，小型的制冷机组还可用冷凝器的下部作储液器。

7. 油气分离器

油气分离器是安装在压缩机排气管路上的集油装置。它可以使压缩机排出的含油制冷剂气体中油滴或油雾分离出来，保证冷凝器与蒸发器的换热效率不降低。

常用的油气分离器有以下两种。

（1）惯性式

惯性式油气分离器是利用油气混合物进入分离器后速度突然下降及油与气体流速不同的特点，使油气分离，油滴下沉汇集于分离器筒底，经过浮球阀排至压缩机，制冷剂则从分离器上部进入冷凝器。图 6-25 是惯性式油气分离器的原理图。

（2）过滤式

过滤式油气分离器在其进气端装上滤网，使气体通过，油滴或油雾滤下，沉降于筒底，如图 6-26 所示。

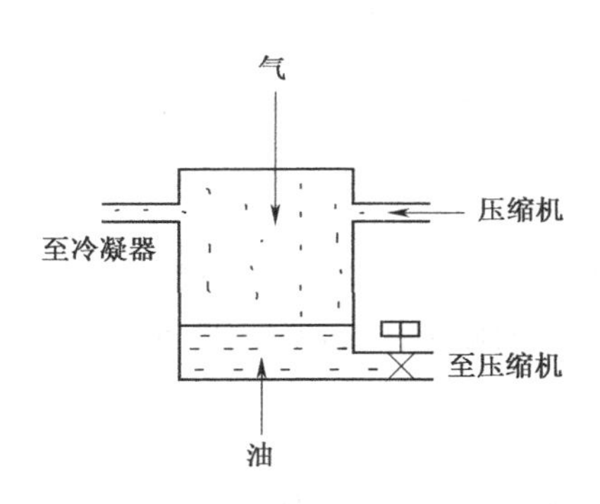

图 6-25 惯性式油气分离器的原理图

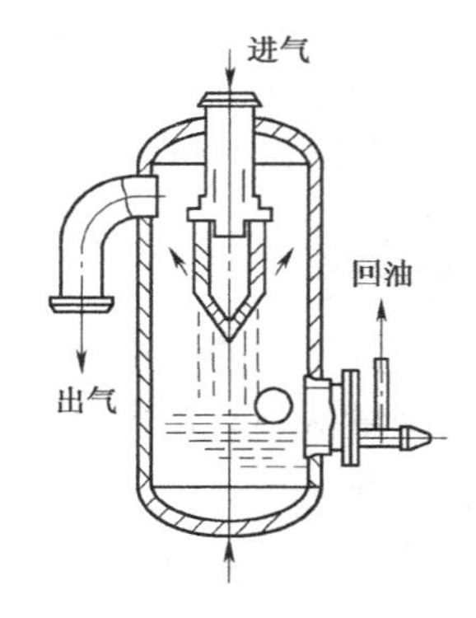

图 6-26 过滤式油气分离器的原理图

大型的制冷系统常用离心式或洗涤式油气分离器。

8. 二通、三通阀

二通、三通阀门也称截止阀，用于空调的安装与维修。二通阀用于制冷剂的液体侧。截止阀关闭时就可以安装、更换连接管。三通阀常用于连接压力表、接制冷剂钢瓶等。三通阀如图 6-27 所示。二通阀如图 6-28 所示。

知识链接 2 家用空调电气控制设备

1. 空调温控器

（1）蒸气压力式温控器

空调器常用的温控器有 WT、WJ 型温控器，它们是采用蒸气压力式的工作原理。WT 系列温度调节范围大，可用于电冰箱、空调、冷库等，其结构如图 6-29 所示。

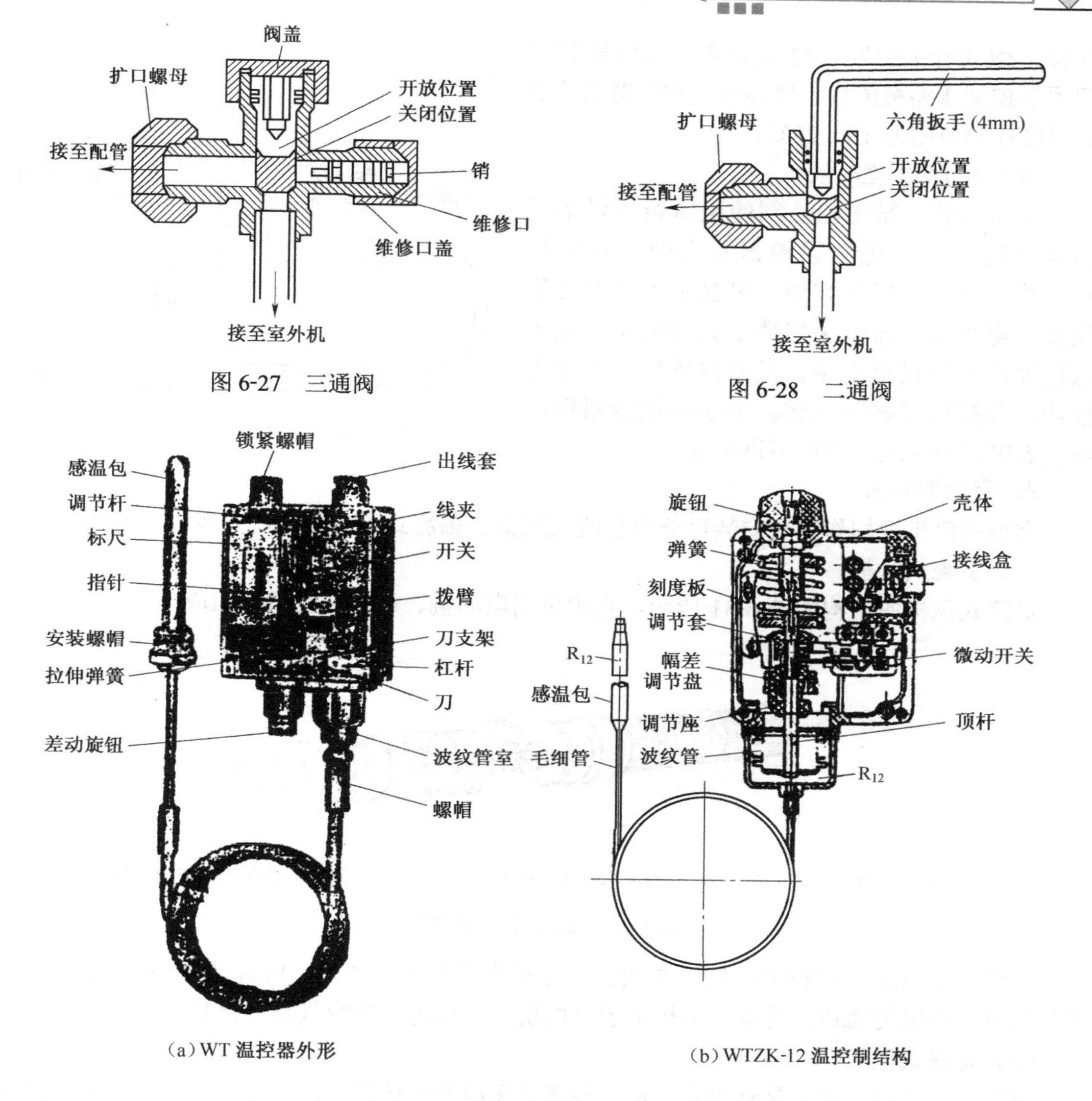

图 6-27 三通阀

图 6-28 二通阀

(a) WT 温控器外形

(b) WTZK-12 温控制结构

图 6-29 WT 型蒸气压力式温控器

WT 型温控器是通过波纹管内的气体压力与拉伸弹簧的共同作用来控制空调机的启、停温度。调节拉伸弹簧，指针可指示压缩机停机温度；调节差动旋钮，可控制压缩机启动温度，该温度是以与停机温度的差值显示在标尺上。WT 型温控器用于空调时，温控范围是0～40℃，温差调节范围为 1.4～12℃。

在图 6-29（b）中，当温度升高时，感温包中的蒸气压力升高，波纹管的上壁向上运动，弹簧逐渐被压缩，顶杆向上运动。当温度达到设定值时，顶杆推动联动杆使微动开关的常开触点闭合，压缩机便运行制冷。当温度降低至停机温度时，弹簧的向下作用力大于波纹管的向上作用力，这时顶杆向下运动，使微动开关常开触点重新分断，压缩机停机。

WJ 型温控器是空调专用温控器。其结构原理如图 6-30 所示。感温包装在空气的进风端，当温度升高时，感抗温包（波纹管）内压力变大，在该压力作用下，杠杆控制微动开关，使压缩机启动制冷。当温度降低到一定值时，弹簧的作用力大于波纹管的压力，使杠杆复位，微动开关分断，停止制冷。温度控制旋钮用于控制压缩机的启、停温度。WJ 型温控器的温度控制范围为18～28℃。

（2）电子温控器

分体空调、微电脑控制的电冰箱一般都采用电子温控器。电子温控器具有便于自动控制、控温准确、操作方便、可显示当前温度等优点。电子温控器常采用数字集成电路。电子温控器由温度设置电路、温度传感器、电压比较器、温控触发器等组成。电子温控器原理在项目5中已介绍过，这里不再重复。

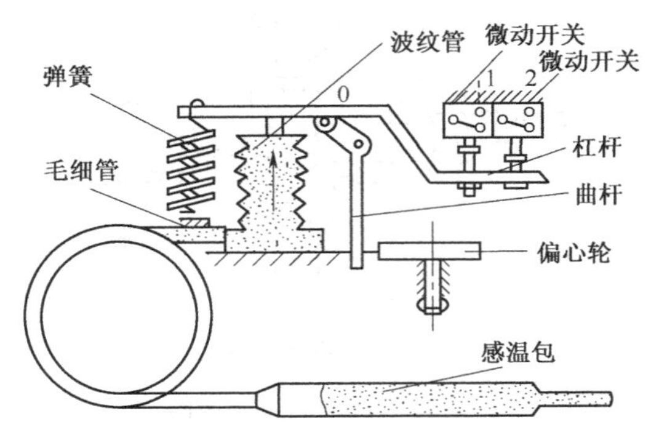

图6-30 WJ 型蒸气压力式温控器

2. 空调的风机

空调的风机根据作用与安装可分为贯流式风机、轴流式风机与离心式风机。

（1）贯流式风机

贯流式风机的结构如图6-31所示，它由风扇电动机、风扇、轴承等组成。

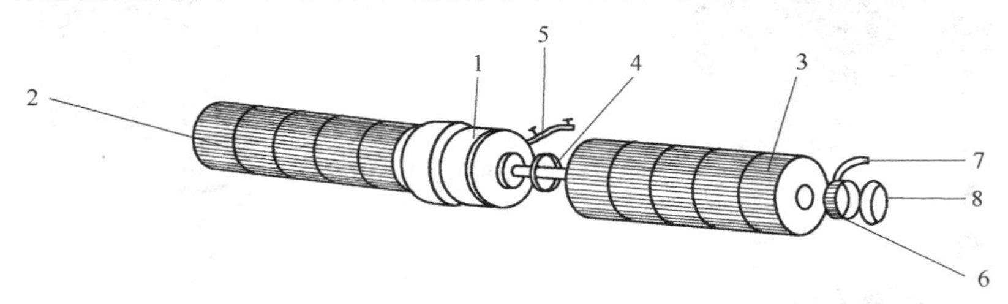

1—风扇电动机；2、3—风扇；4—橡胶垫；5—电动机支架；6—轴承橡胶垫；7—轴承支架；8—轴承套

图6-31 贯流式风机的结构

贯流式风机的叶轮较大，转速亦较大，叶轮上的叶片为奇数，叶片间距不等，这样有利于降低室内机组的噪声。贯流式风机用于室内机组，强迫室内空气循环换热。

（2）轴流式风机

家庭用的风机一般都是轴流式风机，轴流式风机的气体沿轴线方向流动。图6-32是轴流式风机的外形图。风扇的扇叶常用四片，也有用六片的。为了降低噪声，改进的叶片一部分为轴流形，一部分为离心形，这样既可降低噪声，又可改变气体流向，增加过风面积。

（3）离心式风机

图6-33是离心式风机的工作原理与结构简图。气体由进风口进入离心机，在离心机的作用下，气体进入环形风道旋转，在旋转离心力的作用下，气体由出风口排出。

离心机的形状有些像贯流式风机，不同点是没有贯流式风机长，叶轮直径较大。

（4）三种风机的应用

- 贯流式风机应用于分体挂壁式空调的室内机组。
- 轴流式风机应用于窗式空调的室外鼓风及柜式、挂壁式分体机的室外机组。
- 离心机应用于窗式空调及柜式空调的室内鼓风。

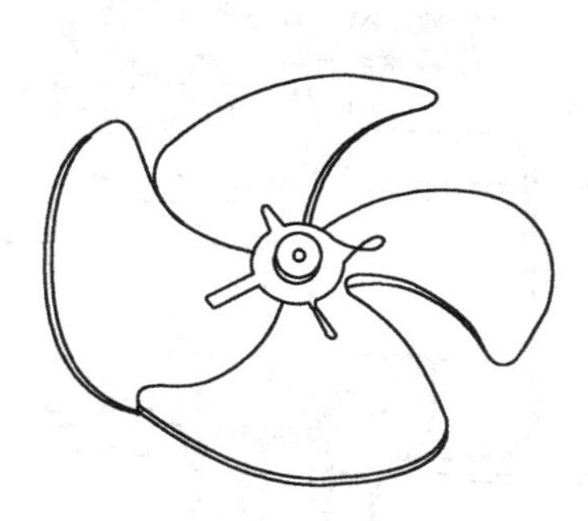

图 6-32 轴流式风机的外形

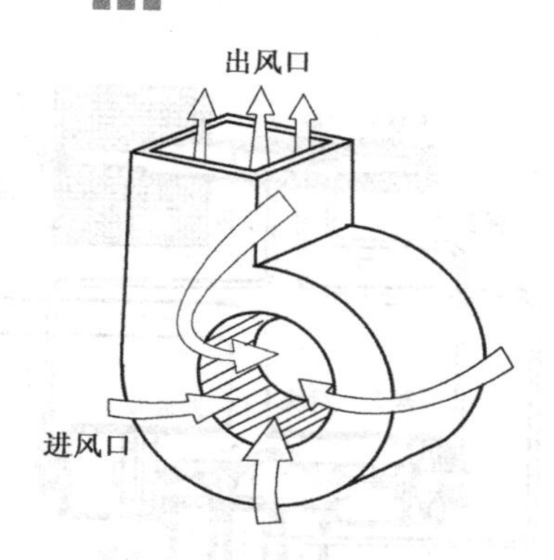

图 6-33 离心式风机的工作原理与结构简图

3. 四通电磁阀

(1)四通电磁阀的作用与结构

热泵型空调夏季制冷时，室内机组为蒸发器，室外机组为冷凝器。冬季供暖时，室内机组为冷凝器，室外机组为蒸发器。制冷与制热的转换由四通电磁阀来完成。四通电磁阀可以改变制冷剂的流向，实现蒸发器与冷凝器的变换。

四通电磁阀主要由电磁阀与四通阀组成，如图 6-34 所示。电磁阀由线圈与衔铁组成。四通阀由活塞、换向阀体、4 条主管路及毛细管组成。其中蒸发器变为冷凝器时的制冷剂流向由换向阀体控制。

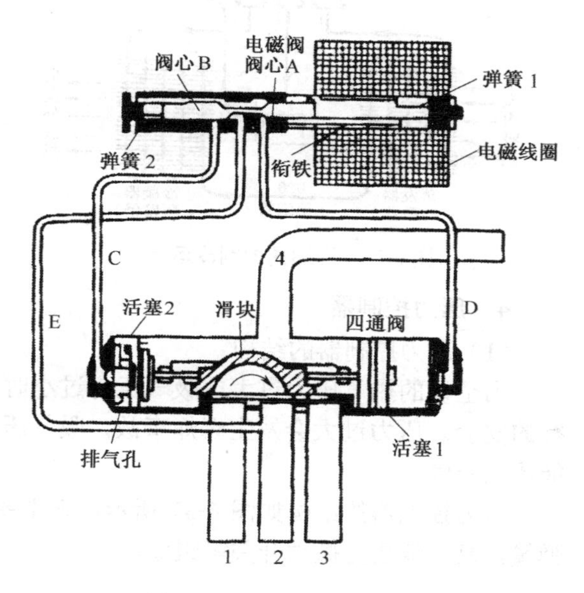

图 6-34 四通电磁阀的结构

(2)四通电磁阀的工作原理

1)制冷运行

在制冷运行时，电磁阀线圈断路，在重力作用下，铁芯下滑，封堵下面的气体通路，如图 6-35 所示。均压管与上面的气体通路相连，气压较低，与压缩机的吸气压相近。活塞腔仓内气压与压缩机的排气压相同，气压较高。此时右边活塞的小孔打开，左边活塞的小孔封闭。活塞在排气与吸气压差的作用下，向左运动，蒸发器、冷凝器的位置及制冷剂的流向如图 6-35 所示。

2)制热运行

制热运行时，电磁阀线圈通电，铁芯被上吸，堵住上面的气体通路，如图 6-36 所示。均压管与下面的气体通路的气压与压缩机的吸气压相近。活塞内，右边的活塞小孔被堵住，左边的小孔打开，使上面的气体通路的气压与压缩机的排气压相近。在排气与吸气压差的作用下，活塞向右运动。此时冷凝器与蒸发器的位置及制冷剂的流向如图 6-36 所示。

在选用四通电磁阀时，应考虑到与压缩机的排气量相匹配，安装时不应有水、油及灰尘落入阀内。

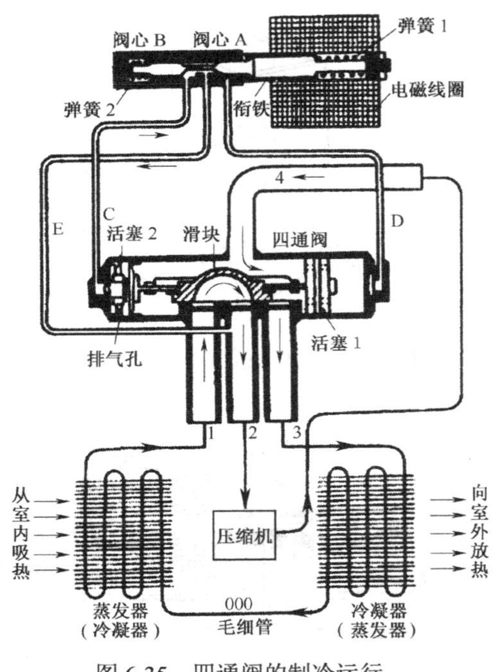

图 6-35 四通阀的制冷运行

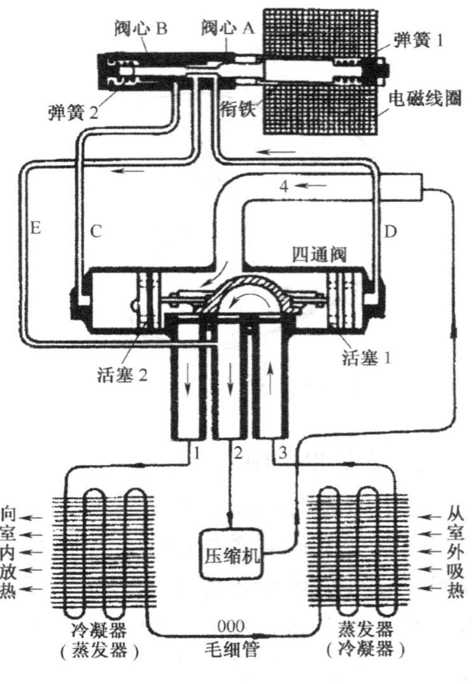

图 6-36 四通阀的制热运行

4. 压力控制器

（1）压力控制器的结构

当空调的排气压力过大或吸气压力过小时，压力控制器可以自动分断电路，确保空调运行的安全。压力过大会发生爆炸事故，吸气压力低于大气压力时，制冷剂管路会变形，有可能渗入空气。

压力控制器的结构如图 6-37 所示。它主要由高、低压波纹管，传动杆，高、低压力调节弹簧，高、低压力微动开关等组成。

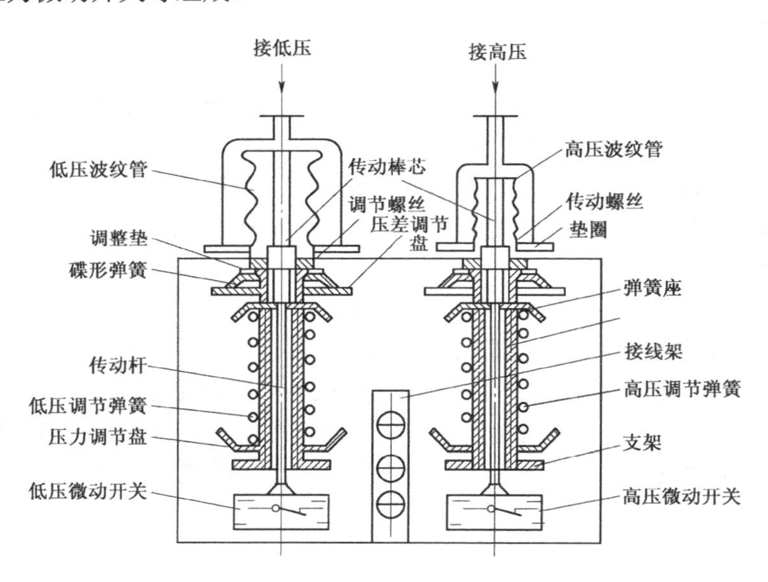

图 6-37 压力控制器的结构

（2）压力控制器的工作原理

如图 6-37 所示，当压缩机的排气压力过高时，制冷剂的高气压就会通过压力控制器的高压接入端传递给高压波纹管，波纹管产生向下的压力大于弹簧的向上作用力，使传动棒芯及传动杆向下运动，从而，分断高压微动开关，通过继电器使压缩机停机。

冷凝器的温度过高，制冷剂管路被堵塞或部分堵塞时，都会引起排气压力过高。

压缩机的吸气压力来自蒸发器，当蒸发压力小于 0.01MPa 时，压缩机应自动停机。

当压缩机的吸气压力过低时，该气压通过压力控制器的低压端传至波纹管。此时，弹簧的向上作用力大于波纹管的向下作用力，传动棒芯及传动杆就向上运动，使微动开关分断，通过继电器使压缩机停机。

压缩机吸气压力过小的可能原因有制冷剂泄漏或压缩机功率下降。

出现压缩机吸、排气压过低、过高的故障时，应对空调即时维修，排除故障后，方可继续运行。

5. 双向电磁阀、单向电磁阀

双向电磁阀可让制冷剂双向流动，用于调节压缩机负载的大小。

单向电磁阀用于热泵空调的制冷时增加节流面积，制热时处于关闭状态。

双向电磁阀如图 6-38 所示，单向电磁阀如图 6-39 所示。

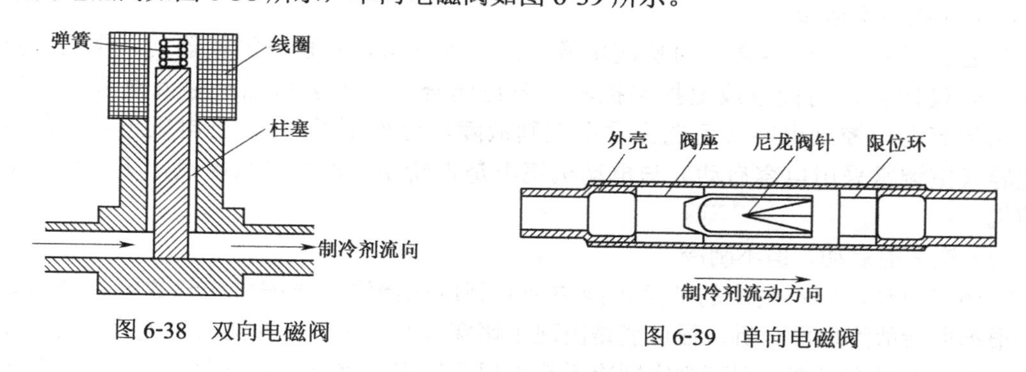

图 6-38 双向电磁阀

图 6-39 单向电磁阀

技能训练 1 更换家用空调制冷设备

1. 器材

空调压缩机、四通阀、温控器、节流阀等若干套。维修工具、维修设备若干套。

2. 目的

（1）掌握空调压缩机、四通阀、温控器、节流阀的更换技术。

（2）掌握空调抽真空、补充更换制冷剂的技术。

3. 操作步骤

（1）比较、测量、检验压缩机、四通阀、温控器、节流阀的好坏。

（2）全班分成 4 组，轮流更换压缩机、四通阀、温控器、节流阀。

（3）如图 6-12 及图 6-13 所示，连接室内外机组间的管道，学习抽真空、更换制冷剂、补充制冷剂的技术。

（4）更换或补充完制冷剂后，用肥皂水或检漏仪检漏。漏气处会有肥皂水气泡或检漏鸣叫声。

技能训练 2　分体空调循环系统的维修

1. 器材

（1）压缩机不运转、温控器动/静触点不闭合、节流阀堵塞、四通阀串气故障的空调各1～2 台。

（2）维修工具、维修设备若干套。

2. 目的

（1）掌握压缩机、温控器、节流阀、四通阀故障的检修技术。

（2）掌握抽真空，充灌制冷剂的技术。

3. 情境设计

（1）两台空调启动时，压缩机不运转；一台空调启动后不制冷，且很快停机；一台空调制冷效果较差。

（2）全班分 4 组，每组修一台空调，修好后（轮修时不必充制冷剂，只要循环系统能工作，压缩机电流约为 1/2 额定电流即可），恢复故障，并把 4 个故障空调轮修一遍。

（3）完成修理任务后抽真空。抽真空完成后，充灌制冷剂，检漏，试运行。

4. 故障分析参考

（1）压缩机不运转

发生压缩机不运转故障，可检测电源电压，若正常，则检测温控器动、常闭触点是否闭合，若没闭合，则检修或更换温控器；若已闭合，则检测压缩机输入电压，若没有电压，则检查继电控制电路（可能为弱电控制故障，此处不考虑），若电压正常，则检测启动电容（空调常采用电容启动）与电动机绕组是否断路，检测到故障点，更换启动电容或压缩机。

（2）空调能启动，但不制冷

空调能启动，但不制冷的故障可能原因有制冷剂泄漏、压缩机排气故障、循环系统堵塞。根据所给故障现象分析，很可能是出现了堵塞故障。进一步检测启动电流。若启动电流过大，冷凝器温度很高，则可判定制冷系统出现了堵塞，重点应检查四通阀出气口与节流阀是否开启。经检测是节流阀堵塞或不能开启，更换或修理节流阀即可。

（3）制冷效果不良

制冷效果不良的故障主要有压缩机吸、排气串气，四通阀串气，循环系统局部堵塞，循环系统漏气等。

可采用排除法逐一检测：

1）测压缩机工作电流，若工作电流在额定电流附近，说明循环系统没有堵塞。

2）如图 6-13 所示，接上压力表，若低压静止压力在 0.55MPa 附近，说明制冷剂正常。

3）接上高压表，监测压缩机工作时的吸、排气压力。若吸气压力过高（>0.55MPa），排气压力过低（<2MPa），则说明压缩机或四通阀串气。拆下四通阀，如图 6-34 所示，通道“4”接真空泵排气口，这里只能“1”或“3”（电磁线圈通电）口有气体排出，若“1”、“2”、“3”口都有气体排出，则说明四通阀串气，应更换。

若四通阀正常，只好更换压缩机。本次故障所设为四通阀串气。

项目工作练习1 空调不制冷或不制热（循环系统故障）的维修

班 级		姓 名		学 号		得 分	
实训器材							
实训目的							

工作步骤：

（1）启动空调器，观察故障现象（由老师设置不同的故障）。

（2）故障分析，说明哪些原因会造成空调不制冷或不制热。

（3）制定维修方案，说明检测方法。

（4）记录检测过程，找到故障部位、器件。

（5）确定维修方法，说明维修或更换器件的原因。

工作小结	

项目工作练习2　空调制冷或制热不良（循环系统故障）的维修

<table>
<tr><td>班　级</td><td></td><td>姓　名</td><td></td><td>学　号</td><td></td><td>得　分</td><td></td></tr>
<tr><td>实　训
器　材</td><td colspan="7"></td></tr>
<tr><td>实　训
目　的</td><td colspan="7"></td></tr>
<tr><td colspan="8">工作步骤：
（1）启动空调器，观察故障现象（由老师设置不同的故障）。
（2）故障分析，说明哪些原因会造成空调制冷或制热不良。
（3）制定维修方案，说明检测方法。
（4）记录检测过程，找到故障部位、器件。
（5）确定维修方法，说明维修或更换器件的原因。</td></tr>
<tr><td>工　作
小　结</td><td colspan="7"></td></tr>
</table>

任务3　家用空调器电气控制电路的维修

维修任务单

序　　号	品 牌 型 号	报修故障情况
1	长虹 KFR-25GW	空调不制热
2	长虹 KFR-25GW	制冷时，压缩机频繁启动、停机

技师引领1　空调不制热

1. 客户王先生

原来空调制热工作正常，前两天空调突然坏了，不能制热。

2. 李技师分析

现在分体空调多数是遥控微电脑型空调。微电脑控制板，微电脑控制板的输入、输出电路，压缩机及其启动、保护电路的故障都可能造成空调不制热。

3. 李技师检修

（1）检测电源电压为220V，正常。

（2）打开室外机外壳，通电观察，发现压缩机有嗡嗡声。如图6-40所示，测量其输入电压为220V，正常。

（3）关闭电源，检测图6-40中的压缩机启动电容，发现电阻约为0Ω，说明电容被击穿。

（4）更换同规格的电容，重新启动空调，工作恢复正常。

技师引领2　空调频繁启动，制冷效果差

1. 客户王先生

近几天，空调制冷很差，温度刚下降一点，就停机了，启动很频繁。

2. 李技师分析

空调频繁启动的主要原因有循环系统局部堵塞，电源电压过低，电路中连接部位接触电阻变大（分压变高），保护元件性能变坏，不能识别正常、非正常工作状态。

3. 李技师检修

（1）测量电源电压为220V，正常。

（2）接通电源，启动压缩机。如图6-40所示，测量压缩机输入电压，约为150V，说明触点或连接线头接触不良。

（3）测量图6-40中的过载保护、过流保护常闭触点电压，约为0V，正常。测量交流接触器常开触点（工作时闭合）电压，约为170V，说明此处接触不良。

（4）分断电源，拆下接触器，发现其触点灼伤，接触面积很小，更换触头（或更换接触器），重新安装接触器，启动空调，工作恢复正常。

媒体播放

（1）播放李技师维修过程。

（2）播放仿真课件。

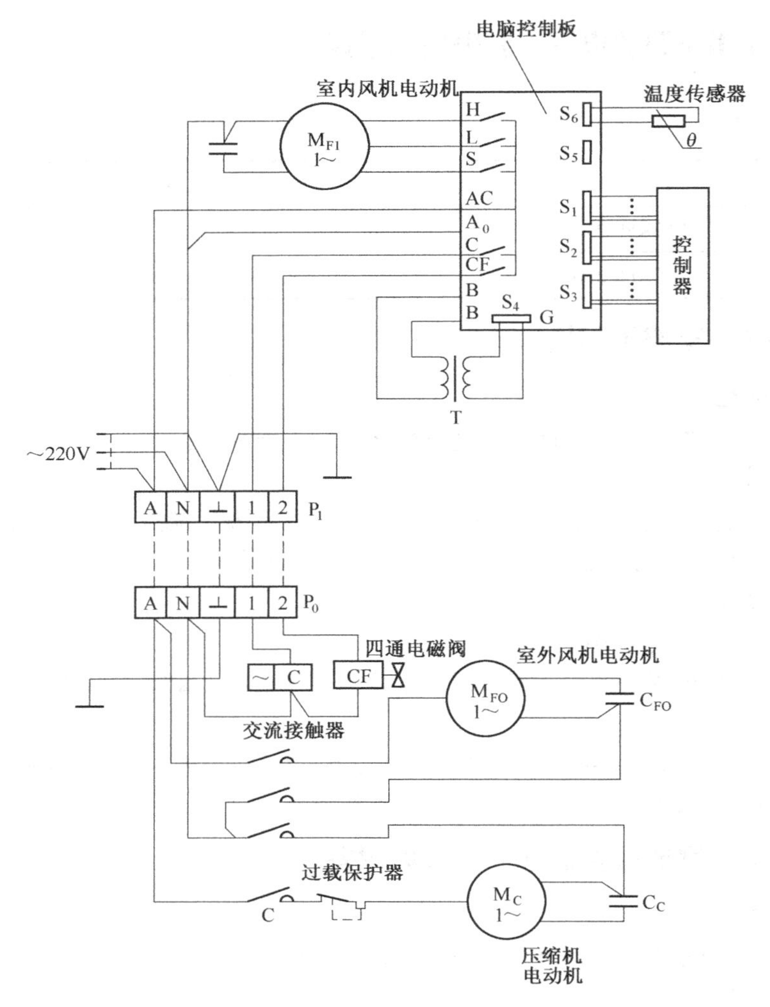

图 6-40 热泵型分体挂壁式空调控制电路

知识链接 1 热泵型分体空调控制电路

要想学习李技师熟练地空调维修技术，我们必须要学习、理解空调器的控制电路。

如图 6-40 所示，空调器制冷时，CF 常开触点分断，四通阀线圈不通电。通过遥控器启动空调后，主控电路触点 C 闭合，交流接触器线圈通电，交流接触器主触头闭合，压缩机和室外风机启动，延时 30 秒后，室内风机启动，送冷风到室内。制冷循环如图 6-35 所示。

制热时，通过遥控器启动空调后，CF 触点闭合，四通阀线圈通电，如图 6-36 所示，四通阀换向，使空调器进入制热循环。

图 6-40 中的温度传感器传递的是空调器启、停温度，变压器 T 及整流电路提供的是电脑控制板的直流工作电压，过载保护器起过温、过流保护作用。

图 6-41 是一款热泵辅助电热型分体挂壁式空调控制电路，制冷时压缩机工作，继电器 K 不工作。制热时，压缩机、继电器 K 同时通电，空调为热泵运行状态，电加热器起快速辅助电加热的作用。当温度上升到一定值时，温度继电器 T(θ)的常闭触点分断，空调做热泵运行。

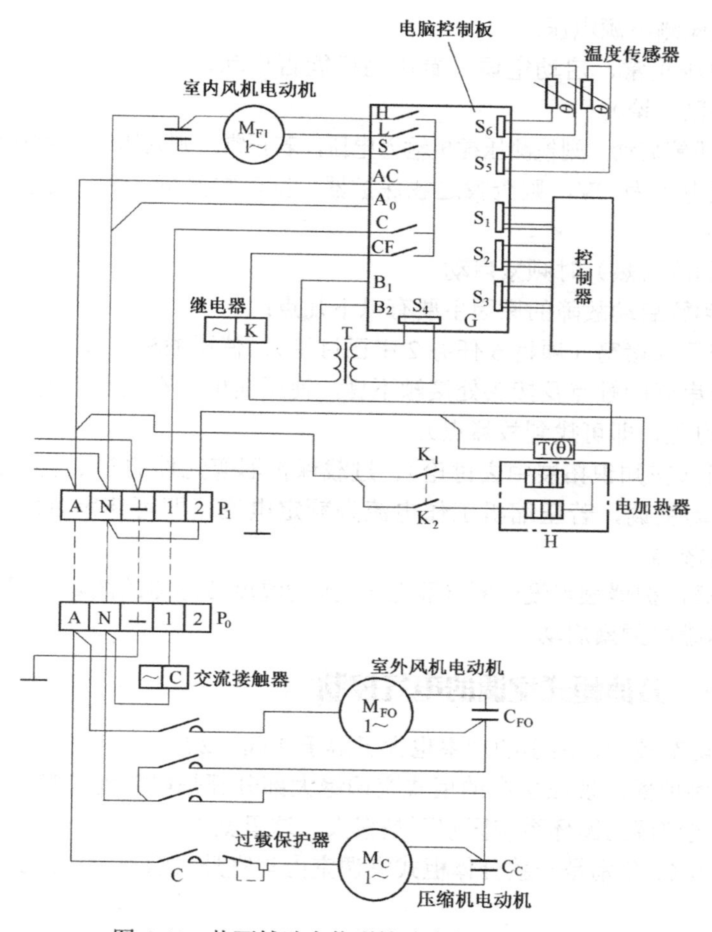

图 6-41　热泵辅助电热型挂壁式空调控制电路

技能训练 1　电气故障检修

1. 目的

学会检修电容器、过载保护器故障，学会检修压缩机频繁启动的故障。

2. 器材

（1）压缩机启动电容故障、过载保护器故障、交流接触器故障、室外风机电动机故障分体挂壁式空调各一台。

（2）维修工具及压缩机启动电容、过载保护器、交流接触器、室外风机电动机各若干。

3. 情境设计

（1）设置两台不能制冷的故障空调，一台过载保护器处于分断状态，一台启动电容开路。

（2）设置两台频繁启动故障的空调，一台室外风机电动机绕组断路，一台为接触器触头接触不良。

（3）学生分 4 组轮修上列故障。

4. 故障分析、检修参考

（1）空调器不制冷

空调器不制冷（热）的检测如下：

1）用万用表检测电源电压。

2）若电源电压正常，启动空调，看压缩机能否启动，若启动正常，则为循环系统故障（项目 6 任务 2 中已讨论）。

3）若压缩机不能启动，则检测压缩机输入电压，若正常，则为压缩机绕组或启动电容故障。

4）若压缩机电压为 0V，则查找过载保护器、交流接触器的触点是否启动时不闭合或电路接头处断路。

（2）空调器制冷（热）时频繁启动

造成空调器频繁启动故障的原因主要有以下几点：

1）循环系统局部堵塞（项目 6 任务 2 中已讨论），使压缩机过载。

2）与压缩机串联的触点及接头处接触不良，使压缩机得不到额定电压（用电压法测压缩机及相关元件的电压，即可找到故障点）。

3）热敏电阻（在知识拓展中去讨论）、过载保护器等元件的参数发生变化，性能变差，造成误动作。启动空调，若压缩机工作电流为额定电流，即可怀疑过载保护器或热敏电阻（温度传感器）有故障。

停机时，过载保护器触点没分断（正常），则为温度传感器的故障（识别启动、停机的温差变小），造成压缩机频繁启动。

知识链接 2　分体柜式空调的电气控制

柜式空调的功率较大，最小的功率也大于等于 2 匹。2.5 匹以上的柜式空调一般都要装压力保护器、过流保护器。现在生产的柜式空调绝大部分都是电脑遥控型的。柜式空调的循环系统和分体挂壁式空调的循环系统区别不是很大，这里就不再叙述。

图 6-42、图 6-43 分别是一款分体柜式空调室内与室外机组控制电路。其各部件的工作情况如下。

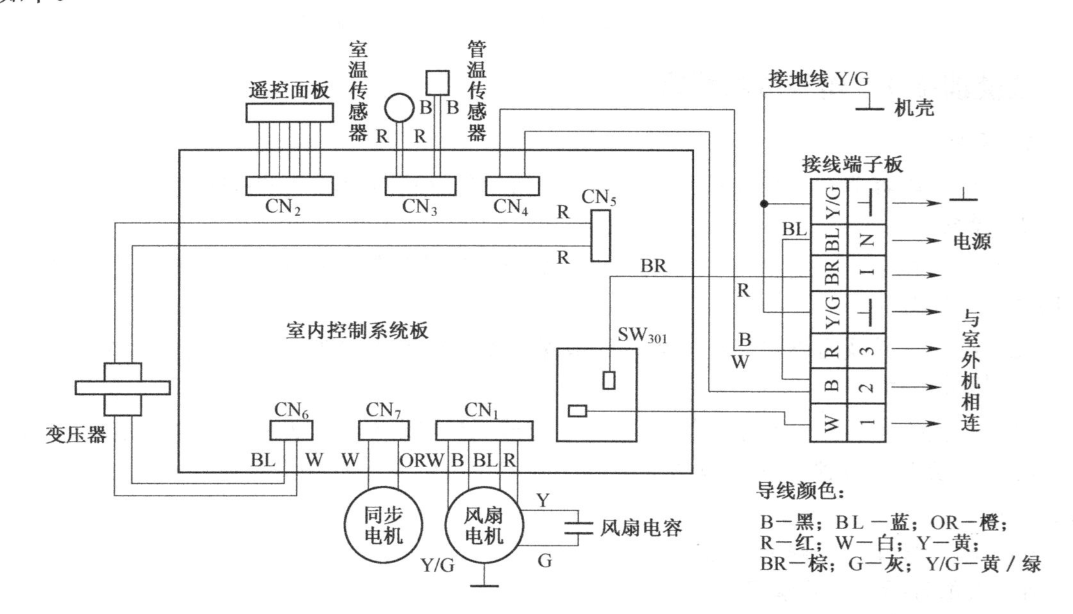

图 6-42　分体柜式空调室内机组控制电路

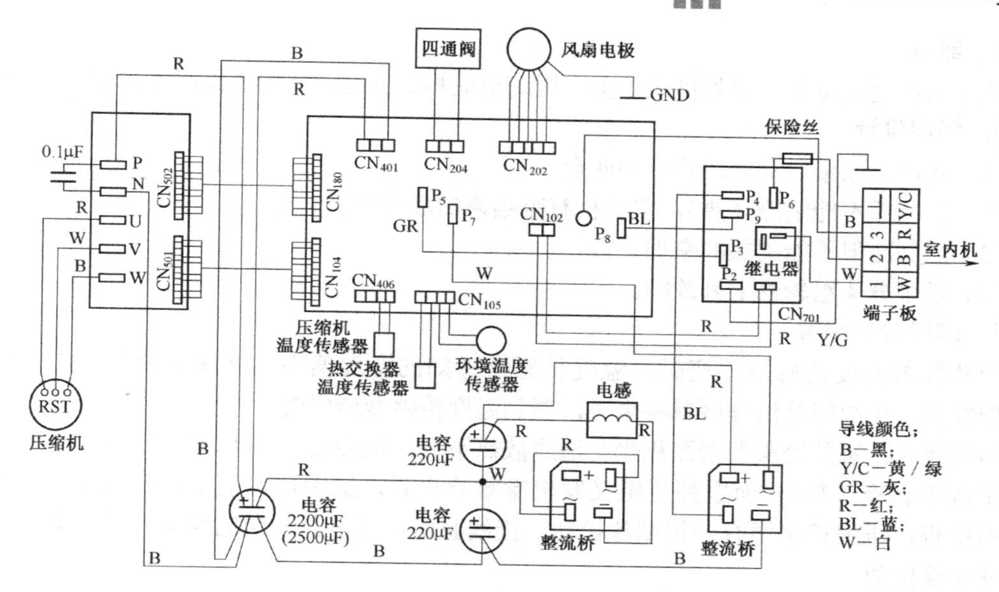

图6-43　分体柜式空调室外机组控制电路

1. 室内机组

（1）接线端的子板起连接电源与室内、外机组信号传递的作用。

（2）该柜式空调用遥控器通过遥控面板发布指令，控制空调的运行。

（3）微电脑通过室温、室内机管温、压缩机温度、室外机管温、环境温度等五个传感器对空调进行模糊控制，确定空调的工作状态与压缩机的工作频率与输出功率。

（4）变压器与控制板内的整流滤波电路，提供5V的电脑芯片的工作电压，提供12V的驱动电路的工作电压。

（5）同步电动机通过减速装置控制风向及摇摆机构。

（6）风扇电动机是电容启动、绕组抽头的双速电动机。

（7）由CN_4、SW_{301}端口与室外机组进行通信联系。

2. 室外机组

（1）通过变频电路把单相或三相交流电变成可调频的三相交流电，控制压缩机的输出功率。

（2）风扇电动机是用电容启动运转，压缩机一启动，风扇电动机就启动。

（3）制冷时四通阀不通电。制热时四通阀通电，改变制冷剂的流向，此时室内机组为冷凝器，室外机组为蒸发器。

微电脑根据接收的控制指令与传感信号，通过驱动电路，用交流接触器控制压缩机的启动、停机，通过中间继电器控制四通阀与室内外风扇电动机的运行。

某一执行部件（如压缩机）不能工作，有可能是执行部件本身的故障，也可能是继电器、继电器的驱动电路、电脑芯片的输出电路等元器件出现了故障。检修时要仔细分析，认真查找。

空调器的电源线，室内外机组的连接线多而复杂，为了便于维修与识别，每个导线都标注了颜色，在图中分别用字母或文字辅助说明。

技能训练2　柜式空调电气故障检修

1. 目的

学会检修温度传感器的故障，学会检修空调能制冷但不制热的故障。

2. 器材

蒸发器温度传感器、室外机组积尘、压缩机缺相、四通阀线圈断路故障的空调各一台。

3. 情境设计

（1）制冷时频繁启动的故障空调两台。

（2）启动后不能制冷（热），室外机有嗡嗡声的故障空调一台。

（3）能制冷但不能制热的空调一台。

（4）学生分4组轮修上列故障。

4. 故障分析参考

当蒸发器温度传感器偏离时，温度传感器感知的温度偏高，会使空调误动作而频繁启动。据检查，该故障是清理网罩积尘时，碰到温度传感器造成的。

当制冷时，室外冷凝器表面积尘会造成散热不良，也会使空调频繁启动。

空调不制冷（热），而室外机组又发出嗡嗡响声时，原因很可能是压缩机缺相而不能启动。据检查，压缩机电源有一相螺丝松动，接线脱落，可能是安装时螺丝拧的不紧，由于振动而使螺丝松动。

制冷正常、不能制热的原因是四通阀通电不动作，重点检查四通阀的供电与四通阀线圈，如正常，则可能是四通阀机械故障。据检查，四通阀线圈断路。

知识链接3 变频空调简介

变频空调能根据温度的变化自动地调节压缩机的转速，控制制冷剂的流量，使室内趋向恒温。图6-44是一热泵分体式变频空调室内机组电气控制框图。图6-45是该热泵分体式变频空调室外机组电气控制框图。

根据图6-44、图6-45，对变频空调的工作原理做一简要说明。

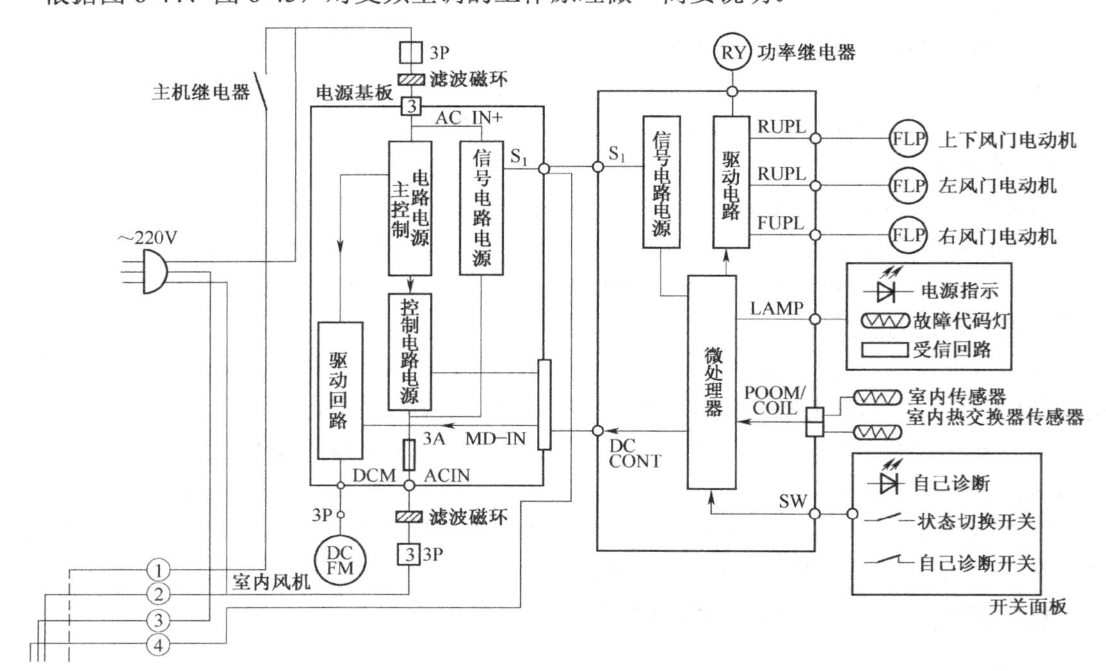

图6-44 热泵分体式变频空调室内机组电气控制框图

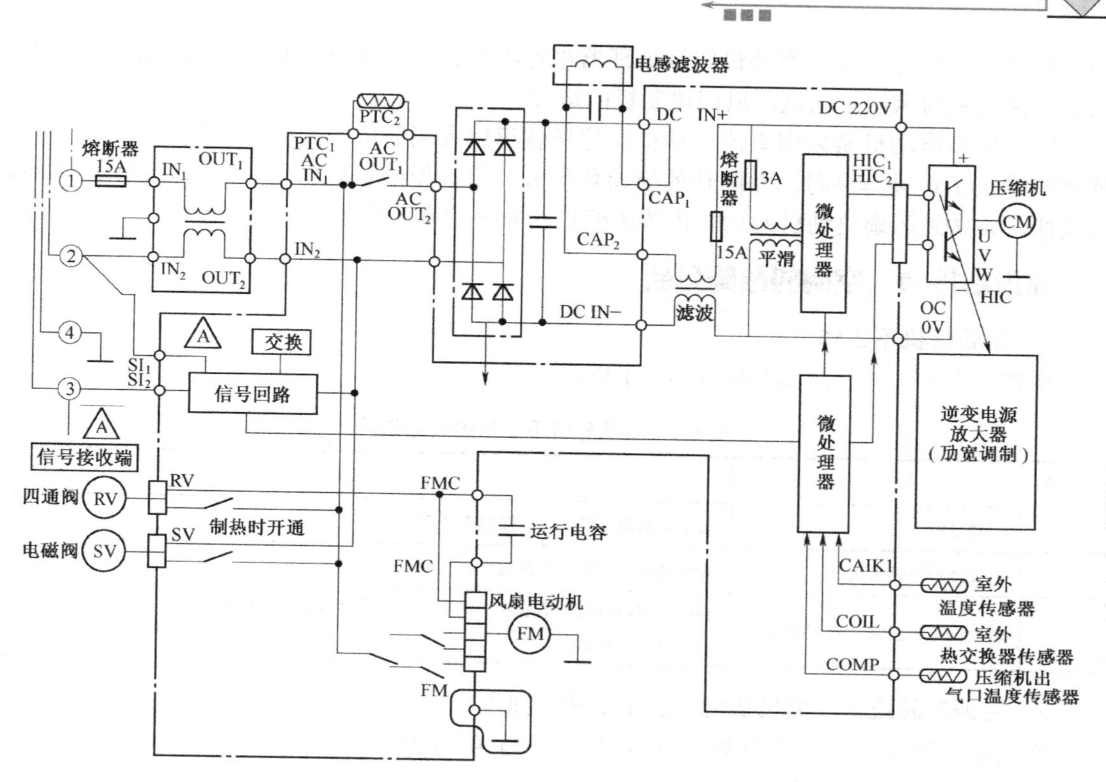

图 6-45　热泵分体式变频空调室外机组电气控制框图

1. 室外机组

（1）电源

经接线端子的①、②两个端点接入 220V 的交流电，该交流电经变压器及整流滤波后获得 5V、12V、280V 的直流电压，分别供微处理器、继电器驱动电路与变频电路使用。

（2）通信

室内、外机组的信号由电缆线④传递。

（3）工作过程

室外机组根据室外温度传感器、室外热交换器传感器、压缩机出气口温度传感器，以及室内机组的通信指令，由微处理器进行分析，输出自动调节变频脉冲，控制三相电力大功率管按照三相交流电的规律轮流通。当温度传感器感知的温度偏离设定值较大时，压缩机就高频运行，快速制冷（热），反之就低频运行，进行恒温控制。

变频压缩机有三相交流异步电动机控制的，也有单相异步电动机控制的。其控制频率为 15～150Hz，转速范围为 850～8500r/min。

室外风扇电动机 FM 为单相异步电动机，它和压缩机同步运行。

为了减少室内、外机组通信线路的条数，室内机组也装有微处理器、驱动电路与电源电路。电源电路提供 220V 交流电压供风扇电动机使用，微处理器的供电电压为 5V 直流电压，驱动电路的供电电压为 12V 直流电压。

风扇电动机控制室内循环风的风向。室内风扇电动机控制通过室内热交换器的循环空气量。

2. 室内机组

室内机组微处理器的作用是接受遥控器的指令，把该指令及室内室温传感器、室内热交换器传感器的信号传递给室外机组微处理器进行综合分析、模糊控制。室内机组再根据回馈的信号控制室内风扇电动机，风门电动机的运行。

室内风扇电动机常采用直流电动机，这样就可用晶闸管的可控调压控制电动机的转速。变频压缩机工作频率高时，晶闸管的导通角就大，保证压缩机输出功率大时，风扇电动机转速就快，并做到风扇电动机的功率跟随压缩机的输出功率而变化。

知识链接4　空调的故障分析

1. 空调整机不工作

空调整机不工作的故障分析如表6-1所示。

表6-1　空调整机不工作的故障分析

序号	故　障	原因或现象
1	电源故障	查电源插座、保险丝、接线端子等
2	遥控器或按钮故障	查微动碳膜按钮是否接触良好，电池是否有电
3	以上两点都正常，查主控板	若显示窗口有温度等显示，则反向器（驱动电路）坏；若显示窗口无温度等显示，则电脑主控板坏

2. 空调电源正常，风机正常，但不制冷（热）

空调器电源正常，风机正常，但不制冷（热）的故障有循环系统故障，也有电气控制系统故障。

（1）制冷循环系统故障

造成空调不制冷（热）的循环系统故障分析如表6-2所示。

表6-2　空调不制冷（热）的循环系统故障分析

序号	故　障	原因或现象
1	制冷剂泄漏	压缩机能运行，听不到制冷剂的流动声，工作电流小于额定电流
2	节流阀堵塞	压缩机频繁启动，压缩机烫手，工作电流大于额定电流
3	四通阀堵塞	压缩机频繁启动，压缩机烫手，工作电流大于额定电流
4	四通阀或压缩机严重串气	压缩机不能排出高压气体，或四通阀的制冷剂大部分回到压缩机，使工作电流偏小，冷凝器手感温度较低

（2）电气控制系统故障

造成空调不制冷（热）的电气控制系统故障分析如表6-3所示。

表6-3　空调不制冷（热）的电气控制系统故障分析

序号	故　障	原因或现象
1	压缩机损坏	输入电压正常，压缩机不转，原因是绕组断路或机械损坏
2	启动电容损坏	压缩机有嗡嗡声，不能启动，电容开路或短路
3	副绕组断路	压缩机有嗡嗡声，不能启动，副绕组电阻无穷大
4	温控器、过载保护器故障	其常闭触点不能闭合，压缩机电压为零，逐一元件测电压
5	交流接触器故障	交流接触器线圈得不到额定电压（查上一级）或线圈故障主触头不能闭合

3. 空调制冷（热）不良

造成空调制冷（热）不良的故障分析如表6-4所示。

表6-4 空调制冷（热）不良的故障分析

序号	故　障	原因或现象
1	室内风机排风量小	风机叶轮打滑或空气过滤网积尘较厚
2	温控器故障	温控器性能变坏，使启、停温差变小。此时室内机出风口冷（热）风正常，工作电流正常，但频繁启动
3	制冷剂慢漏	室内机排风量正常，但制冷（热）不足，工作电流偏小
4	四通阀、节流阀、干燥过滤器局部脏堵	室内机排风量正常，有时在堵塞处两端温差较明显。脏堵器件可用高压氮气吹通
5	换热器表面积尘较厚	积尘会使温度识别出错，造成启、停温差变小，冷凝器积尘还会造成过温保护，造成频繁启动
6	过载保护器故障	过载保护器性能变差，灵敏度过高，造成频繁分断电路

技能拓展　分体挂壁式空调主控电路的维修

1. 分体挂壁式空调主控电路概要

分体挂壁式空调的主控电路较为复杂，简单一点的用了一块微电脑处理器，多数机组是室内、室外各用一块微电脑处理器，变频空调除了室内、室外机组各用一块微电脑处理器外，变频器还用了第三块微电脑处理器。本文介绍的是较简单而又适用的一款分体空调的主控电路。

微电脑型分体空调的主控电路如图6-46所示，该电路的控制过程如下。

（1）电源

室内/外风机、压缩机、四通阀、辅助加热器的工作电压都是220V的交流电。

220V的交流电经变压器变压后输出9V、13.5V的电压，经整流滤波后得到5V、12V的直流电压。5V供微电脑处理器使用，12V供反向器及驱动电路使用。

（2）微电脑处理器

微电脑处理器的工作电压为5V，工作频率为4.19MHz，在14、15脚由晶振元件提供。

微电脑处理器10、11、34、35脚输出空调工作状态信号。

微电脑处理器35、45、46、47脚输入空调开、停机信号。

微电脑处理器25、26、27脚输入空调压控、化霜、温控信号。

微电脑处理器36、37、38、39、60、61脚输出压缩机、四通阀及各风机的工作信号。

（3）反向器与继电器

来自微电脑处理器的压缩机、四通阀及各风机的工作信号，经反向器处理后，输出低电平，使12V的电压根据工作需要加到K_1～K_5中间继电器与功率继电器，控制压缩机、风机启动工作（制热时四通电磁阀工作），反向器输入高电平时，所有继电器截止。

（4）复位

当得到复位信号（如关机、故障状态）时，微电脑处理器清零，所有输出信号被截止。

（5）维修方法

微电脑型空调主控电路虽然复杂，但只要我们理解了每个功能（单元）电路的作用，知道其所在的位置后，维修技能还是不难掌握的。主控电路故障主要有整机不工作与某个终端执行器件（如压缩机）不工作。

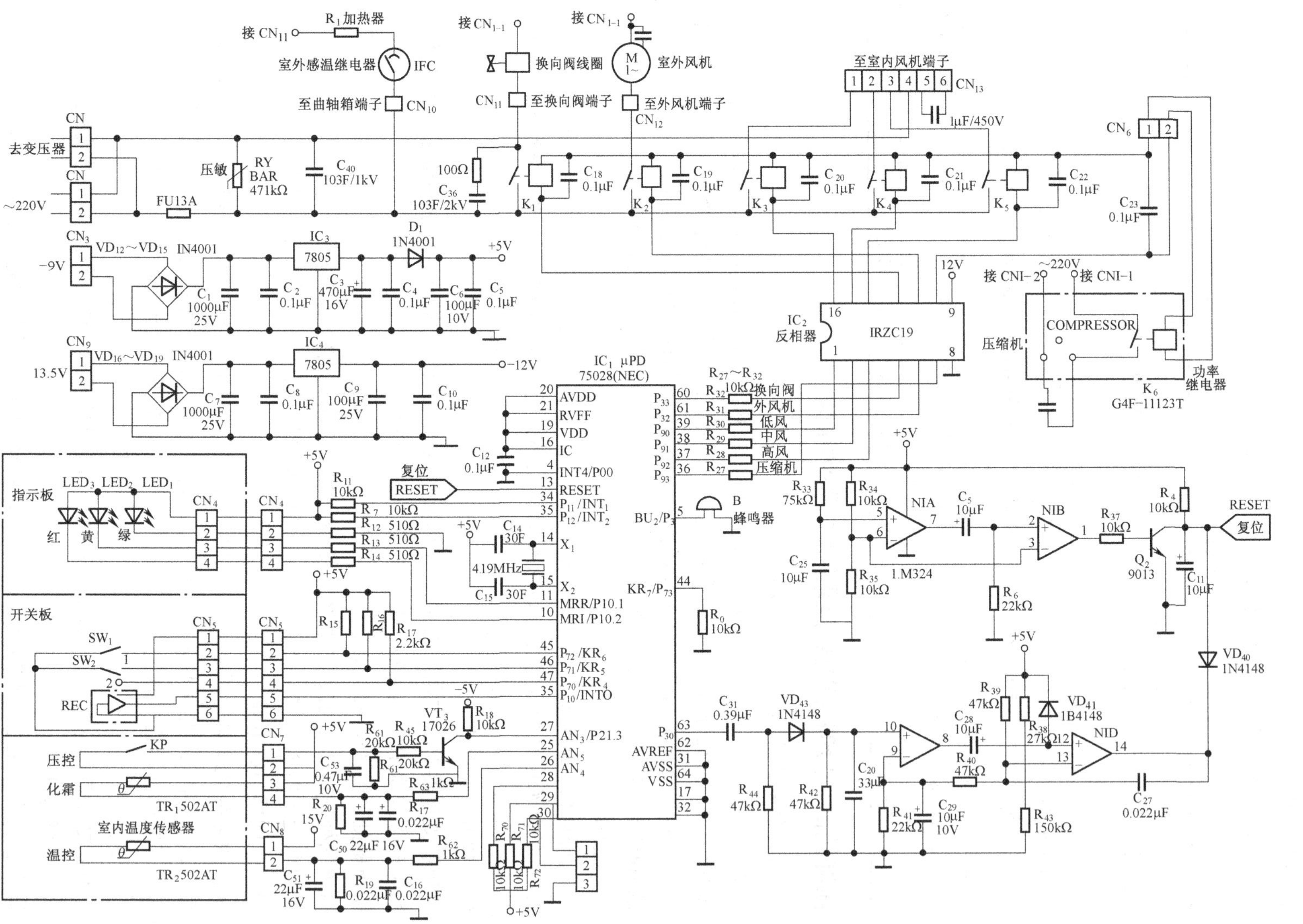

图6-46 微电脑型分体空调的主控电路

2. 分体挂壁式空调主控电路故障分析

（1）整机不工作

微电脑型分体空调的主控电路如图 6-46 所示，整机不工作时，可按如下步骤去分析故障。

1）接通电源，用遥控器发出启动指令（应先确定遥控器无故障）。若空调工作状态指示灯不亮，就查找以下内容：

① 220V 供电电源是否正常。有故障则检修，无故障则检查 5V 直流电源。

② 5V 直流电源输出是否正常。有故障则检修，无故障就可确定微电脑芯片损坏。

③ 在更换芯片之前，必须根据有关手册测出各脚的电位，找出外围损坏的元件，修复后，才可更换坏芯片，否则换上芯片很可能立即又被烧坏。

2）若工作指示灯亮，则说明微电脑芯片是好的，可查找以下内容：

① 12V 直流电源是否正常，有故障则检修，无故障可确定反相器 IRZC19 损坏。

② 在更换该集成块前，应先检查 R_{27}～R_{32} 阻值是否正常，检查 C_{18}～C_{23} 几个电容是否正常，这几个电容可防止继电器线圈断电时的高感应电压损坏反相器。查找出故障点并修复后，再更换反相器。

（2）某一终端执行器件不工作

某一终端器件不工作，有可能是器件本身故障，也有可能是继电器故障。在维修时要了解每一继电器的控制对象与位置，即可对症下药，迅速修复。

由图 6-46 可知，继电器 K_1 控制四通阀，K_2 控制室外风机，K_3、K_4、K_5 控制室内风机（高、中、低），功率继电器 K_6 控制压缩机。哪一个器件不工作，就检查其对应的继电器。

由于芯片和集成电路常采用贴片焊接技术，现场修复较困难，所以主控电路若损坏了，采用的是整体更换。继电器、电源电路等若损坏了则应现场修复。

技能训练 3

1. 器材

4 台微电脑型分体挂壁式故障空调，维修工具若干套。

2. 目的

（1）掌握微电脑型分体空调主控电路的更换技术。

（2）掌握微电脑型分体空调主控电路的检修技术。

（3）掌握微电脑型分体空调继电器故障的判别与维修技术。

3. 情境设计

（1）反向器损坏的分体空调一台。

（2）电脑芯片损坏的分体空调一台。

（3）设置 220V、12V、5V 电源断路故障的分体空调一台。

（4）设置四通阀、压缩机、风机继电器断路故障的空调一台。

设置故障时，电子元件不可反复焊接，所以暂不设元器件损坏的故障。

4. 维修

（1）检测故障。

（2）确定故障部位与器件。

（3）维修或更换故障器件。

（4）学生分 4 组，轮修设置的故障。修复后，经老师检查后通电试运行。

项目工作练习3　空调不制冷或不制热（电气系统故障）的维修

<table>
<tr><td>班　级</td><td></td><td>姓　名</td><td></td><td>学　号</td><td></td><td>得　分</td><td></td></tr>
<tr><td>实　训
器　材</td><td colspan="7"></td></tr>
<tr><td>实　训
目　的</td><td colspan="7"></td></tr>
<tr><td colspan="8">工作步骤：
（1）启动空调器，观察故障现象（由老师设置不同的故障）。
（2）故障分析，说明哪些原因会造成空调不制冷或不制热。
（3）制定维修方案，说明检测方法。
（4）记录检测过程，找到故障部位、器件。
（5）确定维修方法，说明维修或更换器件的原因。</td></tr>
<tr><td>工　作
小　结</td><td colspan="7"></td></tr>
</table>

项目工作练习4　空调制冷或制热不良（电气系统故障）的维修

班　级		姓　名		学　号		得　分	
实　训 器　材							
实　训 目　的							

工作步骤：

（1）启动空调器，观察故障现象（由老师设置不同的故障）。

（2）故障分析，说明哪些原因会造成空调制冷或制热不良。

（3）制定维修方案，说明检测方法。

（4）记录检测过程，找到故障部位、器件。

（5）确定维修方法，说明维修或更换器件的原因。

工　作 小　结	

项目工作练习5 微电脑空调主控电路的维修

<table>
<tr><td>班 级</td><td></td><td>姓 名</td><td></td><td>学 号</td><td></td><td>得 分</td><td></td></tr>
<tr><td>实 训
器 材</td><td colspan="7"></td></tr>
<tr><td>实 训
目 的</td><td colspan="7"></td></tr>
<tr><td colspan="8">工作步骤：
（1）启动空调器，观察故障现象（由老师设置主控板、反向器电源及驱动电路的故障）。

（2）故障分析，说明微电脑空调主控电路的故障判别方法。

（3）制定维修方案，说明检测方法。

（4）记录检测过程，找到故障部位、器件。

（5）确定维修方法，说明维修或更换器件的原因。</td></tr>
<tr><td>工 作
小 结</td><td colspan="7"></td></tr>
</table>

项目 7

家用太阳能、风能电源维修

我们常用的电源有 220V 交流电源，380V 的动力电源提供这些电能的有水力发电、火力发电、核能发电等。家用电器、交通工具等常用的电源有铅酸电池、锂离子电池、镍氢电池等。目前太阳能、风能电源得到了广泛应用，作为绿色能源太阳能、风能电源进入了越来越多的百姓家庭。太阳能电源在工业上被称之为光伏发电系统。

任务 1　家用光伏发电系统

光伏发电设备

光伏发电，光伏发电技术可以用于任何需要电源的场合，上至航天器，下至家用电源，大到兆瓦级电站，小到玩具，光伏电源无处不在。太阳能光伏发电的最基本元件是太阳能电池（片），有单晶硅、多晶硅、非晶硅和薄膜电池等。其中，单晶和多晶电池用量最大，非晶电池用于一些小系统和计算器辅助电源等。多晶硅电池效率在 16%～17%左右，单晶硅电池的效率约 18%～20%。

光伏组件是由一个或多个太阳能电池片组成。光伏发电产品主要用于三大方面：一是为无电场可提供电源；二是太阳能日用电子产品，如各类太阳能充电器、太阳能路灯和太阳能草地各种灯具等；三是并网发电，这在我国及发达国家已经大面积推广实施。

维修任务单

序号	品 牌 名 称	报修故障情况
1	春旭阳光太阳能发电系统	不能正常充电
2	春旭阳光太阳能发电系统	电池在正常状态下充、放电应正常，而连接了灯（负载）以后一会就不放电了

技师引领 1

1. 客户陈先生

我家的光伏发电系统有问题，电池不能正常充电。

2. 李技师分析

陈先生，一般来说，太阳能板的连接如不是很牢固会造成不能正常充电，通常的表现为有电压（电压表测试），正常开路电压在 18V 以上（具体视太阳能电池板参数而定）；但是没有电流。此现象为电池板的线没有连接好（焊接出现虚焊或接头不牢固）排查方法可以直接在电池板后面的黑色电器盖打开后，直接用万用表检测电压、电流。如直接从电池板的铝泊检测都无电流，表示电池板有问题要更换。

3. 李技师维修

在打开机器外壳后，使用万用表检测太阳能电池电压，检测到电压为 18.5V，这表示太阳能板性能正常，经逐级检测后，发现电池与太阳能控制器的接头断路。

技师引领 2

1. 客户陈先生

我家的光伏发电系统有问题，电池在正常状态下充、放电应正常，而连接了灯（负载）以后一会就不放电了。

2. 李技师分析

电池在正常状态下充、放电应正常，如检测时电压在 12V 以上，而连接了灯（负载）以后电压短时间内向下降压表示电池已损坏；另外电池在防水外壳进水时造成了正负极的短路而检测不出正确的电压，通常是一会儿高电压，一会儿低电压，由于进水造成电池放电过多电压降到 10V 以下，此时电池如经过正常的小电流循环充放电后可以正常使用，如不能正常使用就需要更换了，铅酸电池正常在三年后由于老化造成容量的下降，此时为正常的现象。

3. 李技师维修

在打开机器外壳后，使用万用表检测电池电压，检测到电压为 12.46V，而在连接负载后电压下降到 10.23V，故障判定为电池老化，更换电池后工作正常，如图 7-1 所示。

图 7-1　检测电池电压

技能训练　1 安装光伏发电设备

一、器材

如图 7-2 所示的光伏发电设备器材主要有太阳能电池板、工具一套、控制器、逆变器、蓄电池、模拟负载（直流为手机充电器，交流为台灯）。

图 7-2　光伏设备实训套件

二、目的

能够按照说明书的要求，完成太阳能发电装置的安装与使用。在安装过程中，排除简单故障。

三、操作步骤

安装步骤如图 7-3 所示

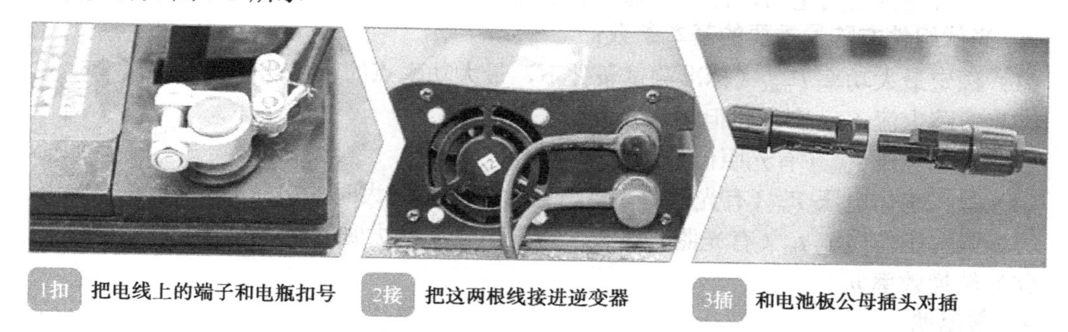

图 7-3 光伏发电系统安装示意图

知识链接

1. 光伏发电系统的基本工作原理

光伏发电系统的结构如图 7-4 所示。在太阳光的照射下，太阳电池方针组件将太阳能转换为电能，通过控制器的控制给蓄电池充电或者在满足负载需求的情况下直接给负载供电。当日照不足或者在夜间时，则由蓄电池通过控制器给直流负载供电，通过逆变器将直流电转换为交流电，给交流负载供电。光伏系统的应用具有多种形式，但是其基本原理大同小异。

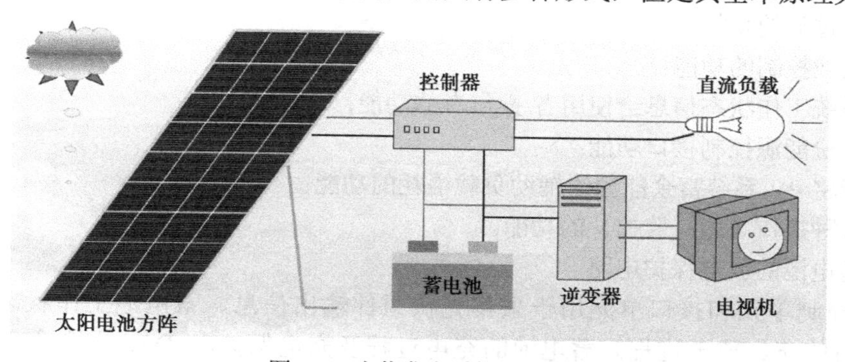

图 7-4 光伏发电系统结构图

2. 光伏系统的结构

光伏系统主要由以下部件组成

（1）太阳电池方阵。

（2）蓄能设备: 蓄电池。

（3）电力调节装置：包括逆变器、充电控制器、DC-DC 转化器。

（4）电力控制系统：电缆线、配电柜（箱）等。

（5）备用发电设备: 柴油/汽油， 风力发电机。

（6）光源等。

其中光伏组件方阵由太阳电池组件（也称光伏电池组件）按照系统需求串、并联而成，在太阳光照射下将太阳能转换成电能输出，它是太阳能光伏系统的核心部件。太阳光源起着为太阳电池方阵提供太阳能的作用，而控制器负责将电能存储到蓄电池中，蓄电池负责存储电能，逆变器负责将直流电转换为交流电提供给电视机等家用电器使用。当太阳能不足时，备用发电设备提供备用电力，保证家庭电能供应。

3. 光伏组件方阵最重要的基本参数：

（1）额定最大功率 P_{max}（标准测试条件下，最大功率点的输出功率）；

（2）短路电流 I_{sc}（有光照但短路）；

（3）开路电压 V_{oc}（有光照但开路）；

（4）最大工作电压 V_m（有光照有负载，且输出功率最大时的电压）；

（5）最大工作电流 I_m（有光照有负载，且输出功率最大时的电压）；

（6）转换效率 η。

4. 蓄电池

将太阳电池组件产生的电能储存起来，当光照不足或晚上，或者负载需求大于太阳电池组件所发的电量时，将储存的电能释放以满足负载的能量需求，它是太阳能光伏系统的储能部件。

（1）控制器

它对蓄电池的充、放电条件加以规定和控制，并按照负载的电源需求控制太阳电池组件和蓄电池对负载的电能输出，是整个系统的核心控制部分。

（2）控制器基本功能

防电池过充的功能；

防电池过放的功能；

提供负载控制的功能；

提供系统工作状态信息给使用者/操作者的功能；

提供备份能源控制接口功能；

提供能将 PV 系统富余能源给辅助负载消耗的功能；

提供各种接口（如：监控）的功能。

（3）蓄电池的放电保护电路

DSP 控制单元和接口单元用于采集光伏组件输出信息、蓄电池工作状态信息，实现对蓄电池组的充、放电过程。蓄电池的充电过程及充电保护由 DSP 控制单元、接口单元及程序完成，蓄电池的放电保护由 DSP 控制单元、接口单元、光偶隔离开关及继电器 KA13 完成，保护电路如图 7-5 所示。当蓄电池放电电压低于规定值，DSP 控制单元输出信号驱动光偶隔离开关及继电器 KA13 工作，继电器 KA13 常闭触点断开，切断蓄电池的放电回路。

5. 逆变器

在太阳能光伏供电系统中，如果含有交流负载，那么就要使用逆变器设备，将太阳电池组件产生的直流电或者将蓄电池释放的直流电转化为负载需要的交流电。

（1）逆变器种类

逆变器的主要种类有离网/并网逆变器、单相/三相电逆变器、正纯/修正波逆变器、工频/

高频逆变器等。

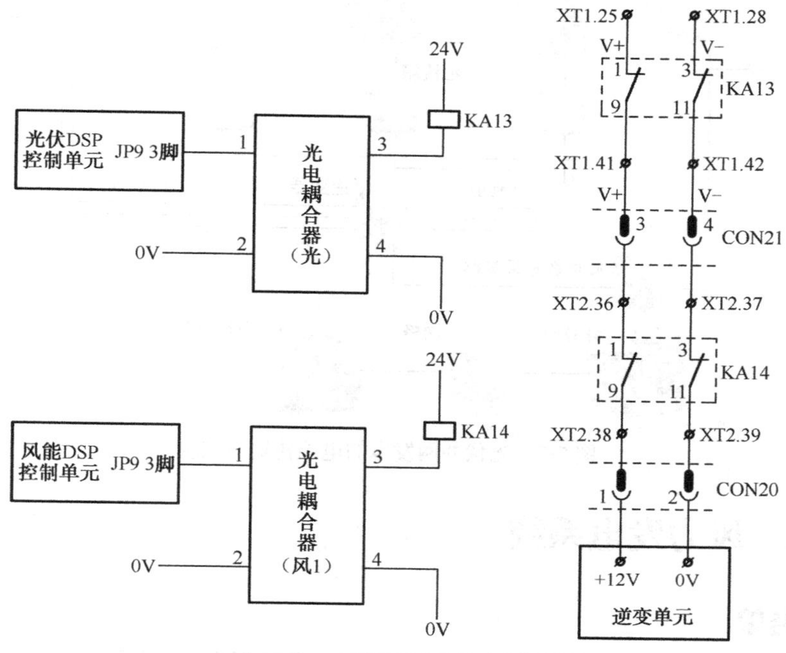

图 7-5 蓄电池的放电保护电路

（2）逆变器的工作原理（需要逆变器电路）

逆变器也称为逆变电源，是将直流电能转换成交流电能的变流装置，是太阳能光伏系统中的一个重要部件，逆变器是通过半导体功率开关的开通和关断作用，把直流电能转变成交流电能的，是整流变换的逆过程，图 7-6 为全桥逆变电路。

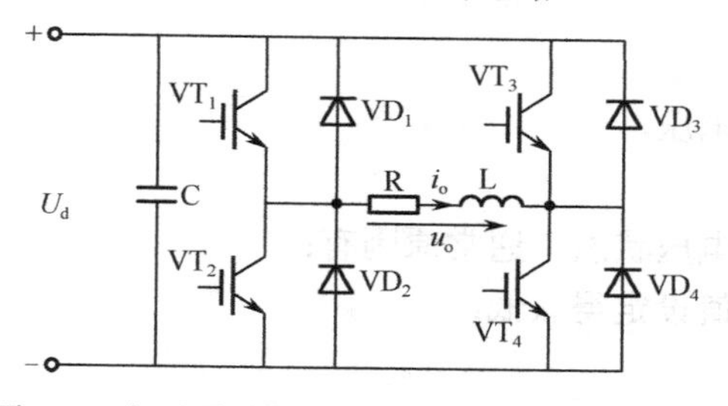

图 7-6 电压型逆变电路举例（全桥逆变电路）

知识拓展 光伏并网发电

光伏并网发电的电能传输与控制如图 7-7 所示，太阳能并网发电系统通过把太阳能转化为电能，不经过蓄电池储能，直接通过并网逆变器，把电能送上电网。太阳能并网发电代表了太阳能电源的发展方向，是 21 世纪最具吸引力的能源利用技术。

汇流箱是为了减少太阳能光伏电池阵列与逆变器之间的连线而使用的，用户可以将一定数量、规格相同的光伏电池串联起来，组成一个个光伏阵列，通过直流柜将电能输送到逆变器转换为交流电，然后通过升压系统将电能输入到高压电网中，通过监控系统数据采集器采集温度等信息，并使用本地计算机通过网络传递到远程计算机中。

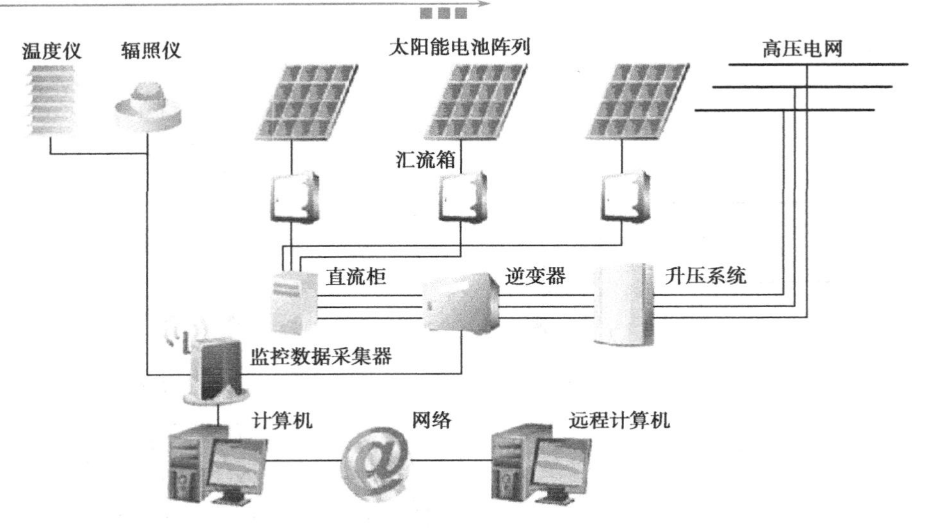

图 7-7　光伏并网发电的电能传输与控制

任务 2　风力发电系统

维修任务单

序　　号	品 牌 名 称	报修故障情况
1	动力足 500W 发电系统	电池达不到充满电状态
2	动力足 500W 发电系统	风轮转动，但控制器上表明正常工作的指示灯不亮

技师引领 1

1. 故障现象

电池充电达不到额定电压。

2. 李技师分析

电池充电达不到额定电压状态，通常原因有：

（1）控制器调节电压值设定得太低；

（2）负载太大。

3. 李技师维修

（1）用密度计检查电池组的密度，再与制造商提供的推荐值进行比较，如不正常，可视为控制器调节电压值设定得太低；

（2）拆除最大的负载。如果电池组达到较高充电状态，则可断定为系统负载太大。

最后检查结果表明，当拆除较大负载后，电池可以充电完整，判定为由于系统负载太大，导致不能充电完成。

技师引领 2

1. 故障现象

风轮转动，但控制器上表明正常工作的指示灯不亮。

2. 李技师分析

故障现象：一般来说，控制器电路出现故障易表现为表明正常工作的指示灯不亮。

3. 李技师维修

（1）按照说明书检查控制器电路板上的电压输出点有无电压输出；

（2）检查电压输入点有无电压输入，此电压应与蓄电池电压相同。

最后检查结果表明，电压输出点没有电压输出，判定为控制器故障，更换控制器后工作正常。

技能训练　安装风力发电设备

1. 器材

中小型风力发电机 5000W 风力发电机组、工具一套。

2. 安装示意图

如图 7-8 安装示意图所示，风力发电系统主要由风力发电机组、蓄电池组、逆变控制器、负载等组成。

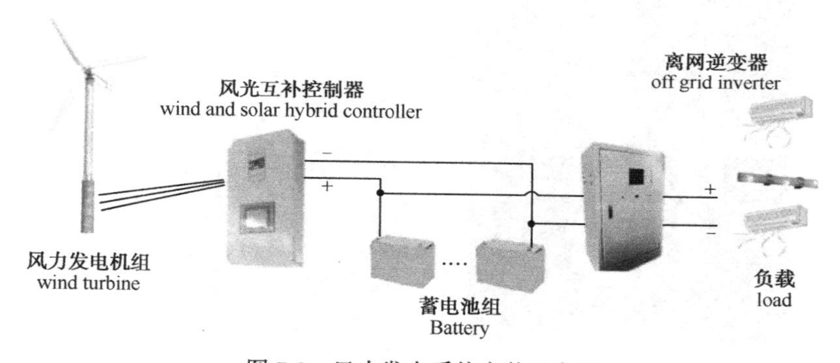

图 7-8　风力发电系统安装示意图

3. 安装步骤

（1）连接风机的信号线到控制器上的信号线端子（注意区分正负）；将风向仪线缆的插头插到控制器上的风向仪接口上（注意使插头上的凹槽对准接口上的卡口）；将风速仪线缆的插头插到控制器上的风速仪接口上（注意使插头上的凹槽对准接口上的卡口）；连接风力发电机的控制信号线到控制器上。

（2）连接控制器上的直流输出负极和蓄电池组上的负极。

（3）连接控制器上的直流输出正极和蓄电池组上的正极。

（4）将发电机的三根输出线接到控制器上的发电机端子上（三相电，不区分正负）。

（5）关闭逆变器开关，连接蓄电池负极到逆变器负极输入端。

（6）连接蓄电池正极到逆变器正极端。

（7）打开逆变器开关，将用电器接入逆变器，使用完毕后关闭逆变器。

知识链接

目前家庭用风力发电机的价格因发电功率不同而不同，价格从几千元到上万元不等，

国内目前像 1kW 的一般卖 5000～7000 元左右。如图 7-9、图 7-10 所示，风力发电机组主要有有尾舵型与无尾舵型两种。

图 7-9　有尾舵型风力发电机组

图 7-10　无尾舵型风力发电机组

1. 有尾舵型（螺旋桨型）

目前市面上常用的就是有尾舵型机组，它的特点是电动机轴与支撑架是垂直安装，靠尾舵来适应风向，以达到风向改变时也能发电的目的，此类型有结构简单，尺寸小、安装使用方便、成本低、效率高等特点。

2. 无尾舵型

无尾舵风力发电机组的特点是电动机轴与支撑架垂直，可以利用来自各个方向的风，具有风切音较小的优点，但风能转换率会比螺旋桨型的要差一些，不过结构上比螺旋桨型的还要简单。

以上是从叶片的形状上来分，其实对于整体系统的设计上很重要，即使是相同的叶片，其他系统不同，在风能的利用便会相差很大。

风力发电机组的组成与基本原理图如图 7-11 所示。

当风速仪接收到风的信号时，便发出脉冲信号送给控制板，在控制板设定的程序中，规定的风强度为 3～12 级风。当风速仪接收到 3～12 级风时，发出脉冲信号送给控制板，控制板接收到信号通过所给定的程序发送给步进电动机，步进电动机接收到一个脉冲信号来驱动步进电动机转动。电动机的转动带动链轮转动，链轮带动固定于主叶片上链条运行，主叶片通过联动牵拉绳拉动其余三条叶片，伸缩程度由风速决定。四个叶片固定在行星齿轮系中的外齿轮上，叶片带动外齿轮转动，由齿轮系来扩大传动比来提高内齿轮转速，内齿轮上固定的主轴带动发动机发电。由于发电机发出的是三相脉动低压交流电，交直流负载不能直接使用，需要通过整流电路变成直流电，再通过逆变器或斩波器变为负载所需要的额定电压。

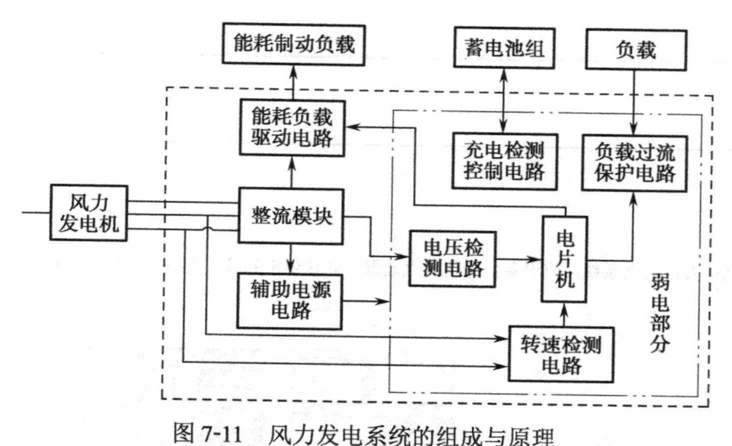

图7-11　风力发电系统的组成与原理

技能训练

风力发电设备常见故障的检修：

（1）用电设备接入系统后无法使用

检查蓄电池的剩余电量，电量不足将无法使用电设备正常工作；如果蓄电池电量足够请检查蓄电池与逆变器的接线是否正确。

（2）无法为蓄电池充电

查看风叶是否转动，太低或太高的风速下发电机不会有输出；如果风叶正常转动，请将蓄电池和逆变器电缆从风机上断开，用电压表检查风机输出，如果电压输出正常请按照蓄电池的使用说明书检查蓄电池是否损坏，如果电压为零请检查是否风机线缆出现问题。

（3）在风速正常的情况下风叶不转或者转速很慢

如果风机的输出线有短接情况风叶将运转异常，请将蓄电池和逆变器电缆从风机上断开检查风机电缆。

（4）能否通过增加蓄电池容量延长用电设备的使用时间

增加建议的配套蓄电池容量将会使蓄电池长期处于未充满状态，影响其寿命并造成浪费。

项目工作练习 1　光伏发电设备安装与调试

<table>
<tr><td>班　级</td><td></td><td>姓　名</td><td></td><td>学　号</td><td></td><td>得　分</td><td></td></tr>
<tr><td>器　材</td><td colspan="7"></td></tr>
<tr><td>目　的</td><td colspan="7"></td></tr>
<tr><td colspan="8">工作步骤：
一、光伏发电设备
KNT-SPV02 光伏发电实训系统，该设备由光伏供电装置、光伏供电系统、逆变与负载系统和监控系统组成。
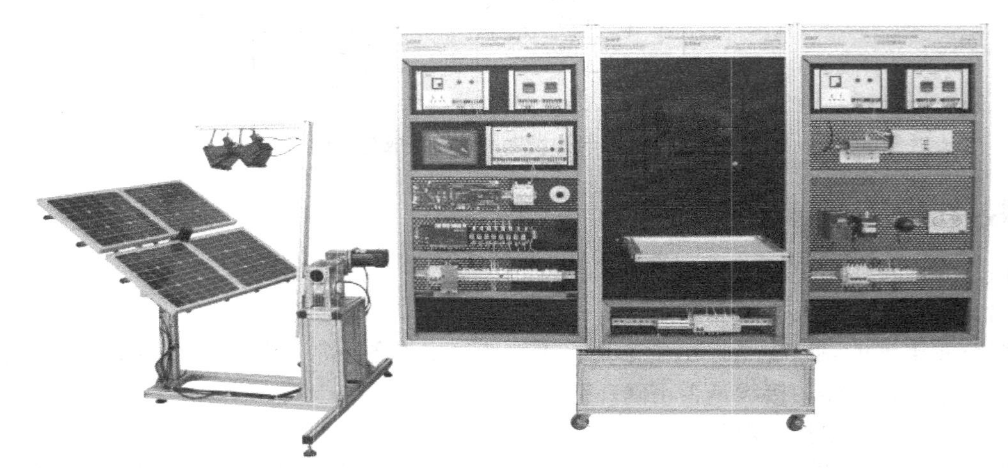
二、安装光伏供电设备
（1）器件安装。
（2）布线与接线。
（3）光伏供电传输与控制系统的安装调试。
（4）逆变与负载系统的安装调试。
（5）说明主要器件的作用，简述电路的工作原理。
（6）检修常见故障。
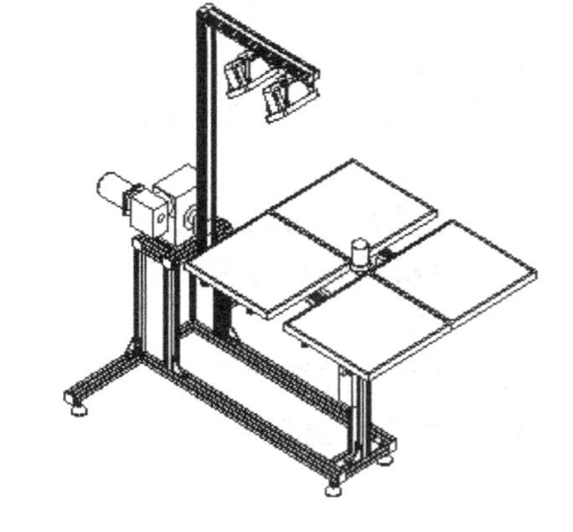</td></tr>
<tr><td>工　作
小　结</td><td colspan="7"></td></tr>
</table>

附录

全国职业学校校技能大赛光伏发电设备安装与调试赛项竞赛任务书

一、竞赛设备

竞赛设备以“KNT-SPV02 光伏发电实训系统”为载体，该设备由光伏供电装置、光伏供电系统、逆变与负载系统和监控系统组成，如图 1 所示。

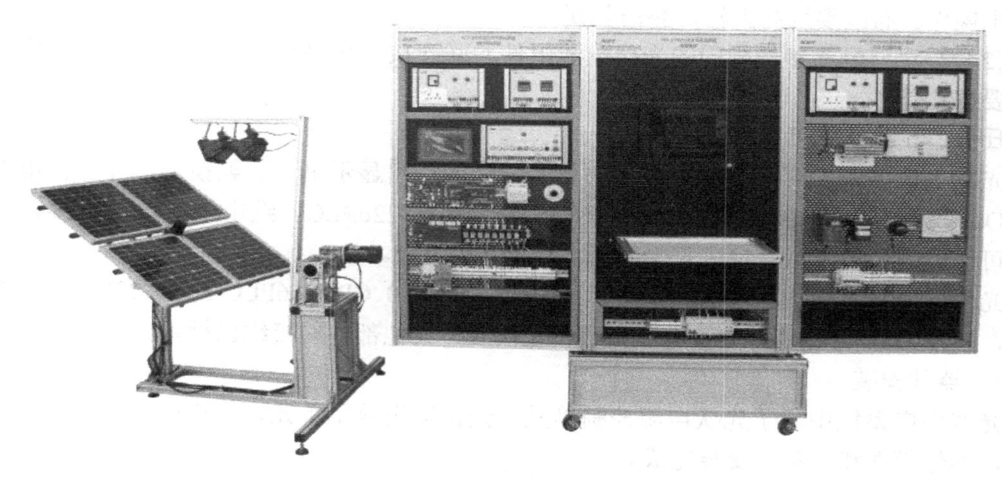

图 1　KNT-SPV02 光伏发电实训系统

二、工作任务

任务一：光伏供电装置

光伏供电装置主要由光伏电池组件、投射灯、光线传感器、光线传感器控制盒、水平方向和俯仰方向运动机构、摆杆、摆杆减速箱、摆杆支架、单相交流电动机、电容器、直流电动机、接近开关、微动开关、底座支架等设备与器件组成，如图 2 所示，光伏供电装置的光伏电池组件偏移方向的定义和摆杆移动方向的定义已在图 2 中标明。

1．器件安装

光伏供电装置除了光伏电池组件、光线传感器、投射灯和摆杆支架之外，其他部件和设备已安装完成。

要求：

（1）将 2 盏投射灯、摆杆支架正确地安装在光伏供电装置上，紧固件不松动。靠近摆杆的投射灯定义为投射灯 1（简称灯 1），另 1 盏投射灯定义为投射灯 2（简称灯 2）。

（2）将4块光伏电池组件和光线传感器正确地安装在光伏供电装置上，紧固件不松动。

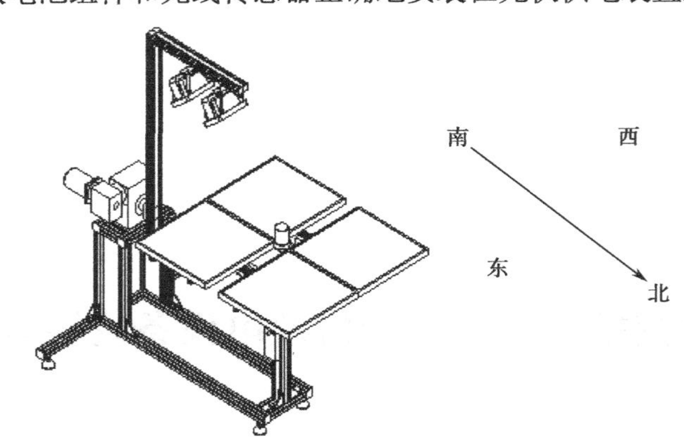

图2　光伏供电装置

2．布线与接线

（1）整理2盏投射灯的引线并正确地与投射灯的接线座连接。接线时必须切断电源，不可带电操作。布线要绑扎入槽，整洁美观。

（2）4块型号和参数相同的光伏电池组件并联连接。焊接连接线，并用胶带缠绕包扎。布线要绑扎整齐。

任务二：光伏供电系统

光伏供电系统主要由光伏电源控制单元、光伏输出显示单元、触摸屏、光伏供电控制单元、DSP控制单元、接口单元、西门子S7-200 CPU226PLC、继电器组、接线排、蓄电池组、可调电阻、断路器、12V开关电源、网孔架等组成。

光伏供电系统的各单元中，仅保留了西门子S7-200 CPU226PLC的AC220V电源线和接地线，以及DSP控制单元的蓄电池正负极连接线，其他部件的接线已拆除。

1．器件安装

光伏供电系统中除了光伏电源控制单元、光伏输出显示单元、触摸屏、光伏供电控制单元外，其他部件和设备已安装完成。

要求：

（1）光伏电源控制单元和光伏输出显示单元安装在最上层，紧固件不松动。

（2）次层安装触摸屏和光伏供电控制单元，同样要求紧固件不松动。

2．光伏供电系统主电路设计

要求：

（1）大赛提供的手提计算机中安装了中望CAD绘图软件，选用该软件中的A3绘图模板，绘制光伏供电系统主电路图并保存在U盘和手提计算机的桌面，文件名为：光伏供电系统主电路。

（2）光伏供电系统主电路图中不反映继电器的互锁关系。

（3）继电器的作用和编号必须要与任务书中定义的继电器编号一致。

3．光伏电源控制单元、光伏输出显示单元、触摸屏、光伏供电控制单元、DSP控制单元的布线与接线

根据所设计的光伏供电主电路，完成光伏电源控制等单元的布线与接线。

要求：

（1）完成光伏电源控制等单元的布线与接线，接线的线径和颜色要合理，接线要有合理的线标套管。线标套管号码从A00至A99排列，线标套管号码除了同1根导线两端一致外，不得与其他导线的线标套管号码重复命名，图3是线标套管号码示意图。

注意：通信线必须要用屏蔽线连接

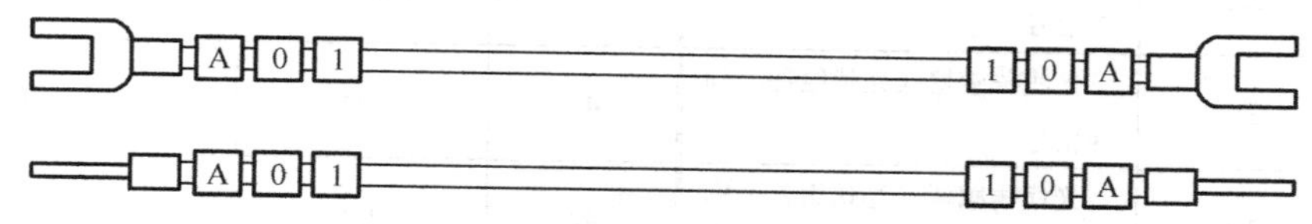

图3　线标套管号码示意图

（2）不改变光伏供电控制单元的按钮、旋钮、急停按钮的功能。

（3）在答题纸表1所示的光伏供电控制单元接线表中标明接线起始端位置线标套管号码、结束端位置、结束端位置线标套管号码、线型和颜色。

4．西门子S7-200 CPU226PLC的布线与接线

根据所设计的光伏供电主电路，完成西门子S7-200 CPU226PLC的布线与接线。

要求：

（1）表1是西门子S7-200 CPU226PLC的配置要求。根据该配置完成西门子S7-200 CPU226PLC的布线与接线，接线的线径和颜色要合理，接线要有合理的线标套管，线标套管号码从A00至A99排列，线标套管号码除了同1根导线两端一致外，不得与其他导线的线标套管号码重复命名（电源线除外）。

表1　西门子S7-200 CPU226PLC的配置

序　号	输入输出	配　置	序　号	输入输出	配　置
1	I0.0	旋转开关自动挡	17	I2.6	未定义
2	I0.1	启动按钮	18	I2.7	未定义
3	I0.2	急停按钮	19	Q0.0	停止按钮指示灯
4	I0.3	向东按钮	20	Q0.1	向东按钮指示灯
5	I0.4	向西按钮	21	Q0.2	向南按钮指示灯
6	I0.5	向北按钮	22	Q0.3	向西按钮指示灯
7	I0.6	向南按钮	23	Q0.4	向北按钮指示灯
8	I0.7	灯2按钮	24	Q0.5	灯1按钮指示灯、KA1线圈
9	I1.0	灯1按钮	25	Q0.6	灯2按钮指示灯、KA2线圈
10	I1.1	东西按钮	26	Q0.7	东西按钮指示灯
11	I1.2	西东按钮	27	Q1.0	西东按钮指示灯
12	I1.3	停止按钮	28	Q1.1	启动按钮指示灯
13	I1.4	摆杆接近开关垂直限位	29	Q1.2	继电器KA3线圈
14	I1.5	光伏组件向东、向西限位开关	30	Q1.3	继电器KA4线圈
15	I1.6	光伏组件向北限位开关	31	Q1.4	继电器KA5线圈
16	I1.7	光伏组件向南限位开关	32	Q1.5	继电器KA6线圈

续表

序　号	输入输出	配　置	序　号	输入输出	配　置
33	I2.0	光线传感器（光伏组件）向东信号	39	Q1.6	继电器 KA7 线圈
34	I2.1	光线传感器（光伏组件）向南信号	40	Q1.7	继电器 KA8 线圈
35	I2.2	光线传感器（光伏组件）向西信号	41	1M	0V
36	I2.3	光线传感器（光伏组件）向北信号	42	2M	0V
37	I2.4	摆杆东西向限位开关	43	1L	DC24V
38	I2.5	摆杆西东向限位开关	44	2L	DC24V

（2）在答题纸表 3 所示的 S7-200 CPU226 输入输出接线表中标明接线起始端位置线标套管号码、结束端位置、结束端位置线标套管号码、线型和颜色。

5．继电器的布线与接线

根据所设计的光伏供电主电路，完成继电器的布线与接线。

要求：

（1）继电器 KA1 和继电器 KA2 分别用于控制投射灯 1 和投射灯 2；继电器 KA7 和继电器 KA8 分别用于控制摆杆由东向西运动和由西向东运动；继电器 KA3 和继电器 KA4 分别用于控制光伏电池组件向东偏转和向西偏转；继电器 KA5 和继电器 KA6 分别用于控制光伏电池组件向北偏转和向南偏转。

（2）在答题纸表 4～表 11 所示的继电器接线表中标明接线起始端位置、起始端位置线标套管号码、结束端位置、结束端位置线标套管号码、线型和颜色。继电器布线与接线要有合理的线标套管，接线的线径和颜色要合理，线标套管号码从 A00 至 A99 排列，线标套管号码除了同 1 根导线两端一致外，不得与其他导线的线标套管号码重复命名（电源线除外）。

6．光伏供电系统的硬件互锁保护电路与接线

光伏供电系统主电路中的继电器的动作由 PLC 控制，PLC 软件设计要求考虑继电器的互锁关系，有关互锁关系也要具有硬件保护措施。

要求：

（1）设计摆杆由东向西和由西向东运动的硬件互锁电路、设计光伏电池组件向东和向西偏转的硬件互锁电路、设计光伏电池组件向北和向南偏转硬件互锁电路，上述三个硬件互锁电路都要用两种不同的设计方法，而且三个硬件互锁电路的设计方法均不能相同。

（2）在答题纸上图 4～图 6 的位置画出反映互锁关系的硬件电路图。

（3）完成互锁关系的硬件接线，接线要有合理的线标套管，接线的线径和颜色要合理，线标套管号码从 A00 至 A99 排列。

7．光伏电池组件的光源跟踪调试

根据光伏供电控制单元的选择开关和按钮的定义，操作光伏供电控制单元上的选择开关和相关按钮，光伏电池组件、投射灯和摆杆作相应的动作。

要求：

（1）光伏供电控制单元的选择开关有两个状态，选择开关拨向左边时，PLC 处在手动控

制状态，可以进行光伏电池组件跟踪、灯状态、摆杆运动操作，各功能按钮有效时，相应按钮指示灯亮。选择开关拨向右边时，PLC 处在自动控制状态，按下启动按钮，PLC 执行自动控制程序。PLC 执行自动控制程序时，除了启动按钮指示灯、灯 1 和灯 2 按钮指示灯亮外，其他各功能按钮指示灯不亮。

（2）PLC 处在手动控制状态时，按下向东按钮，向东按钮的指示灯亮，光伏电池组件向东偏转 5 秒后停止偏转运动，向东按钮的指示灯熄灭。在光伏电池组件向东偏转的过程中，再次按下向东按钮或停止按钮或急停按钮，向东按钮的指示灯熄灭，光伏电池组件停止偏转运动。

按下向西按钮，向西按钮的指示灯亮，光伏电池组件向西偏转 5 秒后停止偏转运动，向西按钮的指示灯熄灭。在光伏电池组件向西偏转的过程中，再次按下向西按钮或停止按钮或急停按钮，向西按钮的指示灯熄灭，光伏电池组件停止偏转运动。

向东按钮和向西按钮在程序上采取互锁关系。

向北按钮和向南按钮的作用与向东按钮和向西按钮的作用相同。

（3）PLC 处在手动控制状态时，按下灯 1 按钮，灯 1 按钮的指示灯亮，投射灯 1 亮。再次按下灯 1 按钮或按下停止按钮或急停按钮，灯 1 按钮的指示灯熄灭，投射灯 1 熄灭。

PLC 处在手动控制状态时，按下灯 2 按钮，灯 2 按钮的指示灯亮，投射灯 2 亮。再次按下灯 2 按钮或按下停止按钮或急停按钮，灯 2 按钮的指示灯熄灭，投射灯 2 熄灭。

（4）PLC 处在手动控制状态时，按下东西按钮，东西按钮的指示灯亮，摆杆由东向西方向连续移动。在摆杆由东向西方向连续移动的过程中，再次按下东西按钮或按下停止按钮或急停按钮，东西按钮的指示灯熄灭，摆杆停止运动。摆杆由东向西方向移动处于极限位置时，东西按钮的指示灯熄灭，摆杆停止移动。

如果按下西东按钮，西东按钮的指示灯亮，摆杆由西向东方向连续移动。在摆杆由西向东方向连续移动的过程中，再次按下西东按钮或按下停止按钮或急停按钮，西东按钮的指示灯熄灭，摆杆停止运动。摆杆由西向东方向移动处于极限位置时，西东按钮的指示灯熄灭，摆杆停止移动。

东西按钮控制和西东按钮控制在程序上采取互锁关系。

（5）PLC 处在自动控制状态，按下启动按钮，摆杆向东连续移动，到达摆杆极限位置时，摆杆停止移动。该过程中，投射灯不亮。2 秒钟后，投射灯 1 和投射灯 2 亮，光伏电池组件对光跟踪，对光跟踪结束时，摆杆由东向西方向移动，即移动 2 秒停 1 秒，摆杆不连续移动，摆杆由东向西方向开始移动时，光伏电池组件对光跟踪，当摆杆到达垂直接近开关位置时，摆杆停止移动，光伏电池组件对光跟踪结束时，投射灯熄灭。光伏电池组件继续向西方向偏转，直到极限位置才停止。2 秒钟后，投射灯 1 和 2 点亮，摆杆向东不连续移动，即移动 2 秒停 2 秒，光伏电池组件对光跟踪，摆杆到极限位置时停止移动，光伏电池组件对光跟踪结束后停止，投射灯熄灭。2 秒钟后，投射灯 1 和投射灯 2 都点亮，摆杆向西方向连续移动，光伏电池组件对光跟踪，摆杆到极限位置后立即反转，向东连续移动，到达垂直接近开关位置时，摆杆停止移动，光伏电池组件对光跟踪结束时，投射灯熄灭。2 秒钟后，投射灯 1 亮 2 秒熄灭，1 秒钟后，投射灯 2 亮 3 秒熄灭，自动控制程序结束。

在自动控制状态下，当按下停止按钮或急停按钮时，投射灯熄灭、摆杆和光伏电池组件停止运动。

8．光伏电池组件的输出特性测试

将光伏供电控制单元的选择开关拨向左边时，PLC 处在手动控制状态，调节光伏供电装置的摆杆处于垂直状态，调节光伏电池组件正对着投射灯。

（1）点亮投射灯 1 和灯 2，检测光伏电池组件的输出特性。

要求：

调节光伏供电系统的可调变阻器，阻值从 0Ω逐渐变化到 1000Ω。记录对应的电压、电流值，填写在答题纸表 12 所示的光伏电池组件输出的电压、电流值表格中，每次记录的对应的电压值和电流值为一组，记录 10 组。

（2）点亮投射灯 1，检测光伏电池组件的输出特性。

要求：

调节光伏供电系统的可调变阻器，阻值从 0Ω逐渐变化到 1000Ω。记录对应的电压、电流值，填写在答题纸表 13 所示的光伏电池组件输出的电压、电流值表格中，每次记录的对应的电压值和电流值为一组，记录 10 组。

（3）点亮投射灯 1，摆杆向东或向西偏移至限位位置，检测光伏电池组件的输出特性。

要求：

调节光伏供电系统的可调变阻器，阻值从 0Ω逐渐变化到 1000Ω。记录对应的电压、电流值，填写在答题纸表 14 所示的光伏电池组件输出的电压、电流值表格中，每次记录的对应的电压值和电流值为一组，记录 10 组。

（4）根据表 12、表 13 和表 14 中记录的数据，在答题纸图 7 所示的光伏电池组件输出功率曲线坐标图上绘制 3 条光伏电池组件输出功率曲线，注明每条曲线并标明坐标的参数单位和计量单位。

（5）分析图 7 的光伏电池组件输出功率曲线：

大赛设备的光伏电池组件在某光照度下输出最大功率，如果光照度变化，如何调节直流负载，使得光伏电池组件仍然输出最大功率。请在答题纸上叙述。

9．蓄电池的模拟充电

选择光伏模拟电压值和蓄电池的模拟电压值，用示波器测量充电波形。

要求

（1）光伏模拟电压值为 14V，蓄电池模拟电压值为 12.5V，用示波器测量充电波形，截图保存在 U 盘和手提计算机桌面，文件名为：充电波形 A+占空比值。

（2）光伏模拟电压值为 18V，蓄电池模拟电压值为 11.5V，截图保存在 U 盘和手提计算机的桌面，文件名为：充电波形 B+占空比的值。

（3）光伏模拟电压值为 30V，蓄电池模拟电压值为 12.5V，截图保存在 U 盘和手提计算机的桌面，文件名为：充电波形 C+占空比的值。

（4）光伏模拟电压值为 13V，蓄电池模拟电压值为 12V，截图保存在 U 盘和手提计算机的桌面，文件名为：充电波形 C+占空比的值。

10．在答题纸上回答分析题

任务三：逆变与负载系统

逆变与负载系统主要由逆变电源控制单元、逆变输出显示单元、DSP 核心单元、DC-DC 升压单元、全桥逆变单元、变频器、三相交流电动机、发光管舞台灯光模块、警示灯、接线排、断路器、网孔架等组成。

1．逆变与负载系统主电路设计

要求：

（1）大赛提供的手提计算机中安装了中望 CAD 绘图软件，选用该软件中的 A3 绘图模板，绘制逆变与负载系统主电路图并保存在 U 盘和手提计算机的桌面，文件名为：逆变与负载系统主电路。

（2）参赛选手可以不调用中望 CAD 的图库而自行绘图。

2．器件安装

逆变与负载系统除了 DC-DC 升压单元、全桥逆变单元、DSP 核心单元已安装完成外，其他部件和设备未安装。

要求：

将逆变电源控制单元、逆变输出显示单元、变频器、三相交流电动机、发光管舞台灯光模块、警示灯安装在逆变与负载系统网孔板内。

3．布线与接线

根据所设计的逆变与负载系统主电路，完成逆变电源控制单元、逆变输出显示单元、DC-DC 升压单元、全桥逆变单元、DSP 核心单元、变频器、三相交流电动机、发光管舞台灯光模块、警示灯的布线与接线。

要求：

（1）完成逆变电源控制单元、逆变输出显示单元、DC-DC 升压单元、全桥逆变单元、DSP 核心单元接线，接线的线径和颜色要合理，接线要有合理的线标套管。线标套管号码从 B00 至 B99 排列，线标套管号码除同 1 根导线两端一致外，其余不得重复命名，图 4 是线标套管号码示意图。

注意：通信线必须要用屏蔽线连接

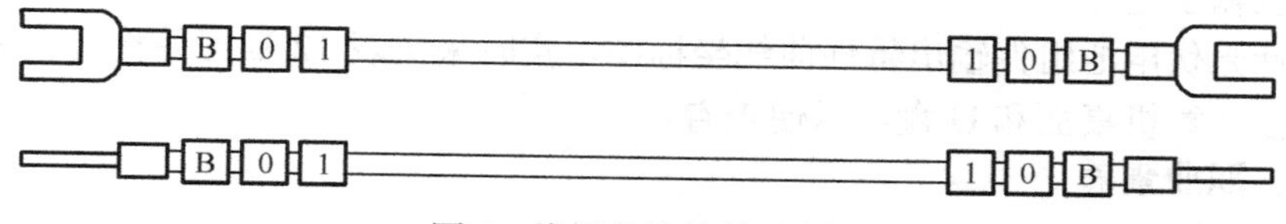

图 4　线标套管号码示意图

（2）完成变频器、三相交流电动机、发光管舞台灯光模块、警示灯接线，接线的线径和颜色要合理，接线要有合理的线标套管，线标套管号码要求与要求（1）相同。

4．逆变与负载系统部分设备和器件的调试

要求：

（1）设置逆变与负载系统的变频器相关参数，操作变频器面板上的相应功能按钮，三相交流电动机作变速旋转。

（2）警示灯闪烁。

（3）使用示波器测量逆变器的 SPWM 波形，截图保存在 U 盘和手提计算机的桌面，文件名为：SPWM 波形。

（4）设置逆变器输出频率为 50Hz，使用示波器测量逆变器的输出频率，截图保存在 U 盘和手提计算机的桌面，文件名为：50Hz 波形。

（5）利用示波器的 FFT 频谱分析功能，检测 2.5μs 死区的逆变器输出波形和 400ns 死区的逆变器输出波形，分别截图保存在 U 盘和手提计算机的桌面，文件名分别为：2.5 微秒逆变器输出和 FFT 波形、400 纳秒逆变器输出和 FFT 波形。

5．分析问题

在答题纸上回答相关问题。

任务四：监控系统

功能要求

（1）正确连接工控机后面的各条通信线串口。图 5 是线标套管示意图，号码从 C00 至 C99 排列，不同的导线不得与其他导线的线标套管号码重复命名。

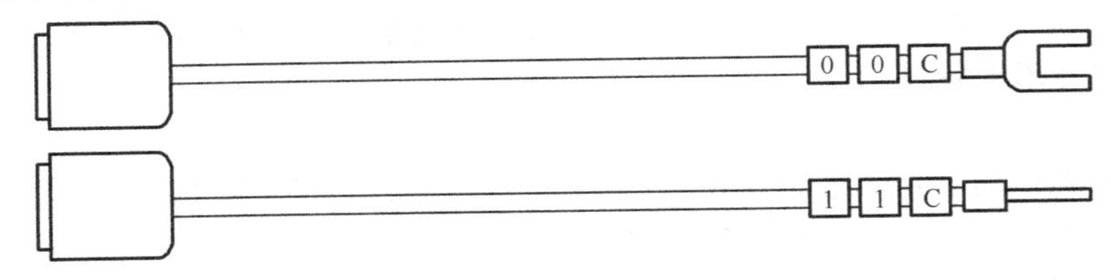

图 5　通信线线标套管示意图

（2）正确设置通信参数，完成监控系统的通信。

（3）设计监控系统的光源跟踪界面、逆变与负载系统界面，分别显示各自的运行状态参数，参数单元应包含电压、电流等与系统相关的信息。截图保存所设计的界面到 U 盘，分别命名为光源跟踪界面、逆变与负载界面。

（4）利用光源跟踪界面的按钮可以控制光源跟踪手动或自动相应的动作。

（5）调节逆变与负载系统界面的死区、频率、输出幅度等参数，改变逆变器的工作状态。

（6）设计监控系统的光伏发电采集报表，采集数据不少于 8 次，3 分钟记录一次光伏输出电压、光伏输出电流。

（7）设计光伏电池组件输出特性曲线坐标图，实时采集表 12 数据并输出相关曲线，并截图保存在监控计算机桌面和 U 盘，以便查看。

任务五：职业素养

要求：

（1）现场操作安全保护：应符合安全操作规程，不许带电作业。

（2）操作岗位：工具摆放、工位整洁、包装物品与导线线头等的处理符合职业岗位标准，节约电气耗材。

（3）团队合作精神：应有合理地分工，团队配合紧密。

（4）参赛纪律：参赛选手遵守赛场纪律，尊重赛场工作人员，爱惜赛场的设备和器材。

参考文献

[1] 梁吉铭．看图学修电磁炉．北京：人民邮电出版社，2007
[2] 蒋秀欣．微波炉维修图集．哈尔滨：哈尔滨工程大学出版社，2007
[3] 刘午平．小家电与洗衣机修理从入门到精通．北京：国防工业出版社，2006
[4] 牛金生．电热电动器具原理与维修．北京：电子工业出版社，2006
[5] 李佩寓．空调器安装工必备知识与技能训练，第 2 版．北京：电子工业出版社，2005
[6] 麦汉光，王军伟．家用电器技术基础与维修技术．北京：高等教育出版社，2003
[7] 荣俊昌．电热电动器具原理与维修．北京：高等教育出版社，2002
[8] 刘午平．小家电与洗衣机维修．北京：国防工业出版社，2006
[9] 张庆双．电冰箱与空调器维修精华．北京：机械工业出版社，2002

反侵权盗版声明